建筑力学

（第2版）

主　编　王　转　郝增韬　赵屹峰
副主编　蔚　琪　付盛忠
参　编　高　政　刘金昌

北京理工大学出版社
BEIJING INSTITUTE OF TECHNOLOGY PRESS

内容提要

本书共分为三部分十六章，第一部分从第一章到第四章，讨论力系的简化、平衡及对构件（或结构）进行受力分析的基本理论和方法；第二部分从第五章到第十章，讨论构件受力后发生变形时的承载力问题；第三部分从第十一章到第十六章，讨论杆件体系的组成规律及其内力和位移的问题。全书理论体系由浅入深，编排顺序符合认知规律，具有较强的实用性。

本书可作为高等院校土建类相关专业的教材，也可作为专业技术人员的工作参考用书。

版权专有　侵权必究

图书在版编目（CIP）数据

建筑力学 / 王转，郝增韬，赵屹峰主编.—2版.—北京：北京理工大学出版社，2020.7

ISBN 978-7-5682-8665-7

Ⅰ.①建…　Ⅱ.①王…　②郝…　③赵…　Ⅲ.①建筑科学—力学　Ⅳ.①TU311

中国版本图书馆CIP数据核字（2020）第117490号

出版发行 / 北京理工大学出版社有限责任公司
社　　址 / 北京市海淀区中关村南大街5号
邮　　编 / 100081
电　　话 / （010）68914775（总编室）
（010）82562903（教材售后服务热线）
（010）68948351（其他图书服务热线）
网　　址 / http://www.bitpress.com.cn
经　　销 / 全国各地新华书店
印　　刷 / 北京紫瑞利印刷有限公司
开　　本 / 787毫米 × 1092毫米　1/16
印　　张 / 14
字　　数 / 339千字
版　　次 / 2020年7月第2版　2020年7月第1次印刷
定　　价 / 62.00元

责任编辑 / 江　立　崔　岩
文案编辑 / 江　立
责任校对 / 周瑞红
责任印制 / 边心超

图书出现印装质量问题，请拨打售后服务热线，本社负责调换

第2版前言

建筑力学是为土建类相关专业学生开设的一门理论性、实践性较强的专业基础课。建筑结构设计人员只有在掌握建筑力学知识的前提下，才能正确地对结构进行受力分析和力学计算，保证所设计的结构既安全可靠又经济合理。建筑施工技术及管理人员，也只有在掌握建筑力学知识，了解结构和构件的受力情况、各种力的传递途径以及结构和构件在这些力的作用下会发生怎样的破坏等的前提下，才能避免质量和安全事故的发生，确保建筑施工正常进行。建筑力学的任务是研究结构的几何组成规律，以及在荷载作用下结构和构件的强度、刚度和稳定性问题；是土建类相关专业一门十分重要的专业基础课程。

本书由王转、郝增韬、赵屹峰担任主编，由蔚琪、付盛忠担任副主编，高政、刘金昌参与了本书部分章节的编写工作，具体编写分工为：第一章至第六章和第十章由王转编写，高政、刘金昌参与了第十章的部分编写工作；第七章至第九章由蔚琪编写；第十一章至第十六章由郝增韬编写，高政、刘金昌参与了第十一章和第十二章的部分编写工作。

本书在编写内容上以“够用”为度，以“实用”为准，充分吸收高等教育力学课程改革的成果，着力体现“职业性”与“高等性”的教育特色，对传统静力学、材料力学和结构力学的内容进行了精选，对知识体系作了必要而有效的调整，使多门与土木工程有关的力学学科内容融为一体。全书理论体系由浅入深，编排顺序符合认知规律；基本理论满足专业需求，内容上突出工程实用性。

因编者专业水平有限，编写时间仓促，书中疏漏及不妥之处，敬请广大读者批评指正。

编　者

第1版前言

建筑力学是为土建类专业学生开设的一门理论性、实践性较强的专业基础课。建筑结构设计人员只有在掌握建筑力学知识的前提下，才能正确地对结构进行受力分析和力学计算，保证所设计的结构既安全可靠又经济合理。建筑施工技术及管理人员，也只有在掌握建筑力学知识，了解结构和构件的受力情况、各种力的传递途径以及结构和构件在这些力的作用下会发生怎样的破坏等的前提下，才能避免质量和安全事故的发生，确保建筑施工正常进行。建筑力学的任务是研究结构的几何组成规律，以及在荷载作用下结构和构件的强度、刚度和稳定性问题；是土建类相关专业一门十分重要的专业基础课程。

本书共三部分十六个单元。第一部分从单元一到单元四，讨论力系的简化、平衡及对构件（或结构）进行受力分析的基本理论和方法，要求学生掌握力、力系的概念，熟悉静力学的基本公理，熟悉荷载的性质，理解合力投影定理，能熟练地对物体进行受力分析；掌握力矩、力偶及力偶矩的分析、计算；掌握力的平移定理及一般力系的简化方法，熟悉平面一般力系的平衡条件及平衡方程式的应用。第二部分从单元五到单元十，讨论构件受力后发生变形时的承载力问题，要求学生能够为设计既安全又经济的结构构件选择适当的材料、截面形状和尺寸；掌握构件承载力的计算；掌握杆件变形的基本形式，熟悉内力、应力的概念及应力集中对构件强度的影响；掌握拉（压）杆件的应力计算、强度条件和强度计算；掌握物体的重心和形心坐标的计算；掌握剪切、挤压的概念及相关计算，掌握圆轴扭转时的强度条件与强度计算；掌握梁的弯曲内力计算；掌握组合变形的强度条件与强度计算；掌握压杆的稳定条件及相关计算。第三部分从单元十一到单元十六，讨论杆件体系的组成规律及其内力和位移的问题，要求学生熟练掌握平面体系的几何组成分析；掌握静定平面刚架、静定平面桁架及三铰拱的受力分析、内力计算和内力图的绘制；掌握静定结构的位移计算；了解超静定结构的概念、类型，熟练使用位移法计算超静定梁的内力。

本书根据当前高等院校对建筑力学课程的能力要求，以适应社会需求为目标，以培养技术能力为主线组织编写。在编写内容上以“够用”为度，以“实用”为准，充分吸收高等教育力学课程改革的成果，着力体现高等教育特色，对传统静力学、材料力学和结构力学的内容进行了精选，对知识体系作了必要而有效的调整，使多门与土木工程有关的力学学科内容融为一体。全书理论体系由浅入深，编排顺序符合认知规律；基本理论满足专业需求，内容上突出工程实用性。

因编者专业水平有限，编写时间仓促，书中疏漏及不妥之处，敬请广大读者批评指正。

编　者

目 录

引　言

一、“建筑力学”的研究对象

在建筑物中承受并传递荷载从而起骨架作用的部分叫作建筑结构，简称结构。组成结构的单个物体叫作构件。构件一般分三类，即杆件、薄板式薄壳构件和实体构件。在结构中应用较多的是杆件。

当构件长度方向的尺寸比其他两个方向的尺寸大得多时，称为杆件；

当构件两个方向的尺寸远大于另一个方向的尺寸时，称为薄板或薄壳；

当构件三个方向的尺寸均接近时称为实体构件。

对土建类专业来讲，“建筑力学”的主要研究对象就是杆件和杆件结构。

(1)结构——建筑物中支撑荷载并起骨架作用的部分。

(2)构件——结构中的基本部分。

(3)强度、刚度、稳定问题：

强度——材料在外力作用下抵抗破坏(变形和断裂)的能力称为强度，考虑安全系数。

刚度——是指材料或结构在受力时抵抗弹性变形的能力，是材料或结构弹性变形难易程度的表征。材料的刚度通常用弹性模量来衡量。

稳定——细长杆件，在压力小于强度值时，直线平衡状态已不稳定，稍有扰动结构就有破坏的现象。

二、“建筑力学”的主要任务

“建筑力学”的任务就是为解决安全和经济这一矛盾提供必要的理论基础和计算方法。建筑力学主要研究杆系结构在荷载作用下的平衡条件以及承载能力的问题，使之能够正常工作，有足够的强度、刚度、稳定性。

三、“建筑力学”的内容简介

第一部分讨论力系的简化、平衡及对构件(或结构)进行受力分析的基本理论和方法。第二部分讨论构件受力后发生变形时的承载力问题，为设计既安全又经济的结构构件选择适当的材料、截面形状和尺寸，掌握构件承载力的计算。第三部分讨论杆件体系的组成规律及其内力和位移的问题。

四、“建筑力学”的学习方法

“建筑力学”是土建类专业的一门重要的专业基础课，学习时要注意理解它的基本原理，掌握分析问题的方法和解题思路；多做练习，并善于总结做题中出现的错误。

第一章　建筑力学基础知识

教学目标

1. 掌握力的基本概念；
2. 掌握静力学公理；
3. 理解约束类型及其约束反力；
4. 熟练物体的受力分析与受力图。

第一节　建筑力学的基本概念

一、力的概念

力是人们从长期生产实践中经抽象而得到的一个科学概念。例如，当人们用手推、举、抓、掷物体时，由于肌肉伸缩逐渐产生了对力的感性认识。随着生产的发展，人们逐渐认识到，物体运动状态及形状的改变，都是由于其他物体对其施加作用的结果。这样，建立了由感性到理性的力概念：力是物体间相互的机械作用，其作用结果是使物体运动状态或形状发生改变。

实践表明，力的效应有两种，一种是使物体运动状态发生改变，称为力对物体的外效应；另一种是使物体形状发生改变，称为力对物体的内效应。在静力学部分将物体视为刚体，只考虑力的外效应；而在材料力学部分则将物体视为变形体，必须考虑力的内效应。

力对物体作用的效应取决于力的三个要素：力的大小、方向和作用点。

力的作用点是指物体承受力的那个部位。两个物体间相互接触时总占有一定的面积，力总是分布于物体接触面上各点的。当接触面面积很小时，可近似将微小面积抽象为一个点，这个点称为力的作用点，该作用力称为集中力；反之，当接触面面积不可忽略时，力在整个接触面上分布作用，此时的作用力称为分布力。分布力的大小用单位面积上的力的大小来度量，称为载荷集度，用 $q(\mathrm{N/cm^2})$ 表示。

力是矢量，记作 $\boldsymbol{F}$，如图 1-1 所示。没有固定作用点的矢量称为自由矢量；作用点固定的矢量称为定位矢量；无须表明它的作用点却有固定作用线的矢量，称为滑移矢量。

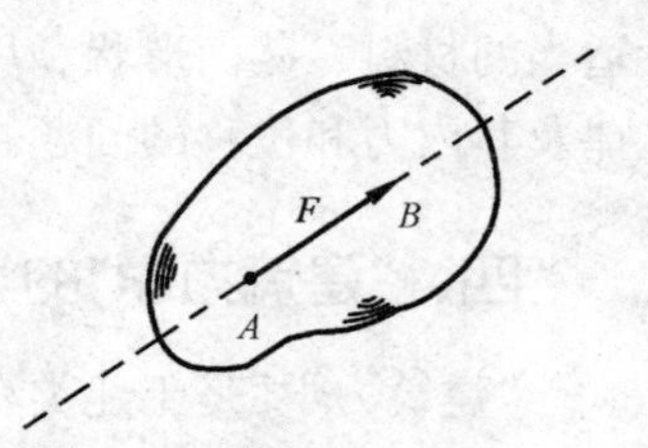

图 1-1　力的矢量表示

依据力系中各力作用线的相互位置，力系可分为空间力系和平面力系。依据力系中各力作用线间的相互关系，又可将力系分为汇交力系、平行力系与任意力系。汇交力系、平行力系是任意力系的两种特殊情形。

二、平衡的概念

静力学中的平衡是研究物体在力系作用下的平衡规律的科学。静力学的平衡是相对于地面保持静止或作匀速直线运动。平衡是物体运动的一种特殊形式。

三、刚体、变形固体的概念

刚体是受力作用时不发生变形的物体，即在受力作用时刚体内部任意两点间的距离始终保持不变。

变形固体是在力的作用下会产生变形的固体材料。

变形固体的基本假设：

(1)变形固体的各向同性、均匀、连续的假设。

(2)结构及构件的微小变形假设。变形固体在荷载作用下会产生弹性变形和塑性变形。常用的工程材料在荷载不超过一定范围时，可以看作只有弹性变形没有塑性变形，这种材料称为理想弹性体，由于变形微小，考虑变形后结构的平衡时可以忽略这些变形值，按变形前结构及构件的原始尺寸计算且荷载位置不变，使计算大为简化。

第二节　静力学基本公理

在生产实践中，人们对物体的受力进行了长期观察和试验，对力的性质进行了概括和总结，得出了一些经过实践检验是正确的、大家都承认的、无须证明的正确理论，这就是静力学公理。

公理 1：力的平行四边形公理

作用在物体上同一点的两个力可以合成为一个合力，其合力作用点在同一点上，合力的方向和大小由原两个力为邻边构成的平行四边形的对角线决定(图 1-2)。这个性质称为力的平行四边形公理。其矢量式为 $\boldsymbol{R}=\boldsymbol{F}_1+\boldsymbol{F}_2$，即合力矢 $\boldsymbol{R}$ 等于二分力 $\boldsymbol{F}_1$ 和 $\boldsymbol{F}_2$ 的矢量和。

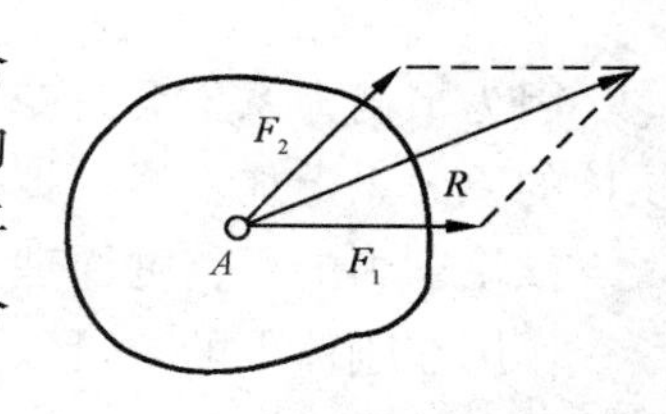

图 1-2　力的平行四边形公理

这个公理说明力的合成是遵循矢量加法的，只有当两个力共线时，才能用代数加法。

两个共点力可以合成为一个力，反之，一个已知力也可以分解为两个力。但是将一个已知力分解为两个力可得无数组解答。以一个力的矢量为对角线的平行四边形，可作无数个。

推论：三力平衡汇交定理

一刚体受共面不平行的三个力作用而平衡时，这三个力的作用线必相交于一点。

注意：三力平衡汇交定理常常用来确定物体在共面不平行的三个力作用下平衡时其中未知力的方向。

公理 2：二力平衡公理

作用在刚体上的两个力使刚体处于平衡的充要条件是：这两力等值、反向且作用在同一直线上，如图 1-3 所示。

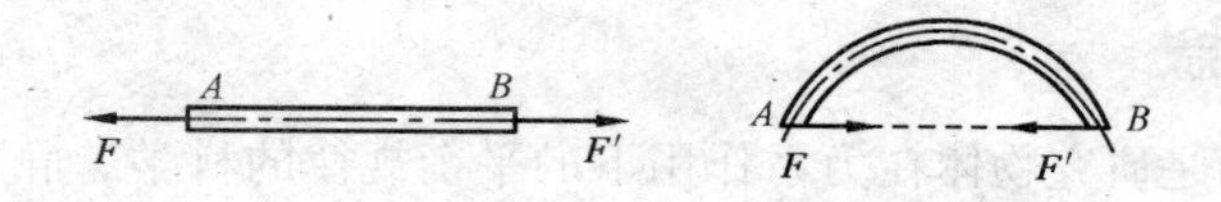

图 1-3　二力平衡公理

这个公理说明了作用在物体上的两个力的平衡条件，在一个物体上只受到两个力的作用而平衡时，这两个力一定要满足二力平衡公理。如把雨伞挂在桌边，雨伞摆动到其重心和挂点在同一铅垂线上时，雨伞才能平衡。因为这时雨伞向下的重力和桌面向上的支撑力在同一直线上。

应注意：不能把二力平衡问题和作用与反作用关系混淆。二力平衡公理中的两个力是作用在同一物体上的。作用与反作用公理中的两个力是分别作用在不同物体上的，虽然大小相等，方向相反，作用在同一直线上，但不能平衡。

二力杆：若一根直杆只在两点受力作用而处于平衡，则作用在此两点的二力的方向必在这两点的连线上。此直杆称为二力杆。

二力构件：对于只在两点受力作用而处于平衡的一般物体，称为二力构件。

公理 3：加减平衡力系公理

在作用于刚体上的已知力系上，加上或减去任意的平衡力系，将不会改变原力系对刚体的作用效应，如图 1-4 所示。

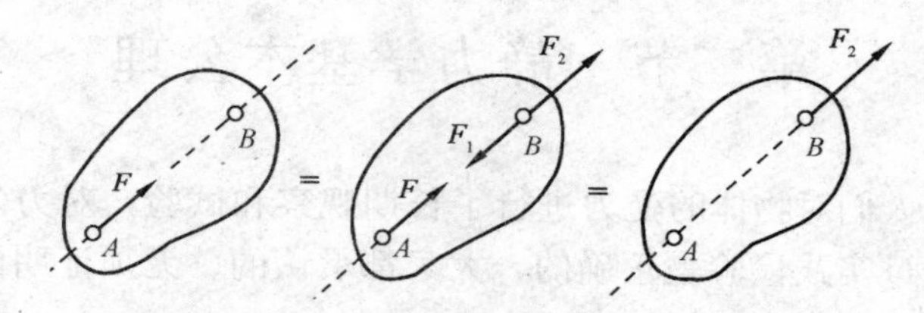

图 1-4　加减平衡力系公理及力的可传性

因为平衡力系不会改变物体的运动状态，即平衡力系对物体的运动效果为零，所以在物体的原力系上加上或去掉一个平衡力系，不会改变物体的运动效果。

推论：力的可传性原理

作用在刚体上的力可以沿其作用线移动到刚体上任意一点，而不改变原力对刚体的作用效果，如图 1-4 所示。

力的可传性原理是人们日常生活中常见的。如用绳拉车，或者沿同一直线以同样大小的力推车，对车产生的运动效果相同。

根据力的可传性原理可知，力对刚体的作用效应与力的作用点在作用线上的位置无关。因此，力的三要素可改为：力的大小、方向和作用线。

应注意：加减平衡力系公理和力的可传性原理都只适用于研究物体的运动效应(外效应)，而不适合于研究物体的变形效应(内效应)，即只能研究刚体。

公理 4：作用与反作用公理

任何两物体间相互作用的一对力总是等值、反向、共线的，并同时分别作用在这两个物体上。这两个力互为作用力和反作用力，这就是作用与反作用公理。

这个公理概括了两个物体间相互作用力的关系。

第三节　约束与约束反力

一、约束与约束反力概念

有些物体在空间的位移不受任何限制，如飞行的飞机、气球、炮弹和火箭等，这种位移不受任何限制的物体称为自由体。而有些物体在空间的位移却受到一定的限制，如机车受到铁轨的限制，只能沿轨道运动；电机转子受轴承的限制，只能绕轴线转动；重物被钢索吊住而不能下落等。这种位移受到限制的物体称为非自由体。对非自由体的某些位移起限制作用称为约束。如铁轨对机车、轴承对电机转子、钢索对重物等，都是约束。

约束限制非自由体的运动，能够起到改变物体运动状态的作用。从力学角度来看，约束对非自由体有作用力。约束作用在非自由体上的力称为约束反力，简称为约束力或反力。约束反力的方向必与该约束所限制位移的方向相反，这是确定约束反力方向的基本原则。至于约束反力的大小和作用点，前者一般未知，需要用平衡条件来确定；作用点一般在约束与非自由体的接触处。若非自由体是刚体，则只需确定约束反力作用线的位置即可。

二、工程中常见的约束及其反力

下面对工程中一些常见的码约束进行分类分析，并归纳出其反力特点。

(1)理想光滑面约束。在约束与被约束体的接触面较小且比较光滑的情况下，忽略摩擦因素的影响，就得到了理想光滑面约束。其约束特征为：约束限制被约束物体沿着接触处公法线趋向约束体的运动。故约束反力方向总是通过接触点，沿着接触点处公法线而指向被约束物体。例如轨道对车轮的约束，如图 1-5(a)所示；一矩形构件搁置在槽中，其受力如图 1-5(b)所示。

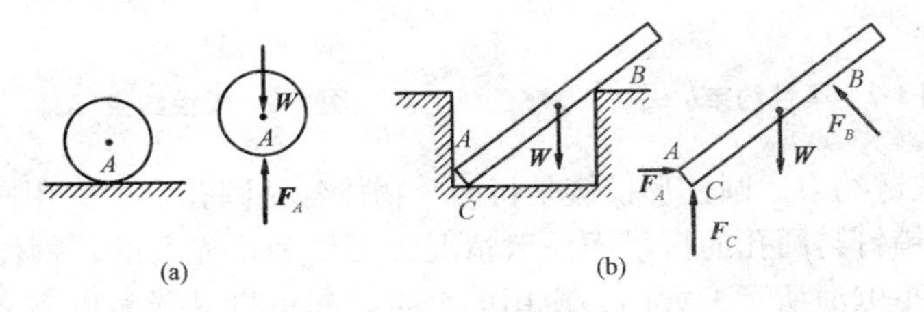

图 1-5　光滑面约束

图 1-6 所示为机械夹具中的 V 形铁、被夹物体及压板的受力情况，各接触点处均为光滑接触。

(2)柔性约束。绳索、链条、皮带、胶带等柔性物体所形成的约束称为柔性约束。这种柔性体只能承受拉力。其约束特征是只能限制被约束物体沿其中心线伸长方向的运动，而无法阻止物体沿其他方向的运动。因此，柔性约束产生的约束反力总是通过接触点、沿着柔性体中心线而背离被约束的物体(即使被约束物体承受拉力作用)。

如图 1-7(a)所示，绳索悬挂一重物，绳索只能承受拉力，对重物的约束反力 F'_A 如图 1-7(b)所示。链条或胶带绕在轮子上时，对轮子的约束反力沿轮缘切线方向，如图 1-8 所示。

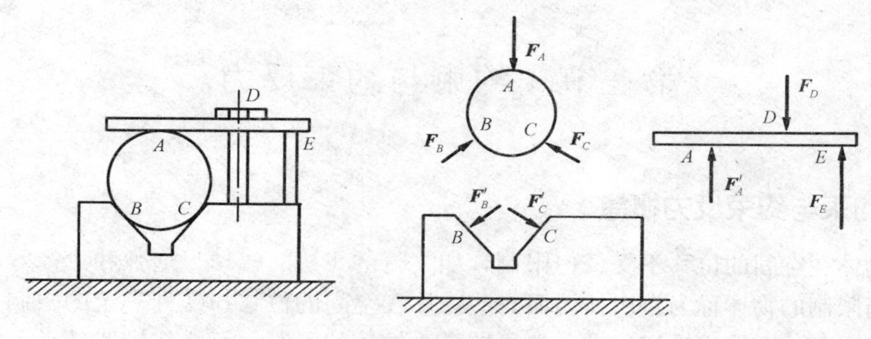

图 1-6　光滑接触

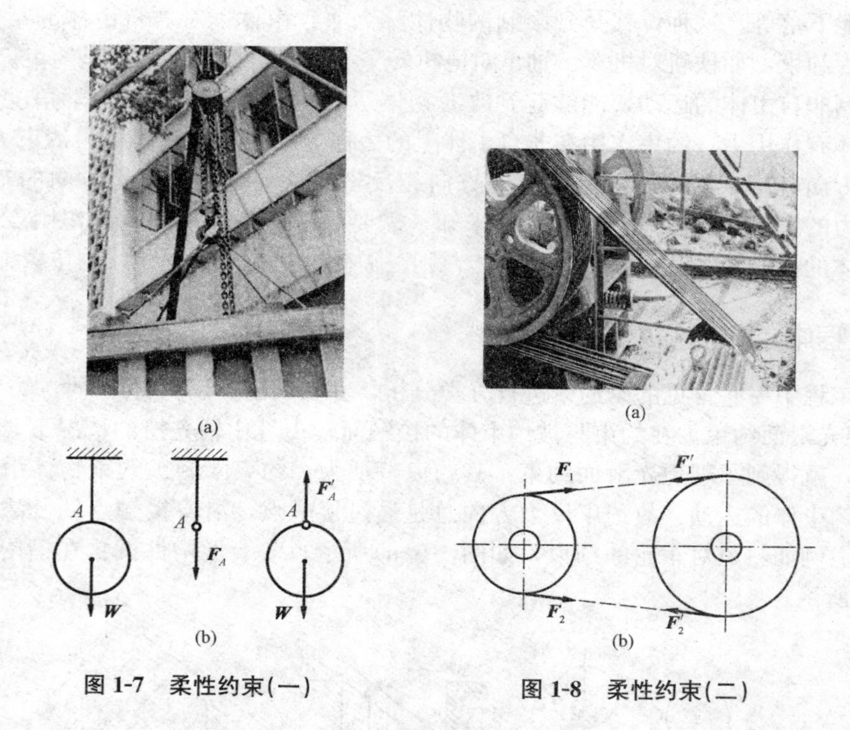

图 1-7　柔性约束(一)　　　　图 1-8　柔性约束(二)

(3)光滑圆柱铰链约束。圆柱形铰链是将两个物体各钻圆孔，中间用圆柱形销钉连接起来所形成的结构。销钉与圆孔的接触面一般情况下可认为是光滑的，物体可以绕销钉的轴线任意转动，如图 1-9(a)所示。如门、窗用的合页，起重机悬臂与机座之间的连接等，都是铰链约束的实例。

铰链连接简图如图 1-9(b)所示，销钉阻止被约束两物体沿垂直于销钉轴线方向的相对横向移动，而不限制连接件绕轴线的相对转动。因此，根据光滑面约束特征可知，销钉产生的约束反力 $\boldsymbol{F}_{\mathrm{R}}$ 应沿接触点处公法线，必过铰链中心(销钉轴线)，如图 1-9(c)所示。但接触点位置与被约束构件所受外力有关，一般不能预先确定，因此，$\boldsymbol{F}_R$ 的方向未定，通常用过销钉中心，且相互正交的两个分力 $\boldsymbol{F}_{Rx}$、$\boldsymbol{F}_{Ry}$ 来表示。

(4)支座约束。

①固定铰支座。铰链结构中有两个构件，若其中一个固定于基础或静止的支承面上，此时称铰链约束为固定铰支座约束。固定铰支座的结构简图及其约束反力如图 1-10 所示。此外，工程中的轴承也可视为固定铰支座。

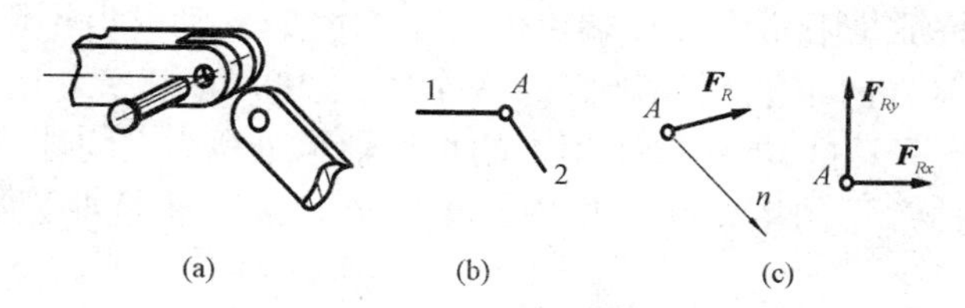

图 1-9　光滑圆柱铰链约束

②可动铰支座。可动铰支座约束又称为辊轴约束。这是一种特殊的平面铰链，通常与固定铰支座配对使用，分别装在梁的两端。与固定铰支座不同的是，它不限制被约束端沿水平方向的位移。这样当桥梁由于温度变化而产生伸缩变形时，梁端可以自由移动，不会在梁内引起温度应力。由于这种约束只限制了竖直方向的运动，因此，其约束反力沿滚轮与支承接触处的公法线方向，指向被约束构件。其结构与受力简图如图 1-11 所示。

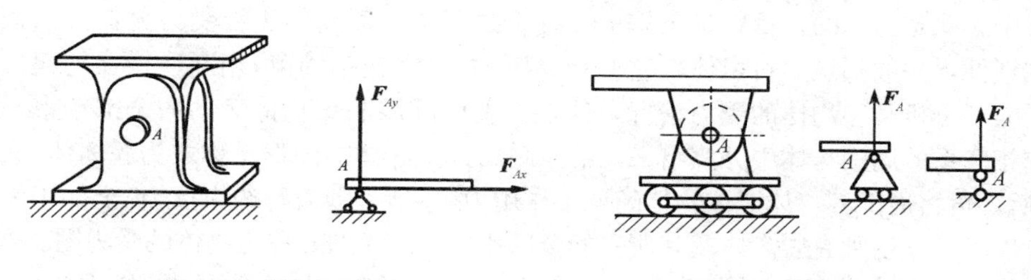

图 1-10　固定铰支座　　　　图 1-11　可动铰支座

(5)固定端约束。固定端约束结构如图 1-12(a)所示，该约束既限制构件沿任何方向的移动，又限制构件转动。如对于嵌在墙体内的悬臂梁来说，墙体即为固定端。其结构简图及约束反力分别如图 1-12(b)、(c)所示。

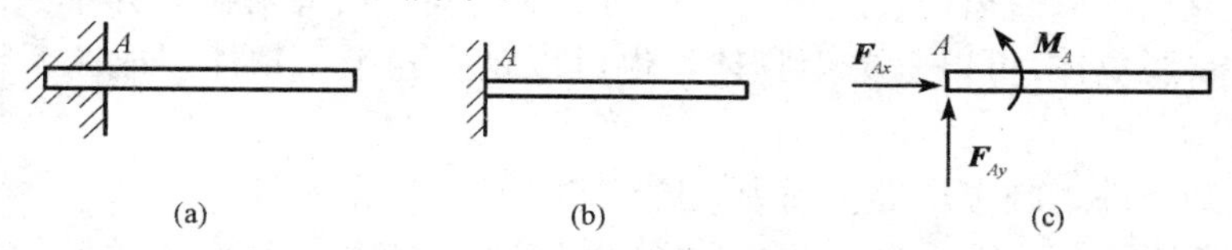

图 1-12　固定端约束

(6)空间球形铰链约束。空间球形铰链的结构如图 1-13(a)所示，通常，将构件的一端做成球形后置于另一构件或基础的球窝中。其作用是限制被约束体在空间的移动但不限制其转动。如电视机、收音机天线与机体的连接，车床床头灯与床身的连接等都是球形铰链约束。

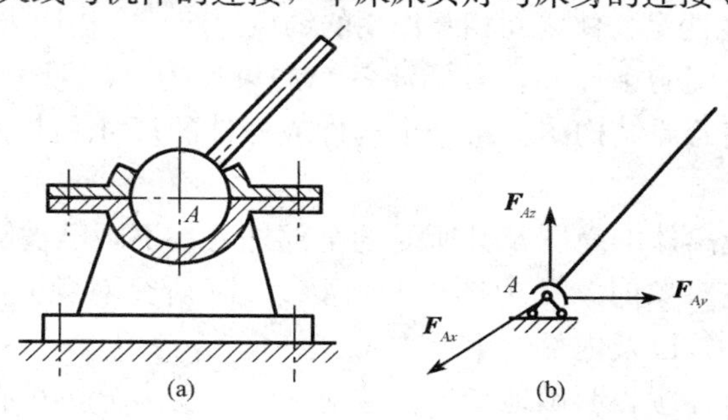

图 1-13　空间球形铰链约束

球形铰链约束的特征是限制了杆件端点沿三个方向的移动，但不限制其转动，所以约束反力是通过球心，但方向不能预先确定的一个空间力，可用三个相互正交的分力 $\boldsymbol{F}_{Ax}$、$\boldsymbol{F}_{Ay}$、$\boldsymbol{F}_{Az}$ 来表示，如图 1-13(b)所示。工程中的止推轴承可视为空间球形铰链。

以上只介绍了几种常见约束，在工程中约束的类型远不止这些，有的约束比较复杂，分析时需加以抽象、简化。

第四节 受力分析

一、脱离体和受力图

在力学求解静力平衡问题时，一般首先要分析物体的受力情况，了解物体受到哪些力的作用，其中哪些是已知的，哪些是未知的，这个过程称为对物体进行受力分析。工程结构中的构件或杆件，一般都是非自由体，它们与周围的物体(包括约束)相互连接在一起，用来承担荷载。为了分析某一物体的受力情况，往往需要解除限制该物体运动的全部约束，把该物体从与它相联系的周围物体中分离出来，单独画出这个物体的图形，称之为脱离体(或研究对象)。然后，再将周围各物体对该物体的各个作用力(包括主动力与约束反力)全部用矢量线表示在脱离体上。这种画有脱离体及其所受的全部作用力的简图，称为物体的受力图。

对物体进行受力分析并画出其受力图，是求解静力学问题的重要步骤。因此，必须掌握熟练选取脱离体并能正确地分析其受力情况的方法。

二、画受力图的步骤及注意事项

(1)确定研究对象取脱离体。应根据题意的要求，确定研究对象，并单独画出脱离体的简图。研究对象(脱离体)可以是单个物体，也可以是由若干个物体组成的系统，这要根据具体情况确定。

(2)根据已知条件，画出全部主动力。应注意正确、不漏不缺。

(3)根据脱离体原来受到的约束类型，画出相应的约束反力。对于柔性约束、光滑面约束、可动铰支座约束等，可以根据约束的类型直接画出约束反力的方向；而对于铰链约束、固定铰支座约束等，经常将其反力用两个相互垂直的分力来表示；对于固定端约束，其反力则用两个相互垂直的分力和一个反力偶来表示。约束反力不能多画，也不能少画。如果题意要求明确这些反力的作用线方位和指向时，应当根据约束的具体情况并利用前面的有关公理进行确定。同时，应注意两个物体之间相互作用的约束力应符合作用力与反作用力公理。

(4)要熟练地使用常用的字母和符号标注各个约束反力，注明是由哪一个物体(施力体或约束)施加。注意要按照原结构图上每一个构件或杆件的尺寸和几何特征作图，以免引起错误或误差。

(5)受力图上只画脱离体的简图及其所受的全部外力，不画已被解除的约束。

(6)当以系统为研究对象时，受力图上只画该系统(研究对象)所受的主动力和约束反力，不画成对出现的内力(以及内部约束反力)。

(7)对系统中的二力杆应当明确地指出，这对系统的受力分析很有意义。

下面举例说明如何画物体的受力图。

【例 1-1】 连杆滑块机构如图 1-14 所示，受力偶 M 和力 $\boldsymbol{F}$ 作用，试画出各构件和整体的受力图。

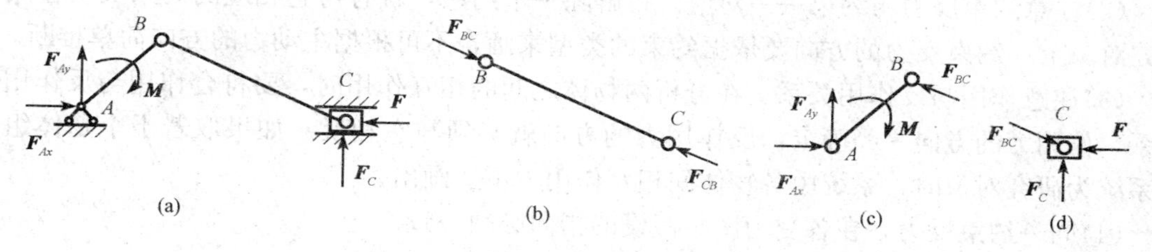

图 1-14　例 1-1 图

解： 整体受力如图 1-14(a)所示。作用于研究对象上的外力有力偶 M 和力 $\boldsymbol{F}$。A 处为固定铰，约束力用 $\boldsymbol{F}_{Ax}$、$\boldsymbol{F}_{Ay}$ 表示，滑道约束力 $\boldsymbol{F}_C$ 的作用线垂直于滑道；各力假设指向如图中箭头所示。

杆 BC 的受力如图 1-14(b)所示。注意自重不计时，杆 BC 是二力杆。约束力 $\boldsymbol{F}_{CB}$ 与 $\boldsymbol{F}_{BC}$ 沿 B、C 两点的连线，图中假设指向是压力方向。

图 1-14(c)为杆 AB 的受力图。外载荷有力偶 M(因此不是二力杆)。A 处固定铰约束力 $\boldsymbol{F}_{Ax}$、$\boldsymbol{F}_{Ay}$ 也是铰链 A 作用于杆 AB 的力，故应注意与整体图指向假设的一致性。B 处中间铰作用在 AB 杆上的约束力 $\boldsymbol{F}'_{BC}$ 与作用在 BC 杆上 $\boldsymbol{F}_{BC}$ 互为作用力与反作用力，故 $\boldsymbol{F}'_{BC}$ 应依据图 1-14(b)上的 $\boldsymbol{F}_{BC}$ 按作用力与反作用力关系画出。

图 1-14(d)为滑块的受力图。铰链 C 处的约束力 $\boldsymbol{F}'_{CB}$ 与作用于 BC 杆上的 $\boldsymbol{F}_{CB}$ 互为作用力与反作用力，其指向同样应依据二力杆 BC 的受力图确定，滑道的约束力仍为 $\boldsymbol{F}_C$。

最后要注意，若将各个分离体受力[图 1-14(b)、(c)、(d)]组合到一起，则成为系统整体；此时 $\boldsymbol{F}_{CB}$ 与 $\boldsymbol{F}'_{CB}$、$\boldsymbol{F}_{BC}$ 与 $\boldsymbol{F}'_{BC}$ 成为成对的内力，相互抵消，应当得到与整体受力图相同的结果。正确画出的受力图，必须满足这一点。

【例 1-2】 试画出图 1-15 所示梁 AB 及 BC 的受力图。

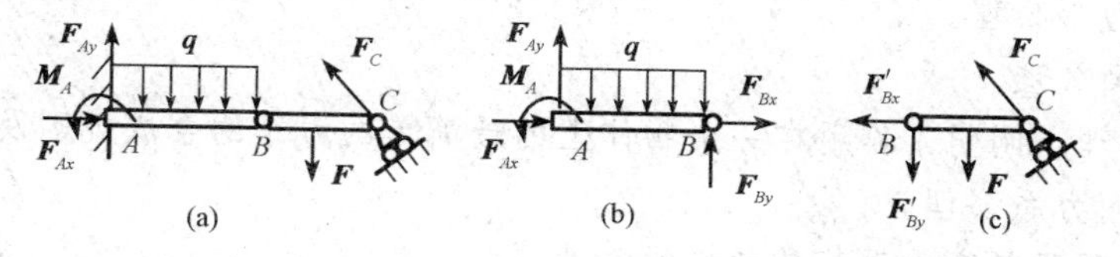

图 1-15　例 1-2 图

解： 对于由 AB 和 BC 梁组成的结构系统整体如图 1-15(a)所示，承受的外载荷是 AB 梁上的均匀分布荷载 q 和 BC 段上的集中力 $\boldsymbol{F}$。A 端的约束是固定端约束，其两个反力和一个反力偶分别用 $\boldsymbol{F}_{Ax}$、$\boldsymbol{F}_{Ay}$ 和 M_A 表示，方向假设如图中箭头所示。C 端为滚动支座，约束反力 $\boldsymbol{F}_C$ 的作用线垂直于支承面且通过铰链 C 的中心。

梁 AB 的受力如图 1-15(b)所示。梁上作用着分布荷载 q。固定端 A 处约束力的表示应与图 1-15(a)一致，即有 $\boldsymbol{F}_{Ax}$、$\boldsymbol{F}_{Ay}$ 和 M_A。B 处中间铰约束反力用 $\boldsymbol{F}_{Bx}$ 和 $\boldsymbol{F}_{By}$ 表示。

图 1-15(c)中梁 BC 受外力 $\boldsymbol{F}$ 作用，依据图 1-15(b)，由作用力与反作用力关系可将 B 处中间铰对梁 BC 的约束力表示为 $\boldsymbol{F}'_{Bx}$ 和 $\boldsymbol{F}'_{By}$。C 处约束力即图 1-15(a)中的 $\boldsymbol{F}_C$。

通过以上各例的分析，现将画受力图时的注意点归纳如下：

(1)明确研究对象。画受力图时首先必须明确要画哪一个物体的受力图，然后把它所受的全部约束去掉，单独画出该研究物体的简图。

(2)注意约束反力与约束一一对应。每解除一个约束，就有与它相应的约束反力作用在研究对象上；约束反力的方向要依据约束的类型来画，不可根据主动力的方向简单推断。

(3)注意作用与反作用关系。在分析两物体之间的相互作用时，要符合作用与反作用的关系，作用力的方向一经确定，反作用力的方向就必须与它相反。如果取若干个物体组成的系统为研究对象时，系统内各物体间相互作用力不要画出。

(4)同一约束反力，在各受力图中假设的指向必须一致。

本章小结

1. 刚体。

刚体指在外力作用下，几何形状、尺寸的变化可忽略不计的物体。

2. 力。

力是物体间相互的机械作用，这种相互作用的效果会使物体的运动状态发生变化，或者使物体发生变形。对刚体而言，力的三要素：大小、方向、作用线。

3. 平衡。

物体在力系作用下，相对于地球静止或作匀速直线运动。

4. 约束。

对非自由体的某些位移起限制作用称为约束。阻碍物体运动或运动趋势的力称为约束反力。约束反力的方向必与该约束所能阻碍的运动方向相反。工程中常见的约束有：柔性约束、光滑接触面约束、圆柱铰链约束、支座约束。常见的支座有：固定铰支座与可动铰支座。

5. 基本公理。

(1)平行四边形公理。

(2)二力平衡公理。

以上两个公理，阐明了作用在一个物体上的最简单的力系的合成规则及其平衡条件。

(3)加减平衡力系公理。

这个公理阐明了任意力系等效替换的条件。

(4)作用与反作用公理。

这个公理说明了两个物体相互作用的关系。

6. 物体受力分析的基本方法——画受力图。

在脱离体上画出周围物体对它全部作用力的简图称为受力图。正确画出受力图是力学计算的基础。

一、填空题

1. 在任何外力作用下，大小和形状保持不变的物体称__________。

2. 力是物体之间相互的__________。这种作用会使物体产生两种力学效果，分别是__________和__________。

3. 力的三要素是__________、__________、__________。

4. 加减平衡力系公理对物体而言，该物体的__________效果成立。

5. 一刚体受不平行的三个力作用而平衡时，这三个力的作用线必__________。

6. 使物体产生运动或产生运动趋势的力称__________。

7. 约束反力的方向总是和该约束所能阻碍物体的运动方向__________。

8. 柔体的约束反力是通过__________点，其方向沿着柔体__________线的拉力。

二、作图题

1. 画出图 1-16 所示各物体的受力图。

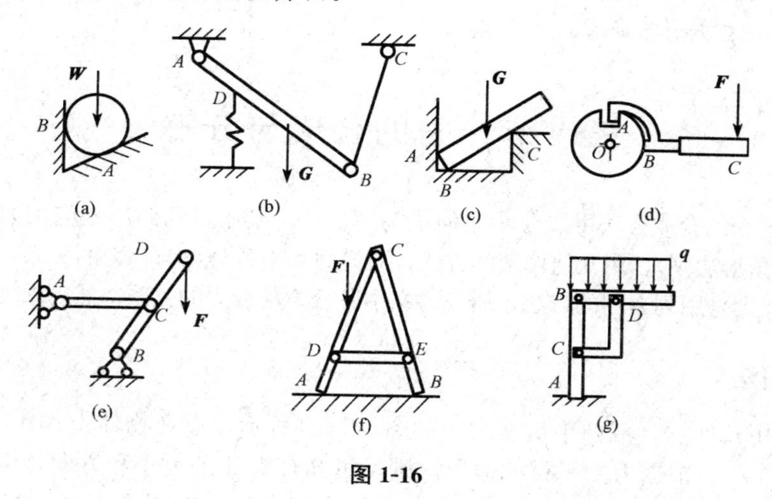

图 1-16

2. 画出图 1-17 所示三铰拱 ABC 整体的受力图(用三力汇交定理)。

3. 画出图 1-18 所示 AB 梁的受力图。

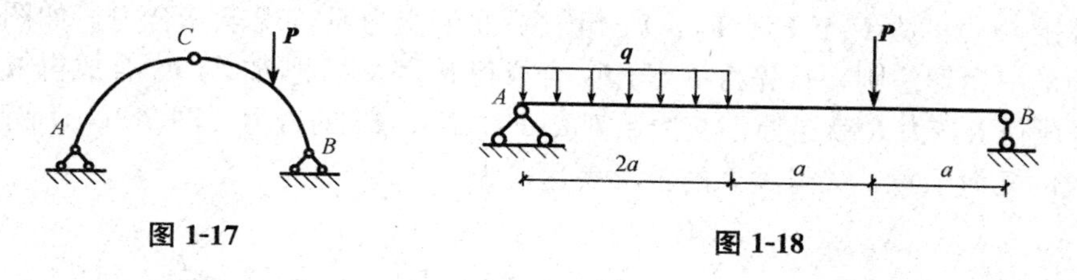

图 1-17　　图 1-18

第二章　平面汇交力系

教学目标

1. 掌握力系的合成；
2. 掌握力系的平衡；
3. 掌握平面汇交力系的合成与分解。

第一节　力的合成与分解

平面汇交力系的合成方法可以分为几何法与解析法，其中，几何法是应用力的平行四边形法则(或力的三角形法则)，用几何作图的方法，研究力系中各分力与合力的关系，从而求力系的合力；而解析法则是用列方程的方法，研究力系中各分力与合力的关系，然后求力系的合力。

一、几何法

首先回顾用几何法合成两个汇交力。如图 2-1(a)所示，设在物体上作用有汇交于 O 点的两个力 $\boldsymbol{F}_1$ 和 $\boldsymbol{F}_2$，根据力的平行四边形法则，可知合力 $\boldsymbol{R}$ 的大小和方向是以两力 $\boldsymbol{F}_1$ 和 $\boldsymbol{F}_2$ 为邻边的平行四边形的对角线来表示，合力 $\boldsymbol{R}$ 的作用点就是这两个力的汇交点 O。也可以取平行四边形的一半，即利用力的三角形法则求合力，如图 2-1(b)所示。

对于由多个力组成的平面汇交力系，可以连续应用力的三角形法则进行力的合成。设作用于物体上 O 点的力 $\boldsymbol{F}_1$、$\boldsymbol{F}_2$、$\boldsymbol{F}_3$、$\boldsymbol{F}_4$ 组成平面汇交力系，现求其合力，如图 2-2(a)所示。应用力的三角形法则，首先将 $\boldsymbol{F}_1$ 与 $\boldsymbol{F}_2$ 合成得 $\boldsymbol{R}_1$，然后把 $\boldsymbol{R}_1$ 与 $\boldsymbol{F}_3$ 合成得 $\boldsymbol{R}_2$，最后将 $\boldsymbol{R}_2$ 与 $\boldsymbol{F}_4$ 合成得 $\boldsymbol{R}$，力 $\boldsymbol{R}$ 就是原汇交力系 $\boldsymbol{F}_1$、$\boldsymbol{F}_2$、$\boldsymbol{F}_3$、$\boldsymbol{F}_4$ 的合力，图 2-2(b)所示即是此汇交力系合成的几何示意，矢量关系的数学表达式为

$$\boldsymbol{R}=\boldsymbol{F}_1+\boldsymbol{F}_2+\boldsymbol{F}_3+\boldsymbol{F}_4 \tag{2-1(a)}$$

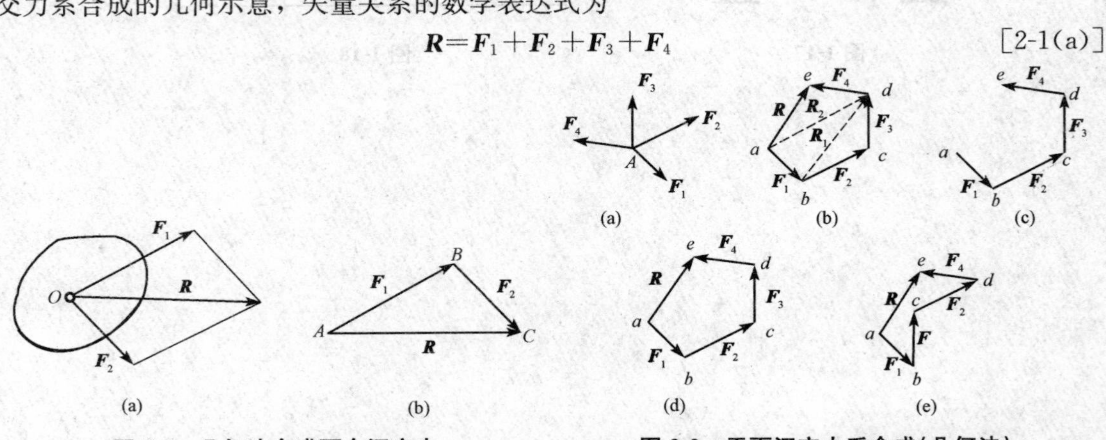

图 2-1　几何法合成两个汇交力　　图 2-2　平面汇交力系合成(几何法)

实际作图时，可以不画出图中虚线所示的中间合力 $\boldsymbol{R}_1$ 和 $\boldsymbol{R}_2$，只要按照一定的比例将表达各力矢的有向线段首尾相接，形成一个不封闭的多边形，如图 2-2(c)所示。然后再画一条从起点指向终点的矢量 $\boldsymbol{R}$，即为原汇交力系的合力，如图 2-2(d)所示。把由各分力和合力构成的多边形 *abcde* 称为力多边形，合力矢是力多边形的封闭边。按照与各分力同样的比例，封闭边的长度表示合力的大小，合力的方位与封闭边的方位一致，指向则由力多边形的起点至终点，合力的作用线通过汇交点。这种求合力矢的几何作图法称为力多边形法则。

从图 2-2(e)还可以看出，改变各分力矢相连的先后顺序，只会影响力多边形的形状，但不会影响合成的最后结果。

将这一做法推广到由 n 个力组成的平面汇交力系，可得结论：平面汇交力系合成的最终结果是一个合力，合力的大小和方向等于力系中各分力的矢量和，可由力多边形的封闭边确定，合力的作用线通过力系的汇交点，合力的起点为第一个力的箭尾，合力终点为最后一个力的箭头，构成一个封闭几何多边形。矢量关系式为

$$\boldsymbol{R}=\boldsymbol{F}_1+\boldsymbol{F}_2+\cdots+\boldsymbol{F}_n=\sum \boldsymbol{F}_i \qquad [2\text{-}1(\text{b})]$$

或简写为

$$\boldsymbol{R}=\sum \boldsymbol{F}(\text{矢量和}) \qquad [2\text{-}1(\text{c})]$$

若力系中各力的作用线位于同一条直线上，在这种特殊情况下，力多边形变成一条直线，合力为

$$R=\sum F(\text{代数和}) \qquad (2\text{-}2)$$

需要指出的是，利用几何法对力系进行合成，对于平面汇交力系，并不要求力系中各分力的作用点位于同一点，因为根据力的可传性原理，只要它们的作用线汇交于同一点即可。另外，几何法只适用于平面汇交力系，而对于空间汇交力系来说，由于作图不方便，用几何法求解是不适宜的。

对于由多个力组成的平面汇交力系，用几何法进行简化的优点是直观、方便、快捷，画出力多边形后，按与画分力同样的比例，用尺子和量角器即可量得合力的大小和方向。但是，这种方法要求作图精确，否则误差会较大。

二、解析法

求解平面汇交力系合成的另一种常用方法是解析法。这种方法是以力在坐标轴上的投影为基础建立方程的。

1. 力在平面直角坐标轴上的投影

设力 $\boldsymbol{F}$ 用矢量 $\overrightarrow{AB}$ 表示，如图 2-3 所示。取直角坐标系 Oxy，使力 $\boldsymbol{F}$ 在 Oxy 平面内。过力矢 $\overrightarrow{AB}$ 的两端点 A 和 B 分别向 x、y 轴作垂线，得垂足 a、b 及 a'、b'，带有正负号的线段 ab 与 $a'b'$ 分别称为力 $\boldsymbol{F}$ 在 x、y 轴上的投影，记作 F_x、F_y。并规定：当力的始端的投影到终端的投影的方向与投影轴的正向一致时，力的投影取正值；反之，当力的始端的投影到终端的投影的方向与投影轴的正向相反时，力的投影取负值。

力的投影的值与力的大小及方向有关，设力 $\boldsymbol{F}$ 与 x 轴的夹角为 α，则从图 2-3 可知

$$\left.\begin{aligned} F_x&=F\cos\alpha \\ F_y&=-F\sin\alpha \end{aligned}\right\} \qquad (2\text{-}3)$$

一般情况下，若已知力 $\boldsymbol{F}$ 与 x 和 y 轴所夹的锐角分别为 α、β，则该力在 x、y 轴上的投影分别为

$$\begin{aligned} F_x &= \pm F\cos\alpha \\ F_y &= \pm F\cos\beta \end{aligned} \tag{2-4}$$

即力在坐标轴上的投影，等于力的大小与力和该轴所夹锐角余弦的乘积。当力与轴垂直时，投影为零；而力与轴平行时，投影大小的绝对值等于该力的大小。

反过来，若已知力 $\boldsymbol{F}$ 在坐标轴上的投影 F_x、F_y，也可求出该力的大小和方向角：

$$\begin{aligned} F &= \sqrt{F_x^2 + F_y^2} \\ \tan\alpha &= \left|\frac{F_y}{F_x}\right| \end{aligned} \tag{2-5}$$

式中 α——力 $\boldsymbol{F}$ 与 x 轴所夹的锐角，其所在的象限由 F_x、F_y 的正负号来确定。

在图 2-3 中，若将力沿 x、y 轴进行分解，可得分力 $\boldsymbol{F}_x$ 和 $\boldsymbol{F}_y$。应当注意，力的投影和分力是两个不同的概念：力的投影是标量，它只有大小和正负；而力的分力是矢量，有大小和方向。它们与原力的关系各自遵循自己的规则。在直角坐标系中，分力的大小和投影的绝对值是相同的。同时，力的矢量也可以转化为力的标量进行计算，即

$$\boldsymbol{F} = \boldsymbol{F}_x + \boldsymbol{F}_y = F_x\boldsymbol{i} + F_y\boldsymbol{j} \tag{2-6}$$

式中 $\boldsymbol{i}$、$\boldsymbol{j}$——沿直角坐标轴 x、y 轴正向的单位矢量。

力在平面直角坐标轴上的投影计算，在力学计算中应用非常普遍，必须熟练掌握。

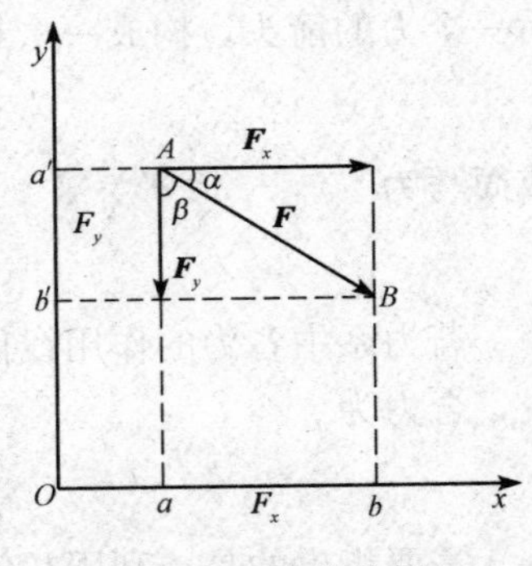

图 2-3　力的分解

【例 2-1】 已知 $F_1 = 100\ \text{N}$，$F_2 = 200\ \text{N}$，$F_3 = 300\ \text{N}$，$F_4 = 400\ \text{N}$，各力的方向如图 2-4 所示，试分别求各力在 x 轴和 y 轴上的投影。

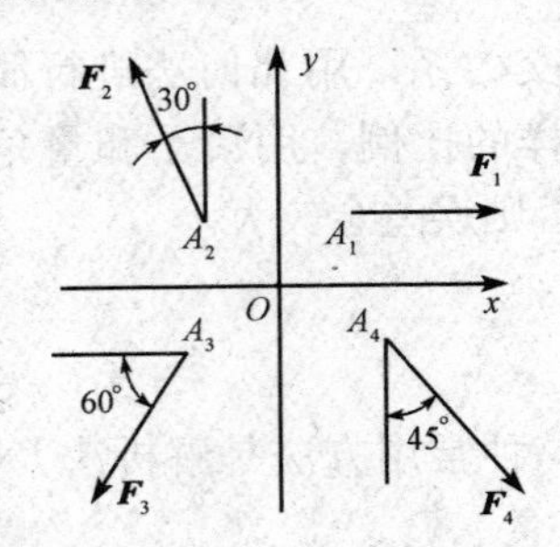

图 2-4　各力在坐标轴上的投影

解：根据式(2-3)、式(2-4)，列表计算如下：

力	力在 x 轴上的投影($\pm F\cos\alpha$)	力在 y 轴上的投影($\pm F\sin\alpha$)
$\boldsymbol{F}_1$	$100\times\cos0° = 100(\text{N})$	$100\times\sin0° = 0$
$\boldsymbol{F}_2$	$-200\times\cos60° = -100(\text{N})$	$200\times\sin60° = 100\sqrt{3}(\text{N})$
$\boldsymbol{F}_3$	$-300\times\cos60° = -150(\text{N})$	$-300\times\sin60° = -150\sqrt{3}(\text{N})$
$\boldsymbol{F}_4$	$400\times\cos45° = 200\sqrt{2}(\text{N})$	$-400\times\sin45° = -200\sqrt{2}(\text{N})$

2. 合力投影定理

为了用解析法求平面汇交力系的合力，必须先讨论合力及其分力在同一坐标轴上投影的关系。

设有一平面汇交力系 $\boldsymbol{F}_1$、$\boldsymbol{F}_2$、$\boldsymbol{F}_3$ 作用在物体的 O 点，如图 2-5(a)所示。从任一点 A 作力多边形 $ABCD$，如图 2-5(b)所示。则矢量 $\overrightarrow{AB}$ 就表示该力系的合力 $\boldsymbol{R}$ 的大小和方向。取任一轴 x，把各力都投影在 x 轴上，并且令 F_{x1}、F_{x2}、F_{x3} 和 R_x 分别表示各分力 $\boldsymbol{F}_1$、$\boldsymbol{F}_2$、$\boldsymbol{F}_3$ 和合力 $\boldsymbol{R}$ 在 x 轴上的投影，由图 2-5(b)可知

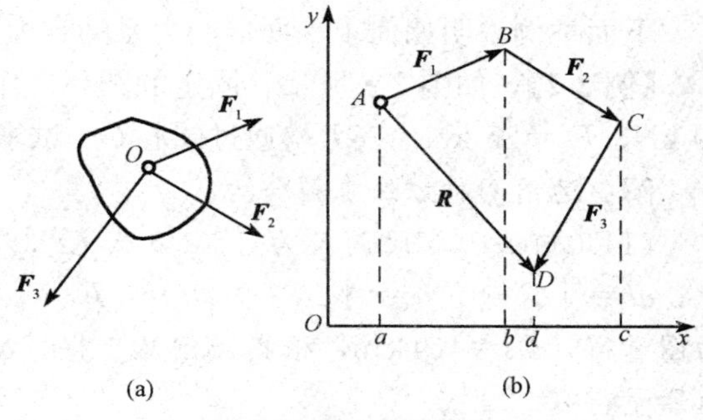

图 2-5　合力投影定理

$$F_{x1}=ab,\ F_{x2}=bc,\ F_{x3}=-cd,\ R_x=ad$$

而

$$ad=ab+bc-cd$$

因此可得

$$R_x=F_{x1}+F_{x2}+F_{x3}$$

这一关系可推广到任一个汇交力的情形，即

$$R_x = F_{x1} + F_{x2} + \cdots + F_{xn} = \sum F_x \tag{2-7}$$

由此可见，合力在任一轴上的投影，等于各分力在同一轴上投影的代数和。这就是合力投影定理。

3. 用解析法求平面汇交力系的合力

当平面汇交力系为已知时，如图 2-6 所示，可选直角坐标系，先求出力系中各力在 x 轴和 y 轴上的投影，再根据合力投影定理求得合力 $\boldsymbol{R}$ 在 x、y 轴上的投影 R_x、R_y，从图 2-6 中的几何关系，可见合力 $\boldsymbol{R}$ 的大小和方向由下式确定：

$$\left.\begin{aligned} R &= \sqrt{R_x^2+R_y^2} = \sqrt{\left(\sum F_x\right)^2+\left(\sum F_y\right)^2} \\ \tan\alpha &= \left|\frac{R_y}{R_x}\right| = \left|\frac{\sum F_y}{\sum F_x}\right| \end{aligned}\right\} \tag{2-8}$$

式中　α——合力 $\boldsymbol{R}$ 与 x 轴所夹的锐角。

$\boldsymbol{R}$ 在哪个象限由 F_x 和 F_y 的正负号来确定，具体如图 2-7 所示。合力的作用线通过力系的汇交点 O。

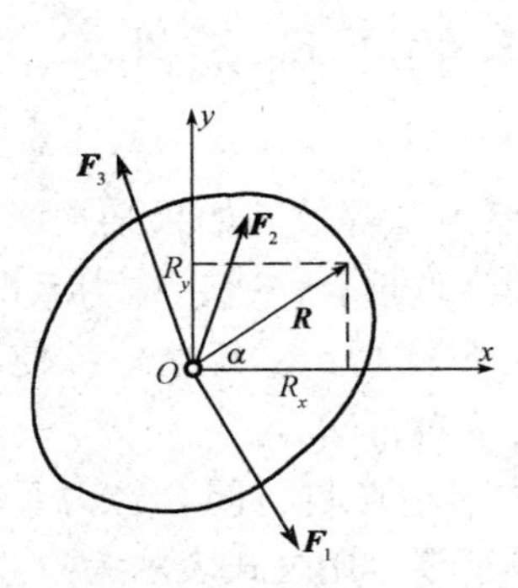

图 2-6　平面汇交力系

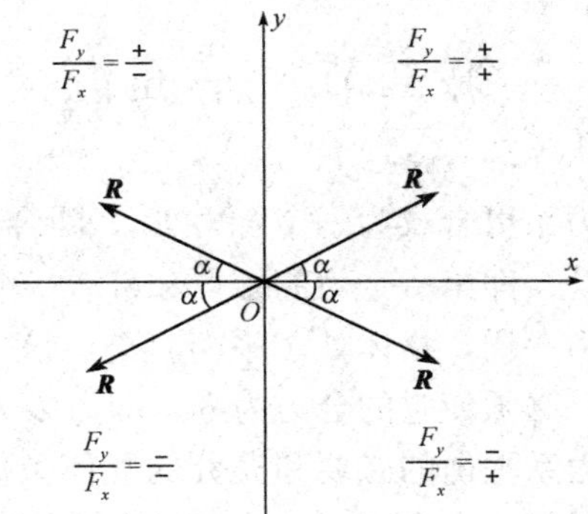

图 2-7　合力 $\boldsymbol{R}$ 所在象限的确定

下面举例说明如何求平面汇交力系的合力。

【例 2-2】 如图 2-8 所示，固定的圆环上作用着共面的三个力，已知 $F_1=10$ kN，$F_2=20$ kN，$F_3=25$ kN，三力均通过圆心 O。试求此力系合力的大小和方向。

解：运用两种方法求解合力。

(1)几何法。取比例尺为：1 cm 代表 10 kN，画力的多边形，如图 2-8(b)所示。其中，$ab=|F_1|$，$bc=|F_2|$，$cd=|F_3|$。从起点 a 向终点 d 作矢量 $\overrightarrow{ad}$，即得合力 $\boldsymbol{R}$。由图量得，$ad=4.4$ cm，根据比例尺可得，$R=44$ kN；合力 $\boldsymbol{R}$ 与水平线之间的夹角用量角器量得 $\alpha=22°$。

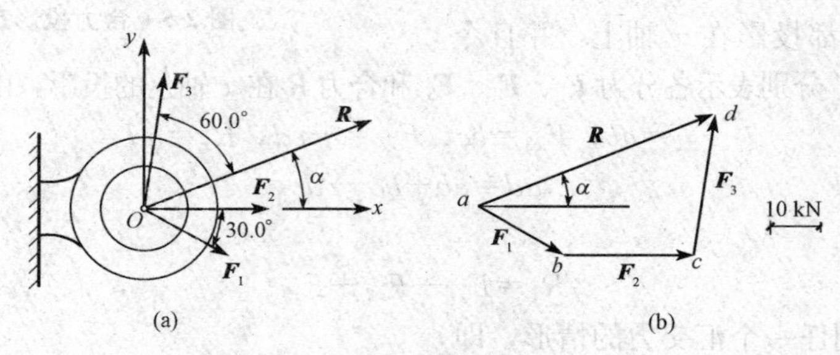

图 2-8　例 2-2 图

(2)解析法。取如图 2-8 所示的直角坐标系 Oxy，则合力的投影分别为

$$R_x=F_1\cos30°+F_2+F_3\cos60°=41.16(\text{kN})$$

$$R_y=-F_1\sin30°+F_3\sin60°=16.65(\text{kN})$$

则合力 $\boldsymbol{R}$ 的大小为

$$R=\sqrt{R_x^2+R_y^2}=\sqrt{41.16^2+16.65^2}=44.40(\text{kN})$$

合力 $\boldsymbol{R}$ 的方向为

$$\tan\alpha=\frac{|R_x|}{|R_y|}=\frac{16.65}{41.16}$$

$$\alpha=\arctan\frac{|R_y|}{|R_x|}=\arctan\frac{16.65}{41.16}=21.79°$$

由于 $R_x>0$，$R_y>0$，故 α 在第一象限，而合力 $\boldsymbol{R}$ 的作用线通过汇交力系的汇交点 O。

第二节　平面汇交力系的平衡条件

平面汇交力系可合成为一个合力 $\boldsymbol{F}_R$，即合力与原力系等效。如果某平面汇交力系的力多边形自行闭合，即第一个力的始点和最后一个力的终点重合，表示该力系的合力等于零，则物体与不受力一样，物体处于平衡状态，该力系为平衡力系。反之，欲使平面汇交力系成为平衡力系，必须使它的合力为零，即力多边形必须自行闭合。

平面汇交力系平衡的必要和充分的几何条件是力多边形自行闭合：力系中各力画成一个首尾相接的封闭的力多边形，或者说力系的合力等于零。用公式表示为

$$\boldsymbol{F}_R=0 \text{ 或 } \sum\boldsymbol{F}=0$$

如已知物体在主动力和约束反力作用下处于平衡状态，则可应用平衡的几何条件求约束反力，但未知力的个数不能超过两个。

平面汇交力系平衡的必要和充分条件是该力系的合力等于零。根据式(2-5)的第一式可知

$$F_R = \sqrt{F_{Rx}^2 + F_{Ry}^2} = \sqrt{\left(\sum F_x\right)^2 + \left(\sum F_y\right)^2} = 0$$

上式中$\left(\sum F_x\right)^2$与$\left(\sum F_y\right)^2$恒为正数。若使$F_R=0$，必须同时满足

$$\begin{cases}\sum F_x = 0 \\ \sum F_y = 0\end{cases}$$

平面汇交力系平衡的必要和充分的解析条件是：力系中所有各力在两个坐标轴上投影的代数和分别等于零。

上式称为平面汇交力系的平衡方程。这是两个独立的方程，可以求解两个未知量。这一点与几何法相一致。

第三节　平面汇交力系平衡条件的应用

【例 2-3】 图 2-9(a)所示为三铰拱，在 D 点作用水平力 $\boldsymbol{P}$，不计拱重，求支座 A、C 处的约束反力。

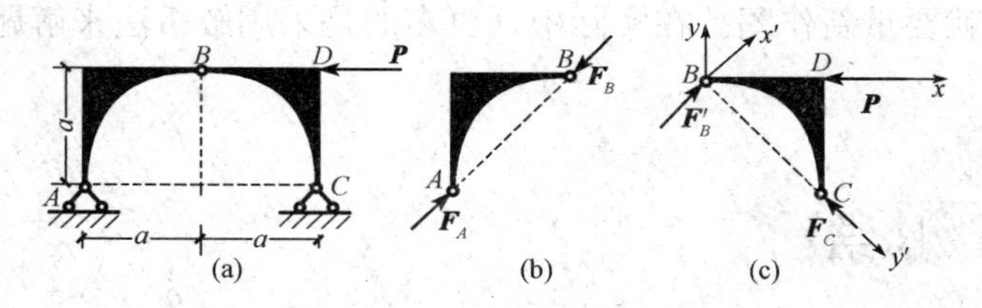

图 2-9　例 2-3 图

解：分析易知 AB 是二力杆件，其受力图如图 2-9(b)所示。

以 BCD 为研究对象，受力分析，如图 2-9(c)所示。在 Bxy 坐标系中，列方程求解

$$\sum F_x = 0, -P + F'_B\cos45° - F_C\sin45° = 0$$

$$\sum F_y = 0, F_C\cos45° + F'_B\sin45° = 0$$

求得
$$F'_B = F_A = \frac{\sqrt{2}}{2}P，F_C = -\frac{\sqrt{2}}{2}P$$

也可在 $Bx'y'$ 坐标系中，列方程求解：

$$\sum F'_y = 0, -F_C - P\cos45° = 0$$

$$\sum F'_x = 0, F'_B - P\sin45° = 0$$

求得
$$F'_B = F_A = \frac{\sqrt{2}}{2}P，F_C = -\frac{\sqrt{2}}{2}P$$

由例 2-3 可知，选择合适的坐标系，可以简化计算。

【例 2-4】 已知：$P=20$ kN，不计杆重和滑轮尺寸，求杆 AB 与 BC 所受的力(图 2-10)。

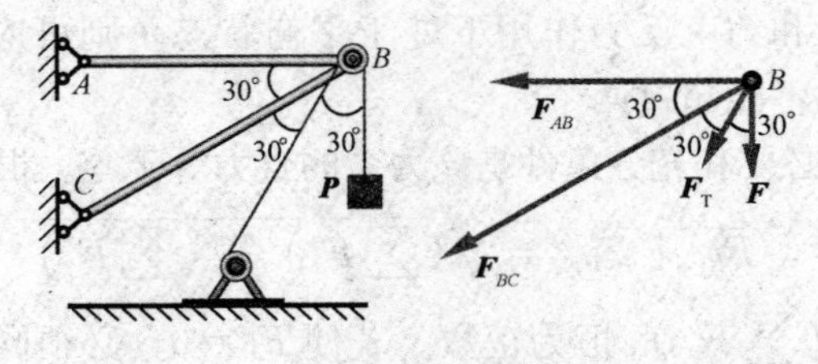

图 2-10　例 2-4 图

解：(1)研究对象：滑轮。

(2)受力分析(略)。

(3)列方程求解

$$\sum F_x = 0, -F_{AB} - F_{BC}\cos30^\circ - F_T\sin30^\circ = 0$$

$$\sum F_y = 0, -F_{BC}\sin30^\circ - F_T\cos30^\circ - F = 0$$

其中　$F = F_T = P$

解得　$F_{BC} = -74.64$ kN(压)，$F_{AB} = 54.37$ kN(拉)

几何法解题直观、简单、容易掌握，力系中各力之间的关系在力的多边形中一目了然，但是若力多于三个时，力多边形的几何关系就非常复杂。而且由于按比例尺作图，因此，只能反映各量(力、尺寸、角度)的某些特定值之间的关系，不能反映各量之间的函数关系。只要改变一个量，就要重新作图。在实际中，更多的是采用解析法来解题。

本章小结

1. 力在坐标轴上的投影的概念。

正负规定：当从力始端投影到终端投影的方向与坐标轴的正向一致时，该投影取正值；反之，取负值。

两种特殊情形：

(1)当力与轴垂直时，投影为零。

(2)当力与轴平行时，投影的绝对值等于力的大小。

2. 合力投影定理。

3. 求合力。

$$\begin{cases} F_R = \sqrt{F_{Rx}^2 + F_{Ry}^2} = \sqrt{(\sum F_x)^2 + (\sum F_y)^2} \\ \tan\alpha = \dfrac{|F_{Ry}|}{|F_{Rx}|} = \dfrac{\left|\sum F_y\right|}{\left|\sum F_x\right|} \end{cases}$$

4. 平面汇交力系的平衡方程。

$$\begin{cases} \sum F_x = 0 \\ \sum F_y = 0 \end{cases}$$

习　题

一、填空题

1. 平面汇交力系平衡的必要和充分的几何条件是力多边形__________。

2. 平面汇交力系合成的结果是一个__________。合力的大小和方向等于原力系中各力的__________。

3. 力垂直于某轴，力在该轴上的投影为__________。

4. $\sum X=0$ 表示力系中所有的力在__________轴上的投影的__________为零。

二、计算题

1. 求图 2-11 中汇交力系的合力 $\boldsymbol{F}_R$。

2. 求图 2-12 中力 $\boldsymbol{F}_2$ 的大小和其方向角 α，使①合力 $F_R=1.5$ kN，方向沿 x 轴；②合力为零。

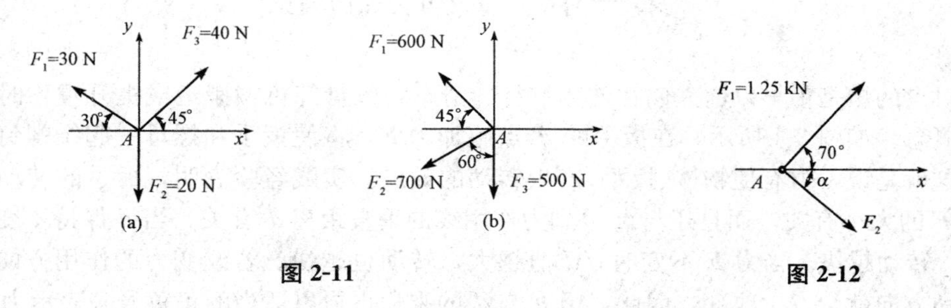

图 2-11　　　　　　　　　　图 2-12

3. 平面汇交力系（$\boldsymbol{F}_1$、$\boldsymbol{F}_2$、$\boldsymbol{F}_3$、$\boldsymbol{F}_4$、$\boldsymbol{F}_5$）的力的多边形如图 2-13 所示，则该力系的合力 $\boldsymbol{F}_R$ 等于多少？（注册土木工程师考试练习题）

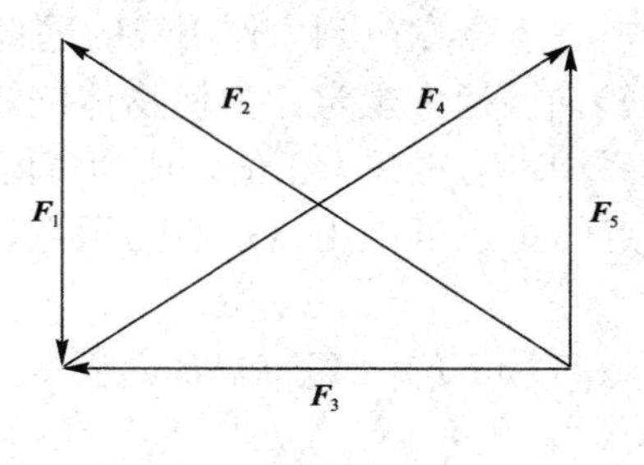

图 2-13

第三章　力矩与力偶

教学目标

1. 掌握力对点的矩、合力矩定理；
2. 掌握力偶及其基本性质；
3. 掌握平面力偶系的合成与平衡。

第一节　力对点的矩

力对点的矩是很早以前人们在使用杠杆、滑车、绞盘等机械搬运或提升重物时所形成的一个概念。如图 3-1 所示，在扳手的 A 点施加力 $\boldsymbol{F}$，将使扳手和螺母一起绕螺钉中心 O 转动，这就是说，力有使物体(扳手)产生转动的效应。实践经验表明，扳手的转动效果不仅与力 $\boldsymbol{F}$ 的大小有关，而且还与点 O 到力作用线的垂直距离 d 有关。当 d 保持不变时，力 $\boldsymbol{F}$ 越大，转动越快。当力 $\boldsymbol{F}$ 不变时，d 值越大，转动也越快。若改变力的作用方向，则扳手的转动方向就会发生改变，因此，用 F 与 d 的乘积再冠以适当的正负号来表示力 $\boldsymbol{F}$ 使物体绕 O 点转动的效应，并称为力 $\boldsymbol{F}$ 对 O 点的矩，简称力矩，以符号 $M_O(\boldsymbol{F})$表示，即

$$M_O(\boldsymbol{F}) = \pm Fd \tag{3-1}$$

O 点称为转动中心，简称矩心。矩心 O 到力作用线的垂直距离 d 称为力臂。

式中的正负号表示力矩的转向。通常规定：力使物体绕矩心作逆时针方向转动时，力矩为正，反之为负。在平面力系中，力矩或为正值，或为负值，因此，力矩可视为代数量。

由图 3-2 可以看出，力对点的矩还可以用以矩心为顶点，以力矢为底边所构成的三角形的面积的两倍来表示。即

$$M_O(\boldsymbol{F}) = \pm 2\triangle OAB\ \text{面积} \tag{3-2}$$

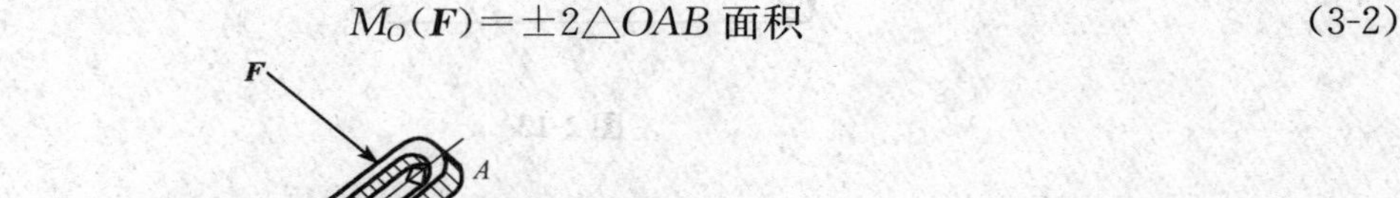

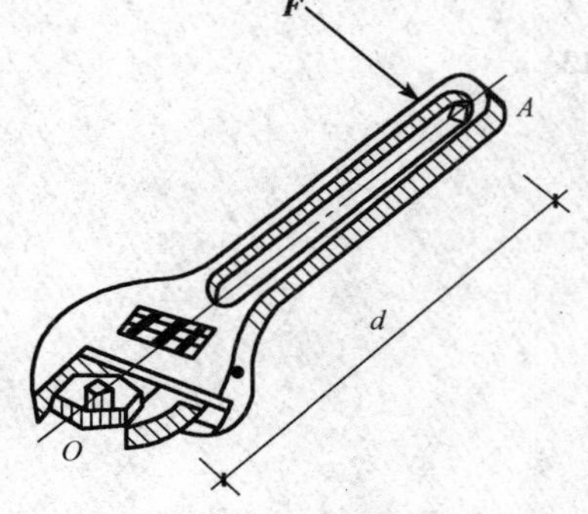

图 3-1　扳手施力

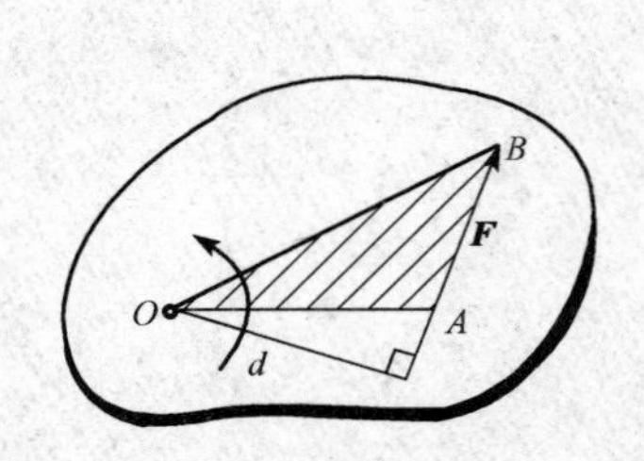

图 3-2　力对点的矩

显然，力矩在下列两种情况下等于零：

(1)力等于零；

(2)力的作用线通过矩心，即力臂等于零。

力矩的单位是牛顿·米(N·m)或千牛顿·米(kN·m)。

【例 3-1】 分别计算图 3-3 所示的 $\boldsymbol{F}_1$、$\boldsymbol{F}_2$ 对 O 点的力矩。

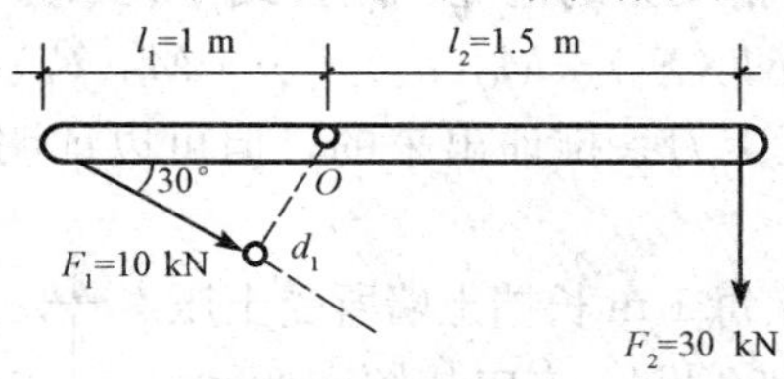

图 3-3　例 3-1 图

解： 由式(3-1)，有

$$M_O(\boldsymbol{F}_1)=F_1\cdot d_1=10\times1\times\sin30^\circ=5(\mathrm{kN\cdot m})$$

$$M_O(\boldsymbol{F}_2)=-F_2\cdot d_2=-30\times1.5=-45(\mathrm{kN\cdot m})$$

第二节　合力矩定理

平面汇交力系对物体的作用效应可以用它的合力 $\boldsymbol{R}$ 来代替。这里的作用效应包括物体绕某点转动的效应，而力使物体绕某点转动的效应由力对该点的矩来度量，因此，平面汇交力系的合力对平面内任一点的矩等于该力系的各分力对该点的矩的代数和。合力矩定理是力学中应用十分广泛的一个重要定理，现用两个汇交力系的情形给以证明。

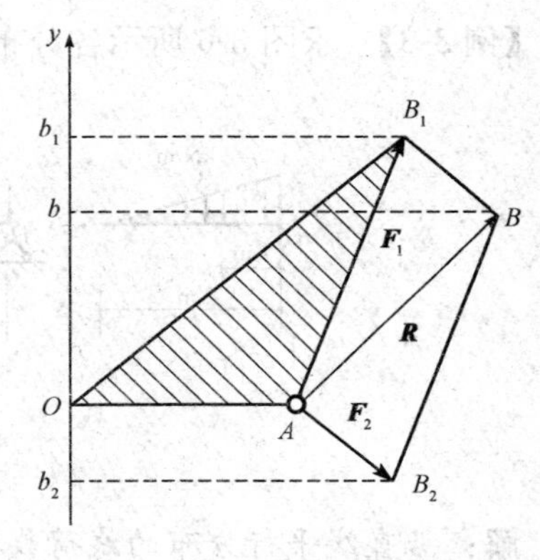

图 3-4　合力矩定理

证明：如图 3-4 所示，设在物体上的 A 点作用有两个汇交的力 $\boldsymbol{F}_1$ 和 $\boldsymbol{F}_2$，该力系的合力为 $\boldsymbol{R}$。在力系的作用面内任选一点 O 为矩心，过 O 点并垂直于 OA 作 y 轴。从各力矢的末端向 y 轴作垂线，用 Y_1、Y_2 和 R_y 分别表示力 $\boldsymbol{F}_1$、$\boldsymbol{F}_2$ 和 $\boldsymbol{R}$ 在 y 轴上的投影。由图 3-4 可见

$$Y_1=Ob_1,\ Y_2=-Ob_2,\ R_y=Ob$$

各力对 O 点的矩分别为

$$\left.\begin{aligned}M_O(\boldsymbol{F}_1)&=2\triangle AOB_1=Ob_1\cdot OA=Y_1\cdot OA\\M_O(\boldsymbol{F}_2)&=-2\triangle AOB_2=-Ob_2\cdot OA=Y_2\cdot OA\\M_O(\boldsymbol{R})&=2\triangle AOB=Ob\cdot OA=R_y\cdot OA\end{aligned}\right\}\qquad\text{(a)}$$

根据合力矩定理有

$$R_y=Y_1+Y_2$$

上式两边同乘以 OA 得

$$R_y \cdot OA = Y_1 \cdot OA + Y_2 \cdot OA \tag{b}$$

将式(a)代入式(b)得

$$M_O(\boldsymbol{R}) = M_O(\boldsymbol{F}_1) + M_O(\boldsymbol{F}_2)$$

以上证明可以推广到多个汇交力的情况，用公式可表示为

$$M_O(\boldsymbol{R}) = M_O(\boldsymbol{F}_1) + M_O(\boldsymbol{F}_2) + \cdots + M_O(\boldsymbol{F}_n) = M_O(\boldsymbol{F}) \tag{3-3}$$

虽然这个定理是从平面汇交力系推证出来的，但可以证明这个定理同样适用于有合力的其他平面力系。

【例 3-2】 如图 3-5 所示，每 1 m 长挡土墙所受土压力的合力为 $\boldsymbol{R}$，它的大小 $R=200$ kN，方向如图中所示，求土压力 $\boldsymbol{R}$ 使墙倾覆的力矩。

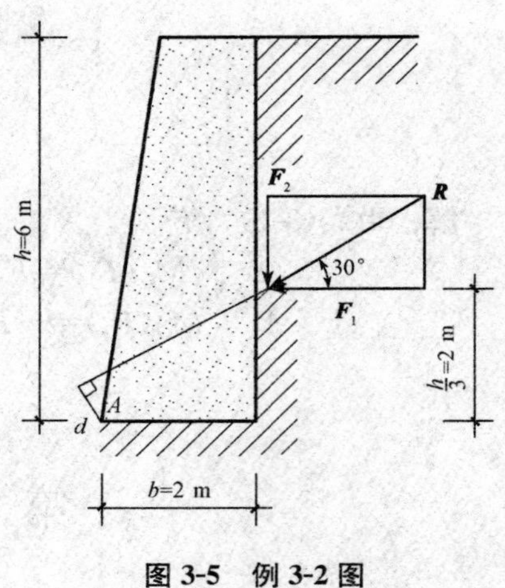

图 3-5 例 3-2 图

解： 土压力 $\boldsymbol{R}$ 可使挡土墙绕 A 点倾覆，求 $\boldsymbol{R}$ 使墙倾覆的力矩，就是求它对 A 点的力矩。由于 $\boldsymbol{R}$ 的力臂求解较麻烦，但如果将 $\boldsymbol{R}$ 分解为两个分力 $\boldsymbol{F}_1$ 和 $\boldsymbol{F}_2$，则两分力的力臂是已知的。为此，根据合力矩定理，合力 $\boldsymbol{R}$ 对 A 点的矩等于 $\boldsymbol{F}_1$、$\boldsymbol{F}_2$ 对 A 点的矩的代数和。则

$$M_A(\boldsymbol{R}) = M_A(\boldsymbol{F}_1) + M_A(\boldsymbol{F}_2) = F_1 \cdot \frac{h}{3} - F_2 \cdot b$$

$$= 200\cos30° \times 2 - 200\sin30° \times 2$$

$$= 146.41(\text{kN} \cdot \text{m})$$

【例 3-3】 求图 3-6 所示各分布荷载对 A 点的矩。

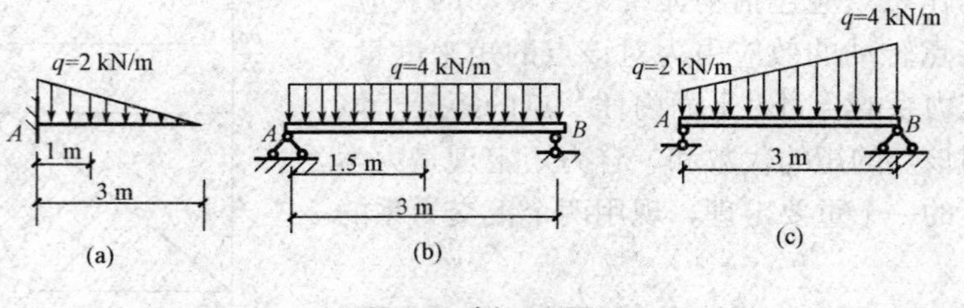

图 3-6 例 3-3 图

解： 沿直线平行分布的线荷载可以合成为一个合力。合力的方向与分布荷载的方向相同，合力作用线通过荷载图的重心，其合力的大小等于荷载图的面积。

根据合力矩定理可知，分布荷载对某点的矩就等于其合力对该点的矩。

(1)计算图 3-6(a)所示三角形分布荷载对 A 点的矩为

$$M_A(q) = \frac{1}{2} \times 2 \times 3 \times 1 = 3(\text{kN} \cdot \text{m})$$

(2)计算图 3-6(b)所示均布荷载对 A 点的矩为

$$M_A(q) = -4 \times 3 \times 1.5 = -18(\text{kN} \cdot \text{m})$$

(3)计算图 3-6(c)所示梯形分布荷载对 A 点的矩。此时为避免求梯形形心，可将梯形分布荷载分解为均布荷载和三角形分布荷载，其合力分别为 $\boldsymbol{R}_1$ 和 $\boldsymbol{R}_2$，则有

$$M_A(q) = \frac{1}{2} \times 2 \times 3 \times 1 - 4 \times 3 \times 1.5 = -15(\text{kN} \cdot \text{m})$$

第三节　力偶及其基本性质

一、力偶和力偶矩

在生产实践和日常生活中，经常遇到大小相等、方向相反、作用线不重合的两个平行力所组成的力系。这种力系只能使物体产生转动效应而不能使物体产生移动效应。例如，司机用双手操纵方向盘[图 3-7(a)]，木工用丁字头螺丝钻钻孔[图 3-7(b)]，以及用拇指和食指开关自来水龙头或拧钢笔套等。这种大小相等、方向相反、作用线不重合的两个平行力称为力偶，用符号($\boldsymbol{F}$，$\boldsymbol{F}'$)表示。力偶的两个力作用线间的垂直距离 d 称为力偶臂，力偶的两个力所构成的平面称为力偶作用面。

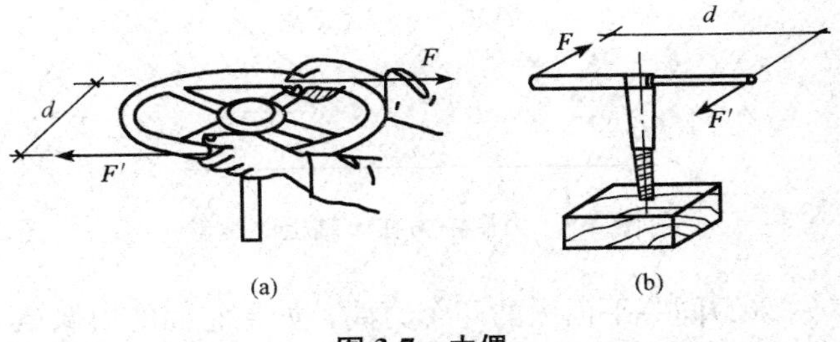

图 3-7　力偶

实践表明，力偶的力 $\boldsymbol{F}$ 越大，或力偶臂越大，则力偶使物体的转动效应就越强；反之就越弱。因此，与力矩类似，用 F 与 d 的乘积来度量力偶对物体的转动效应，并把这一乘积冠以适当的正负号称为力偶矩，用 m 表示，即

$$m=\pm Fd \tag{3-4}$$

式中正负号表示力偶矩的转向。通常规定：若力偶使物体作逆时针方向转动时，力偶矩为正；反之为负。在平面力系中，力偶矩是代数量。力偶矩的单位与力矩相同。

二、力偶的基本性质

力偶不同于力，它具有一些特殊的性质，现分述如下：

(1)力偶没有合力，不能用一个力来代替。由于力偶中的两个力大小相等、方向相反、作用线平行，如果求它们在 x 轴上的投影，如图 3-8 所示，设力与 x 轴的夹角为 α，由此可得：

$$\sum X = F\cos\alpha - F'\cos\alpha = 0$$

这说明，力偶在 x 轴上的投影等于零。

既然力偶在轴上的投影为零，那么力偶对物体只能产生转动效应，而一个力在一般情况下，对物体可产生移动和转动两种效应。

力偶和力对物体的作用效应不同，说明力偶不能用一个力来代替，即力偶不能简化为一个力，因而力偶也不能和一个力平衡，力偶只能与力偶平衡。

(2)力偶对其作用面内任一点的矩都等于力偶矩，与矩心位置无关。

力偶的作用是使物体产生转动效应，所以力偶对物体的转动效应可以用力偶的两个力对其作用面某一点的力矩的代数和来度量。图 3-9 所示力偶($\boldsymbol{F}$，$\boldsymbol{F}'$)，力偶臂为 d，逆时针转向，其力偶矩为 $m=Fd$，在该力偶作用面内任选一点 O 为矩心，设矩心与 $\boldsymbol{F}'$的垂直距离为 h。显然力偶对 O 点的力矩为

$$M_O(\boldsymbol{F}, \boldsymbol{F}') = F(d+h) - F'h = Fd = m$$

此值就等于力偶矩。这说明力偶对其作用面内任一点的矩恒等于力偶矩，而与矩心的位置无关。

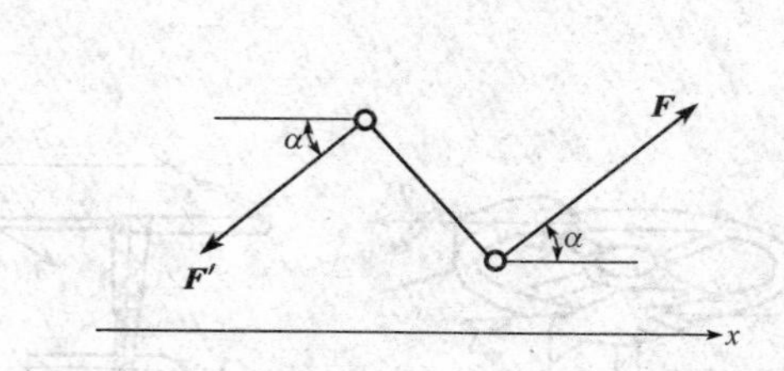

图 3-8　力偶中力在 x 轴上的投影

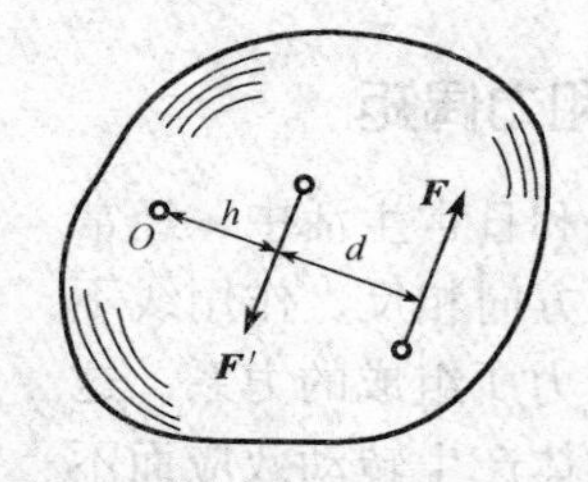

图 3-9　力偶作用面内任一点的矩

(3)同一平面内的两个力偶，如果它们的力偶矩大小相等、转向相同，则这两个力偶等效，称为力偶的等效性(其证明从略)。

从以上性质还可得出两个推论：

(1)在平面内任意移转，而不会改变它对物体的转动效应。例如图 3-10(a)所示作用在方向盘上的两个力偶($\boldsymbol{P}_1$，$\boldsymbol{P}_1'$)与($\boldsymbol{P}_2$，$\boldsymbol{P}_2'$)，只要它们的力偶矩大小相等，转向相同，作用位置虽不同，但转动效应是相同的。

(2)在保持力偶矩大小和转向不变的条件下，可以任意改变力偶的力的大小和力偶臂的长短，而不改变它对物体的转动效应。例如图 3-10(b)所示，在攻螺纹时，作用在纹杆上的($\boldsymbol{F}_1$，$\boldsymbol{F}_1'$)或($\boldsymbol{F}_2$，$\boldsymbol{F}_2'$)虽然 d_1 和 d_2 不相等，但只要调整力的大小，使力偶矩 $F_1d_1 = F_2d_2$，则两力偶的作用效果是相同的。

由以上分析可知，力偶对物体的转动效应完全取决于力偶矩的大小、力偶的转向及力偶作用面，即力偶的三要素。因此，在力学计算中，有时也用一带箭头的弧线表示力偶，如图 3-11 所示，其中箭头表示力偶的转向，m 表示力偶矩的大小。

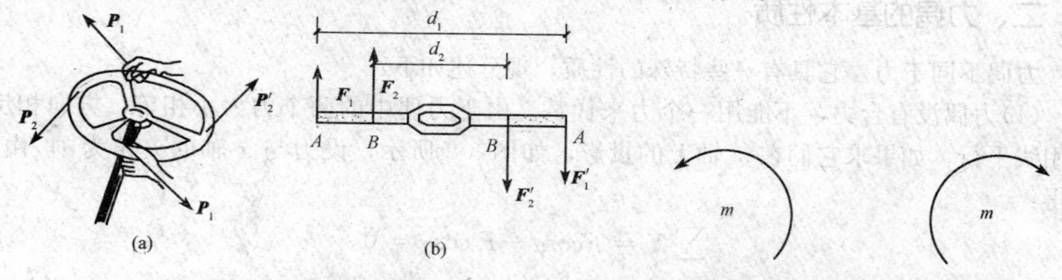

图 3-10　力偶的两个推论

图 3-11　力偶的表示方法

第四节　平面力偶系的合成与平衡

一、平面力偶系的合成

作用在同一平面内的一群力偶称为平面力偶系。平面力偶系合成可以根据力偶等效性来进行。合成的结果是：平面力偶系可以合成为一个合力偶，其力偶矩等于各分力偶矩的

代数和。即

$$M = m_1 + m_2 + \cdots + m_n = \sum m_i \tag{3-5}$$

【例 3-4】 如图 3-12 所示，物体在同一平面内受到三个力偶的作用，设 $F_1=200$ N，$F_2=400$ N，$m=150$ N·m，求其合成的结果。

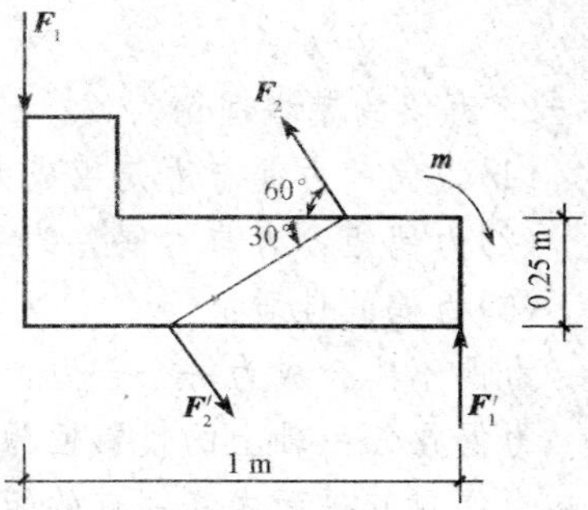

解： 三个共面力偶合成的结果是一个合力偶，各分力偶矩为

$$m_1 = F_1 d_1 = 200 \times 1 = 200(\text{N} \cdot \text{m})$$

$$m_2 = F_2 d_2 = 400 \times \frac{0.25}{\sin 30^\circ} = 200(\text{N} \cdot \text{m})$$

$$m_3 = -m = -150\ \text{N} \cdot \text{m}$$

图 3-12 例 3-4 图

由式(3-5)得合力偶为

$$M = \sum m_i = m_1 + m_2 + m_3 = 200 + 200 - 150 = 250(\text{N} \cdot \text{m})$$

即合力偶矩的大小为 250 N·m，转向为逆时针方向，作用在原力偶系的平面内。

二、平面力偶系的平衡

平面力偶系合成的结果为一个合力偶，力偶系的平衡就要求合力偶矩等于零。因此，平面力偶系平衡的必要和充分条件是：力偶系中所有各力偶矩的代数和等于零。

用公式表达为

$$\sum M = 0 \tag{3-6}$$

上式又称为平面力偶系的平衡方程。

【例 3-5】 求如图 3-13 所示简支梁的支座反力。

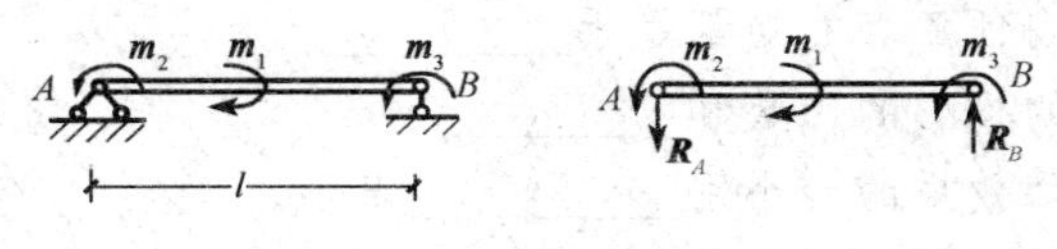

图 3-13 例 3-5 图

解： 以梁为研究对象，受力如图 3-13 所示。

$$\sum m = 0, R_A l - m_1 + m_2 + m_3 = 0$$

解之得

$$|R_A| = \frac{m_1 - m_2 - m_3}{l} = |R_B|$$

此处 R_A 和 R_B 的正负视 m_1、m_2、m_3 大小而定。

本章小结

1. 力矩及计算。

(1)力矩：

$$M_O(\boldsymbol{F}) = \pm Fd$$

(2)合力矩定理：

$$M_O(\boldsymbol{F}_R) = \sum M_O(\boldsymbol{F})$$

2. 力偶的基本理论。

(1)力偶：力偶与力是组成力系的两个基本元素。

(2)力偶矩：力与力偶臂的乘积称为力偶矩。

(3)力偶的性质：

力偶不能合成为一个合力，不能用一个力代替，力偶只能与力偶平衡。

力偶在任一轴上的投影恒为零。

力偶对其平面内任一点的矩都等于力偶矩，与矩心位置无关。

在同一平面内的两个力偶，如果它们的力偶矩大小相等，转向相同，则这两个力偶等效。

力偶对物体的转动效应完全取决于力偶的三要素：力偶矩的大小、力偶的转向和力偶所在的作用面。

3. 平面力偶系的合成与平衡。

平面力偶系的平衡条件是合力偶矩等于零。用公式表达为

$$\sum M = 0$$

习　题

一、填空题

1. 力偶对作用平面内任意点的矩都等于__________。
2. 力偶在坐标轴上的投影的代数和__________。
3. 力偶对物体的转动效果的大小用__________表示。

二、计算题

1. 求图 3-14 中荷载对 A、B 两点的矩。
2. 求图 3-15 中力对 A 点的矩。

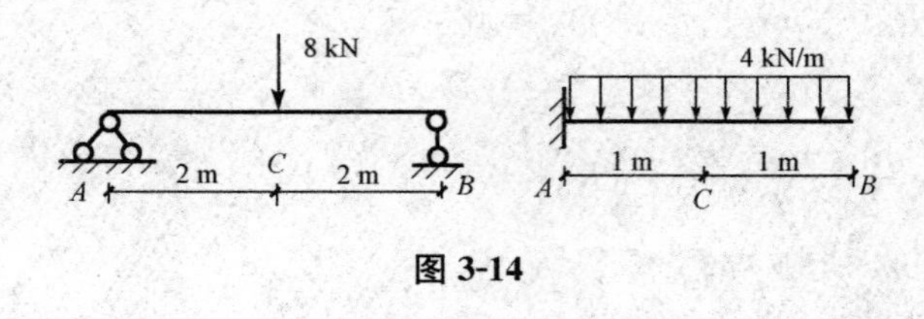

图 3-14

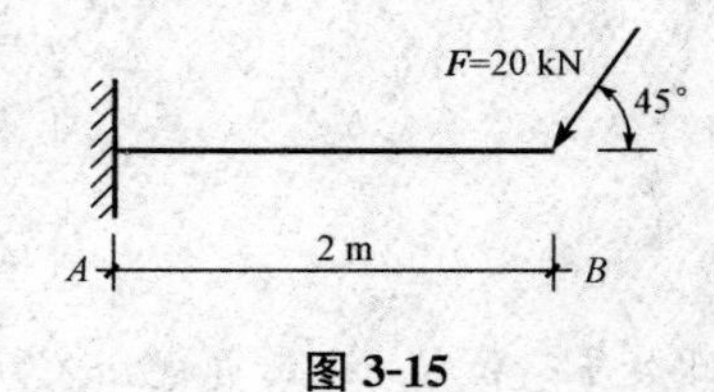

图 3-15

第四章　平面力系

教学目标

1. 掌握平面任意力系向作用面内任一点的简化；
2. 掌握力系的简化结果；
3. 掌握平面任意力系平衡的解析条件；
4. 熟悉平衡方程的各种形式。

第一节　力的平移定理

平面一般力系是指各力的作用线位于同一平面内但不全汇交于一点，也不全平行的力系。平面一般力系是工程上最常见的力系，很多实际问题都可简化成平面一般力系问题处理。例如，图 4-1 所示三角形屋架，它的厚度比其他两个方向的尺寸小得多，这种结构称为平面结构，它承受屋面传来的竖向荷载 $\boldsymbol{P}$、风荷载 $\boldsymbol{Q}$ 以及两端支座的约束反力 $\boldsymbol{X}_A$、$\boldsymbol{Y}_A$、$\boldsymbol{Y}_B$，这些力组成平面一般力系。

在工程中，有些结构构件所受的力，本来不是平面力系，但这些结构(包括支撑和荷载)都对称于某一个平面。这时，作用在构件上的力系就可以简化为在这个对称面内的平面力系。例如，图 4-2(a)所示为重力坝，它的纵向较长，横截面相同，且长度相等的各段受力情况也相同，对其进行受力分析时，往往取 1 m 的堤段来考虑，它所受到的重力、水压力和地基反力也可简化到 1 m 长坝身的对称面上而组成平面力系，如图 4-2(b)所示。

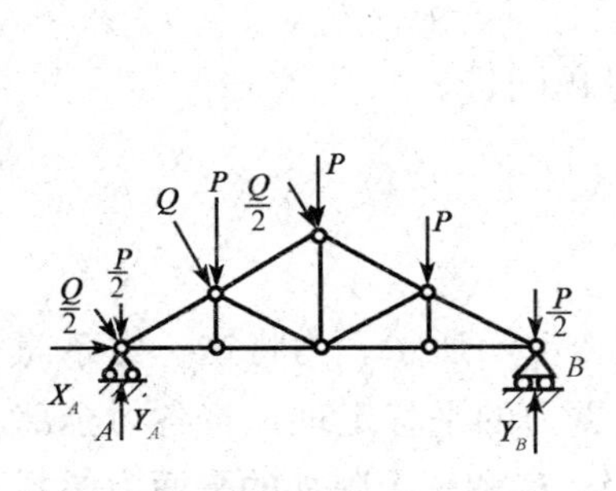

图 4-1　三角形屋架

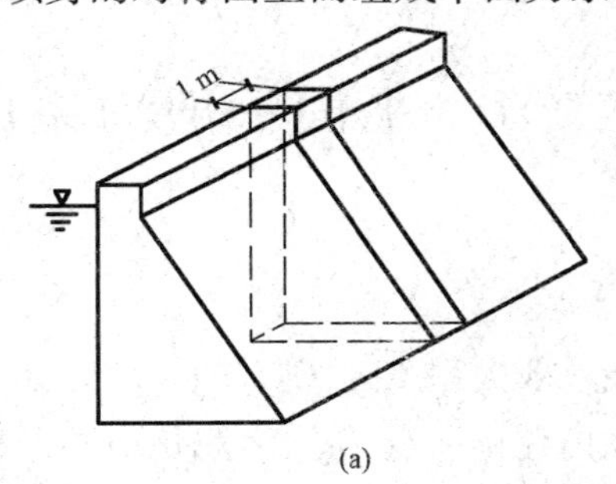

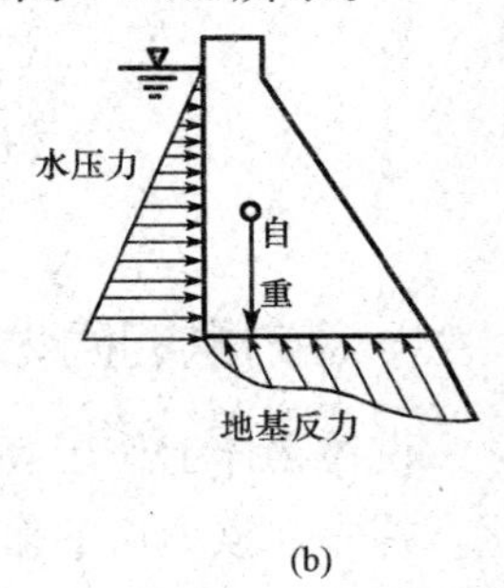

图 4-2　重力坝

前面已经讲述了平面汇交力系与平面力偶系的合成与平衡。为了将平面一般力系简化为这两种力系，首先必须解决力的作用线如何平行移动的问题。

设刚体的 A 点作用有力 $\boldsymbol{F}$[图 4-3(a)]，在此刚体上任取一点 O。现在来讨论怎样才能

把力 $\boldsymbol{F}$ 平移到 O 点，而不改变其原来的作用效应。为此，可在 O 点加上两个大小相等、方向相反，与 $\boldsymbol{F}$ 平行的力 $\boldsymbol{F}'$ 和 $\boldsymbol{F}''$，且 $\boldsymbol{F}'=\boldsymbol{F}''=\boldsymbol{F}$[图 4-3(b)]。根据加减平衡力系公理，$\boldsymbol{F}$、$\boldsymbol{F}'$ 和 $\boldsymbol{F}''$ 与图 4-3(a)的 $\boldsymbol{F}$ 对刚体的作用效应相同。显然 $\boldsymbol{F}''$ 和 $\boldsymbol{F}$ 组成一个力偶，其力偶矩为

$$m=Fd=M_O(\boldsymbol{F})$$

这三个力可转换为作用在 O 点的一个力和一个力偶[图 4-3(c)]。由此可得力的平移定理：作用在刚体上的力 $\boldsymbol{F}$，可以平移到同一刚体上的任一点 O，但必须附加一个力偶，其力偶矩等于力 $\boldsymbol{F}$ 对新作用点 O 的矩。

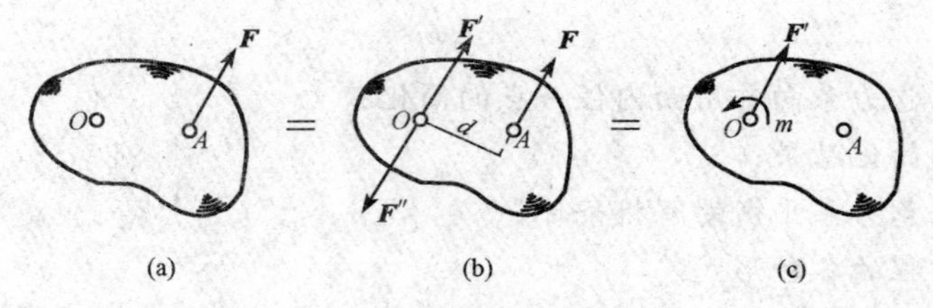

图 4-3　力的平移

顺便指出，根据上述力的平移的逆过程，共面的一个力和一个力偶总可以合成为一个力，该力的大小和方向与原力相同，作用线间的垂直距离为

$$d=\frac{|m|}{F'}$$

力的平移定理是一般力系向一点简化的理论依据，也是分析力对物体作用效应的一个重要方法。例如，图 4-4(a)所示的厂房柱子受到起重机梁传递的荷载 $\boldsymbol{F}$ 的作用，为分析 $\boldsymbol{F}$ 的作用效应，可将力 $\boldsymbol{F}$ 平移到柱的轴线上的 O 点上，根据力的平移定理得一个力 $\boldsymbol{F}'$，同时还必须附加一个力偶[图 4-4(b)]。力 $\boldsymbol{F}$ 经平移后，它对柱子的变形效果就可以很明显地看出，力 $\boldsymbol{F}'$ 使柱子轴向受压，力偶使柱弯曲。

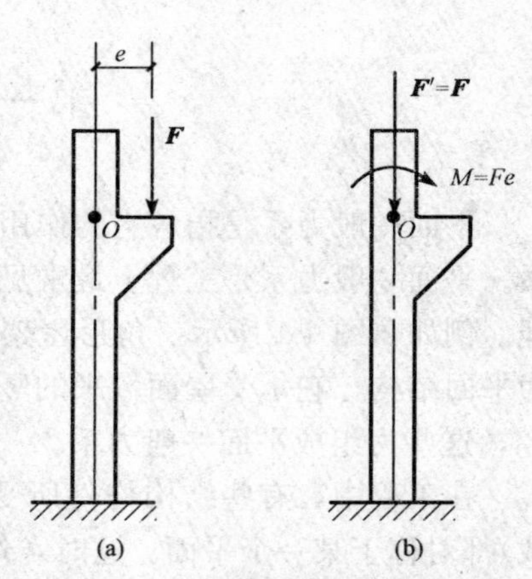

图 4-4　力对物体作用效应的分析

第二节　平面一般力系的简化

一、力系的简化方法

设在物体上作用有平面一般力系 $\boldsymbol{F}_1$，$\boldsymbol{F}_2$，…，$\boldsymbol{F}_n$，如图 4-5(a)所示。为将这一力系简化，首先在该力系的作用面内任选一点 O 作为简化中心，根据力的平移定理，将各力全部平移到 O 点[图 4-5(b)]，得到一个平面汇交力系 $\boldsymbol{F}_1'$，$\boldsymbol{F}_2'$，…，$\boldsymbol{F}_n'$ 和一个附加的平面力偶系 m_1，m_2，…，m_n。

其中平面汇交力系中各力的大小和方向分别与原力系中对应的各力相同，即

$$\boldsymbol{F}_1'=\boldsymbol{F}_1,\ \boldsymbol{F}_2'=\boldsymbol{F}_2,\ \cdots,\ \boldsymbol{F}_n'=\boldsymbol{F}_n$$

各附加的力偶矩分别等于原力系中各力对简化中心 O 点的矩，即

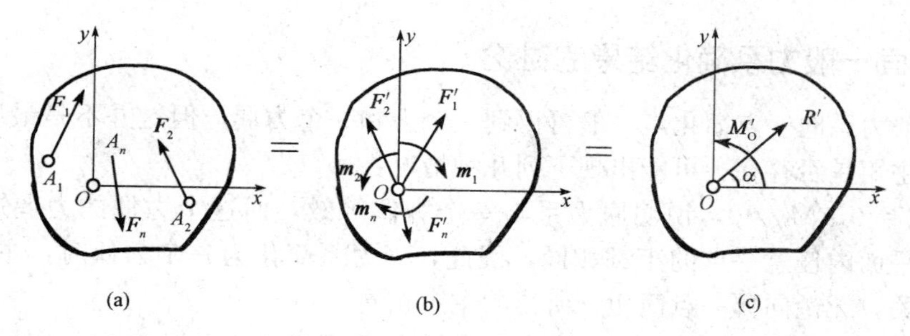

图 4-5 力系的简化

$$m_1=M_O(\boldsymbol{F}_1),\ m_2=M_O(\boldsymbol{F}_2),\ m_n=M_O(\boldsymbol{F}_n)$$

由平面汇交力系合成的理论可知，$\boldsymbol{F}_1'$，$\boldsymbol{F}_2'$，$\boldsymbol{F}_3'$，…，$\boldsymbol{F}_n'$可合成为一个作用于O点的力$\boldsymbol{R}'$，并称为原力系的主矢[图 4-5(c)]，即

$$\boldsymbol{R}'=\boldsymbol{F}_1'+\boldsymbol{F}_2'+\cdots+\boldsymbol{F}_n'=\sum \boldsymbol{F}_i \tag{4-1}$$

求主矢$\boldsymbol{R}'$的大小和方向，可应用解析法。过O点取直角坐标系Oxy，如图 4-5 所示。主矢$\boldsymbol{R}'$在x轴和y轴上的投影为

$$R_x'=x_1'+x_2'+\cdots+x_n'=\sum X$$

$$R_y'=y_1'+y_2'+\cdots+y_n'=\sum Y$$

式中，x_i'、y_i'和x_i、y_i分别是力$\boldsymbol{F}_i'$和$\boldsymbol{F}_i$在坐标轴x轴和y轴上的投影。由于$\boldsymbol{F}_i'$和$\boldsymbol{F}_i$大小相等、方向相同，所以它们在同一轴上的投影相等。

主矢$\boldsymbol{R}'$的大小和方向为

$$R'=\sqrt{R_x'^2+R_y'^2}=\sqrt{\left(\sum X\right)^2+\left(\sum Y\right)^2} \tag{4-2}$$

$$\tan\alpha=\frac{|R_y'|}{|R_x'|}=\frac{\left|\sum Y\right|}{\left|\sum X\right|} \tag{4-3}$$

α为$\boldsymbol{R}'$与x轴所夹的锐角，$\boldsymbol{R}'$的指向由$\sum X$和$\sum Y$的正负号确定。

由力偶系合成的理论知，m_1，m_2，…，m_n可合成为一个力偶[图 4-5(c)]，并称为原力系对简化中心O的主矩，即

$$M_O'=m_1+\cdots+m_n=M_O(\boldsymbol{F}_1)+\cdots+M_O(\boldsymbol{F}_n)=\sum M_O(\boldsymbol{F}_i) \tag{4-4}$$

综上所述，得到如下结论：平面一般力系向作用面内任一点简化的结果，是一个力和一个力偶。这个力作用在简化中心，它的矢量称为原力系的主矢，并等于原力系中各力的矢量和；这个力偶的力偶矩称为原力系对简化中心的主矩，并等于原力系各力对简化中心的力矩的代数和。

应当注意，作用于简化中心的力$\boldsymbol{R}'$一般并不是原力系的合力，力偶矩M_O'也不是原力系的合力偶，只有$\boldsymbol{R}'$与M_O'两者相结合才与原力系等效。

由于主矢等于原力系各力的矢量和，因此主矢$\boldsymbol{R}'$的大小和方向与简化中心的位置无关。而主矩等于原力系各力对简化中心的力矩的代数和，取不同的点作为简化中心，各力的力臂都要发生变化，则各力对简化中心的力矩也会改变，因而，主矩一般随着简化中心的位置不同而改变。

二、平面一般力系简化结果的讨论

平面一般力系向一点简化，一般可得到一个力和一个力偶，但这并不是最后简化结果。根据主矢与主矩是否存在，可能出现下列几种情况：

(1)若 $\boldsymbol{R}'=0$，$M'_O\neq0$，说明原力系与一个力偶等效，而这个力偶的力偶矩就是主矩。由于力偶对平面内任意一点的矩都相同，因此，当力系简化为一个力偶时，主矩和简化中心的位置无关，无论向哪一点简化，所得的主矩相同。

(2)若 $\boldsymbol{R}'\neq0$，$M'_O=0$，则作用于简化中心的力 $\boldsymbol{R}'$ 就是原力系的合力，作用线通过简化中心。

(3)若 $\boldsymbol{R}'\neq0$，$M'_O\neq0$，这时根据力的平移定理的逆过程，可以进一步合成为合力 $\boldsymbol{R}$，如图 4-6 所示。

将力偶矩为 M'_O 的力偶用两个反向平行力 $\boldsymbol{R}$、$\boldsymbol{R}''$ 表示，并使 $\boldsymbol{R}'$ 和 $\boldsymbol{R}''$ 等值、共线，使它们构成平衡力，如图 4-6(b)所示，为保持 M'_O 不变，只要取力臂 d 为

$$d=\frac{|M'_O|}{R'}=\frac{|M'_O|}{R}$$

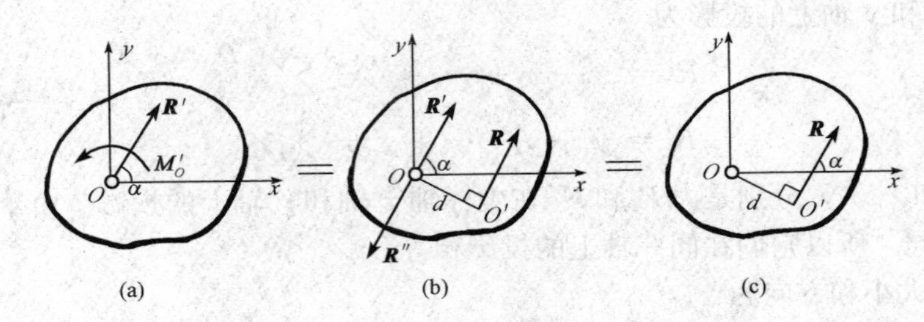

图 4-6 力的矢量表示

将 $\boldsymbol{R}''$ 和 $\boldsymbol{R}'$ 这一平衡力系去掉，这样就只剩下 $\boldsymbol{R}$ 力与原力系等效[图 4-6(c)]。合力 $\boldsymbol{R}$ 在 O 点的哪一侧，由 $\boldsymbol{R}$ 对 O 点的矩的转向应与主矩 M'_O 的转向相一致来确定。

(4)$\boldsymbol{R}'=0$，$M'_O=0$，此时力系处于平衡状态。

三、平面一般力系的合力矩定理

由上面分析可知，当 $\boldsymbol{R}'\neq0$，$M'_O\neq0$ 时，还可进一步简化为一合力 $\boldsymbol{R}$，如图 4-6 所示，合力对 O 点的矩是

$$M_O(\boldsymbol{R})=R\cdot d$$

而

$$R\cdot d=M'_O,\ M'_O=\sum M_O(\boldsymbol{F})$$

所以

$$M_O(\boldsymbol{R})=M_O(\boldsymbol{F})$$

由于简化中心 O 是任意选取的，故上式有普遍的意义。于是可得到平面一般力系的合力矩定理。平面一般力系的合力对作用面内任一点的矩等于力系中各力对同一点的矩的代数和。

【例 4-1】 如图 4-7(a)所示，梁 AB 的 A 端是固定端支座，试用力系向某点简化的方法说明固定端支座的反力情况。

解：梁的 A 端嵌入墙内成为固定端，固定端约束的特点是使梁的端部既不能移动也不能转动。在主动力作用下，梁插入部分与墙接触的各点都受到大小和方向都不同的约束反力作用[图 4-7(b)]，这些约束反力就构成一个平面一般力系，将该力系向梁上 A 点简化就得到一个力 $\boldsymbol{R}_A$ 和一个力偶矩为 M_A 的力偶[图 4-7(c)]，为了便于计算，一般可将约束反力 $\boldsymbol{R}_A$ 用它的水平分力 $\boldsymbol{X}_A$ 和垂直分力 $\boldsymbol{Y}_A$ 来代替。因此，在平面力系情况下，固定端支座的约束反力包括三个：即阻止梁端向任何方向移动的水平反力 $\boldsymbol{X}_A$ 和竖向反力 $\boldsymbol{Y}_A$，以及阻止物体转动的反力偶 M_A。它们的指向都是假定的[图 4-7(d)]。

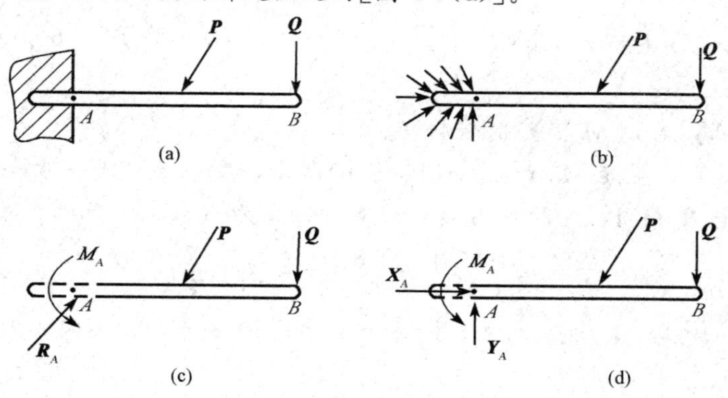

图 4-7　例 4-1 图

【例 4-2】　已知挡土墙自重 W＝400 kN，水压力 F_1＝170 kN，土压力 F_2＝340 kN，各力的方向及作用线位置如图 4-8 所示。试将这三个力向底面中心 O 点简化，并求简化的最后结果。

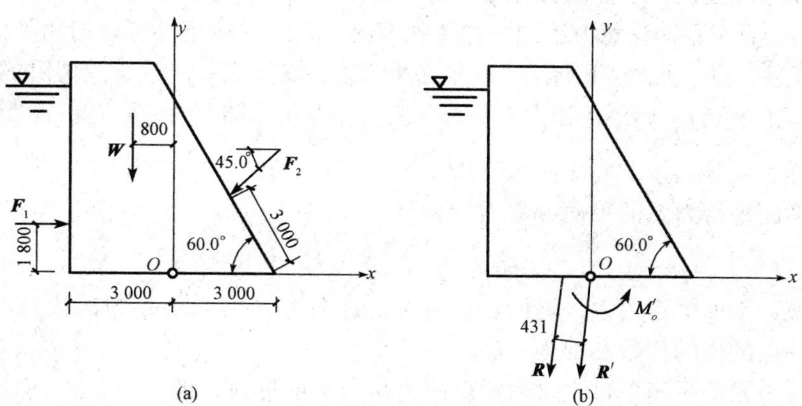

图 4-8　例 4-2 图

解：以底面 O 为简化中心，取坐标系如图 4-8(a)所示，由式(4-2)和式(4-3)可求得主矢 $\boldsymbol{R}'$的大小和方向。由于

$$\sum X = F_1 - F_2\cos45° = 170 - 340 \times 0.707 = -70.4(\text{kN})$$

$$\sum Y = -F_2\sin45° - W = -340 \times 0.707 - 400 = -640.4(\text{kN})$$

所以

$$R' = \sqrt{\left(\sum X\right)^2 + \left(\sum Y\right)^2} = \sqrt{(-70.4)^2 + (-640.4)^2} = 644.3(\text{kN})$$

$$\tan\alpha = \frac{\left|\sum Y\right|}{\left|\sum X\right|} = \frac{640.4}{70.4} = 9.1$$

$$\alpha = 83.72^\circ$$

因为 $\sum X$ 为负值，$\sum Y$ 为负值，故 $\boldsymbol{R}'$ 指向第三象限与 x 轴夹角为 α，再由式(4-4)可求得主矩为

$$M'_O = \sum M_O(\boldsymbol{F})$$

$$= -170\times1.8+340\cdot\cos45^\circ\times3\times\sin60^\circ-340\cdot\sin45^\circ\times(3-3\cos60^\circ)+400\times0.8$$

$$=278.0(\mathrm{kN\cdot m})$$

计算结果为正，表示 M'_O 是逆时针转向。

因为主矢 $\boldsymbol{R}'\neq0$，主矩 $M'_O\neq0$，如图 4-8(b)所示，所以还可进一步合成为一个合力 $\boldsymbol{R}$。$\boldsymbol{R}$ 的大小、方向与 $\boldsymbol{R}'$ 相同，它的作用线与 O 点的距离为

$$d=\frac{|M'_O|}{R'}=\frac{278.0}{644.3}=0.431(\mathrm{m})$$

因 M'_O 为正，故 $M_O(\boldsymbol{R})$ 也应为正，即合力 $\boldsymbol{R}$ 应在 O 点左侧，如图 4-8(b)所示。

第三节　平面平行力系的简化

各力的作用线在同一平面内且互相平行的力系称为平面平行力系。

平面平行力系是平面任意力系的一种特殊情况，它的平衡条件可以沿用平面任意力系的平衡条件。不过，对于如图 4-9 所示，受平面平行力系 $\boldsymbol{F}_1$，$\boldsymbol{F}_2$，…，$\boldsymbol{F}_n$ 作用的物体，如选取 x 轴与各力作用线垂直，则不论该力系是否平衡，各力在 x 轴上的投影之和显然恒等于零，即

$$\sum F_x = 0$$

可见，平面平行力系的平衡方程为

$$\sum F_y = 0, \sum M_O(\boldsymbol{F}) = 0 \tag{4-5}$$

也就是说，平面平行力系平衡的必要和充分条件是：力系中各力的代数和以及各力对同平面内任一点的矩的代数和都为零。

平面平行力系的平衡条件也可写成两个力矩方程的形式，即

$$\sum M_A(\boldsymbol{F}) = 0, \sum M_B(\boldsymbol{F}) = 0 \tag{4-6}$$

但 A、B 两点的连线不能与各力的作用线平行。

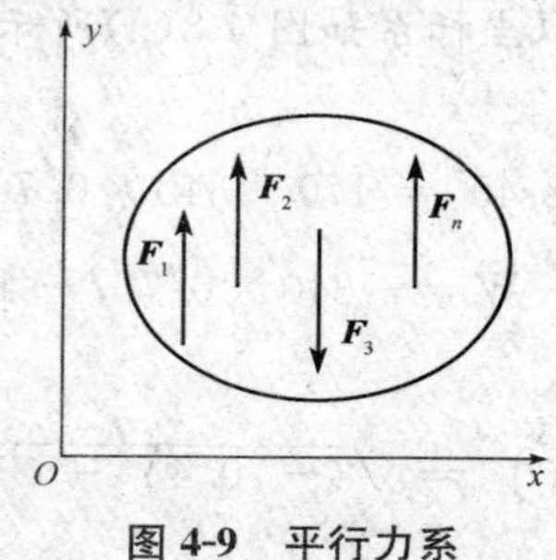

图 4-9　平行力系

第四节　平面力系的平衡条件及应用

一、平衡方程的基本形式

平面一般力系平衡的必要和充分条件是：力系的主矢和力系对任一点的主矩等于零。

平面一般力系向任一点简化得到主矢和主矩，如果主矢和主矩都等于零，表明简化后的汇交力系和附加力偶系都自成平衡，则原力系一定平衡，因此，主矢和主矩都等于零是平面一般力系平衡的充分条件。反之，如果主矢和主矩中有一个量或两个量不为零时，原力系可合成为一个合力或一个力偶，力系就不平衡，因此，主矢和主矩都等于零也是力系平衡的必要条件。

其平衡条件为

$$\sum F_x = 0;\ \sum F_y = 0;\ \sum M_O = 0$$

【例 4-3】 平面刚架的受力及各部分如图 4-10 所示，A 端为固定端约束。若图中 q、F_1、M、l 等均为已知，试求 A 端的约束力。

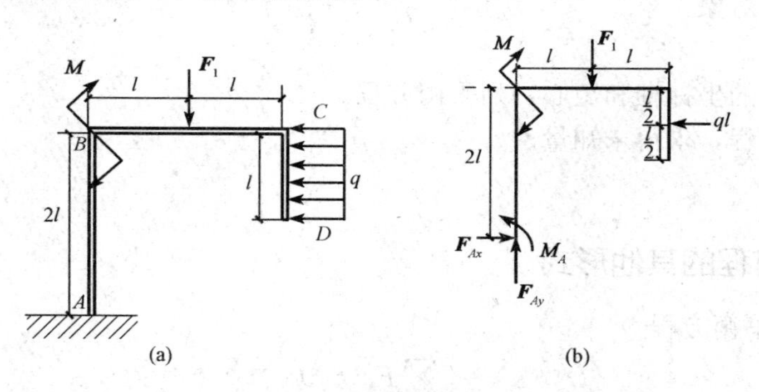

图 4-10　例 4-3 图

解：(1)研究对象，刚架 $ABCD$。

(2)受力分析：如图 4-10(b)所示。

(3)列方程求解：

$$\sum F_x = 0, F_{Ax} - ql = 0$$

$$\sum F_y = 0, F_{Ay} - F_1 = 0$$

$$\sum M_A(\boldsymbol{F}) = 0, M_A - M - F_1 l + ql \cdot \frac{3}{2} l = 0$$

解得

$$\begin{cases} F_{Ax} = ql \\ F_{Ay} = F_1 \\ M_A = M + F_1 l - \dfrac{3}{2} ql^2 \end{cases}$$

【例 4-4】 起重机重 $P_1 = 10$ kN，可绕铅直轴 AB 转动，起吊 $P_2 = 40$ kN 的重物，其尺

寸如图 4-11 所示。求止推轴承 A 和轴承 B 处的约束力。

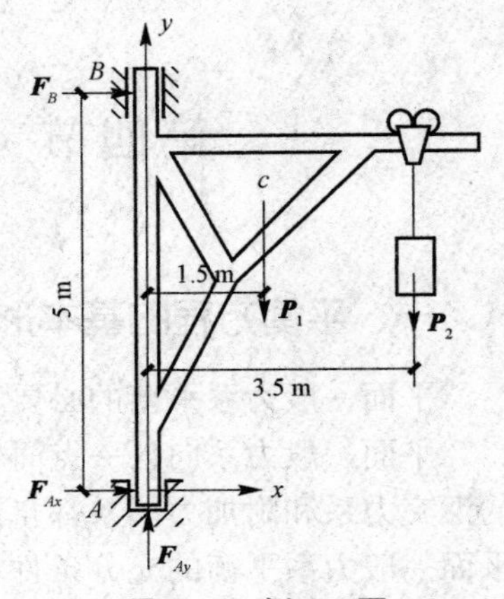

图 4-11 例 4-4 图

解： 取起重机为研究对象，它所受的主动力有 $\boldsymbol{P}_1$ 和 $\boldsymbol{P}_2$。由于对称性，约束力和主动力都在同一平面内。止推轴承 A 处有两个约束力 $\boldsymbol{F}_{Ax}$、$\boldsymbol{F}_{Ay}$，轴承 B 处有一个约束力 $\boldsymbol{F}_B$，如图 4-11 所示。

建立图示坐标系，由平面力系的平衡方程

$$\sum F_x = 0, F_{Ax} + F_B = 0$$

$$\sum F_y = 0, F_{Ay} - P_1 - P_2 = 0$$

$$\sum M_A(\boldsymbol{F}) = 0, -5F_B - 1.5P_1 - 3.5P_2 = 0$$

解得

$$\begin{cases} F_{Ax} = 31\ \text{kN} \\ F_B = -31\ \text{kN} \\ F_{Ay} = 50\ \text{kN} \end{cases}$$

F_B 为负值，说明它的方向与假设的相反。

解题步骤：

(1)确定研究对象。

(2)画受力图。

(3)选取恰当的坐标轴和矩心，列平衡方程。

(4)解平衡方程，求得未知量。

(5)校核。

二、平衡方程的其他形式

二力矩式的平衡方程

$$\begin{cases} \sum F_x = 0 \\ \sum M_A = 0 \\ \sum M_B = 0 \end{cases}$$

式中，x 轴不与 A、B 两点的连线垂直。

三力矩式的平衡方程

$$\begin{cases} \sum M_A = 0 \\ \sum M_B = 0 \\ \sum M_C = 0 \end{cases}$$

式中，A、B、C 三点不在同一直线。

平衡方程虽然有三种形式，但无论哪一种形式都只有三个独立的平衡方程。因此应用平面一般力系的平衡方程，只能求解一个物体上的三个未知量。

【例 4-5】 图 4-12(a)所示结构中，A、C、D 三处均为铰链约束。横杆 AB 在 B 处承受集中载荷 $\boldsymbol{F}_1$，结构各部分尺寸均示于图中，若已知 $\boldsymbol{F}_1$ 和 l，试求撑杆 CD 的受力以及 A 处的约束力。

解： 对 CD 杆进行受力分析，易知 CD 杆为二力杆件，设其所受压力为 $\boldsymbol{F}_{CD}$。

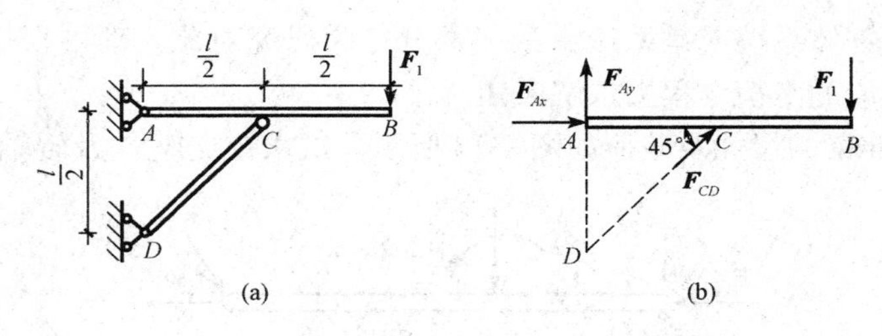

图 4-12　例 4-5 图

对 ACB 杆进行受力分析，如图 4-12(b)所示。以 ACB 杆件为研究对象，建立坐标系，列平衡方程求解：

(1)基本方程：

$$\sum F_x = 0, F_{Ax} + F_{CD}\cos 45^\circ = 0$$

$$\sum F_y = 0, F_{Ay} + F_{CD}\sin 45^\circ - F_1 = 0$$

$$\sum M_A = 0, \frac{l}{2}(F_{CD}\sin 45^\circ) - F_1 l = 0$$

可以求得

$$\begin{cases} F_{CD} = 2\sqrt{2}F_1 \\ F_{Ax} = -2F_1 \\ F_{Ay} = -F_1 \end{cases}$$

(2)三力矩式：

$$\sum M_A = 0, \frac{l}{2}(F_{CD}\sin 45^\circ) - F_1 l = 0$$

$$\sum M_C = 0, -F_{Ay} \cdot \frac{l}{2} - F_1 \cdot \frac{l}{2} = 0$$

$$\sum M_D = 0, -F_{Ax} \cdot \frac{l}{2} - F_1 \cdot l = 0$$

可以求得

$$\begin{cases} F_{CD} = 2\sqrt{2}F_1 \\ F_{Ax} = -2F_1 \\ F_{Ay} = -F_1 \end{cases}$$

三、物体系统的平衡

物体系统的平衡是指组成系统的每一物体及系统整体都处于平衡状态。

物体系统的平衡的解题方法：

(1)先取整个物体系统作为研究对象，求得某些未知量，再取其中某部分作为研究对象，求出其他未知量。

(2)先取某部分作为研究对象，再取其他或整体作为研究对象逐步求得所有的未知量。

求解物体系统的平衡问题，就是计算出物体系统的内、外约束反力。解决问题的关键在于恰当地选取研究对象，有两种选取的方法。

究竟是先取整体还是先取局部某个物体，一般原则是使所取研究对象的未知力越少越好。不论是取整个物体系统或是系统中某一部分作为研究对象，都可根据研究对象所受的力系的类别列出相应的平衡方程去求解未知。

【例 4-6】 外伸梁的尺寸及载荷如图 4-13 所示，试求铰支座 A 及辊轴支座 B 的约束力。

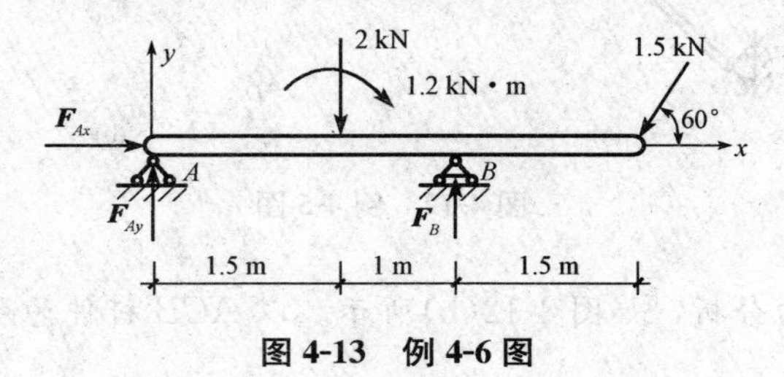

图 4-13 例 4-6 图

解： 取 AB 梁为研究对象，受力如图 4-13 所示。建立坐标系，由平面力系的平衡方程

$$\sum X = 0, F_{Ax} - 1.5\cos 60^\circ = 0$$

得

$$F_{Ax} = 0.75\ \text{kN}$$

$$\sum M_A(\boldsymbol{F}) = 0, F_B \times 2.5 - 1.2 - 2 \times 1.5 - 1.5\sin 60^\circ \times (2.5 + 1.5) = 0$$

得

$$F_B = \frac{1}{2.5} \times (1.2 + 3 + 1.5\sin 60^\circ \times 4) = 3.76(\text{kN})$$

$$\sum Y = 0, F_{Ay} + F_B - 2 - 1.5\sin 60^\circ = 0$$

得

$$F_{Ay} = 2 + 1.5\sin 60^\circ - 3.76 = -0.46(\text{kN})$$

F_{Ay} 的方向与假设的相反。为校核所得结果是否正确，可应用多余的平衡方程，如

$$\sum M_B(\boldsymbol{F}) = 2 \times 1 - F_{Ay} \times 2.5 - 1.2 - 1.5\sin 60^\circ \times 1.5 = 0$$

【例 4-7】 组合梁受荷载如图 4-14 所示。已知 $q = 5\ \text{kN/m}$，$F_P = 30\ \text{kN}$，求支座 A、B、D 的反力。

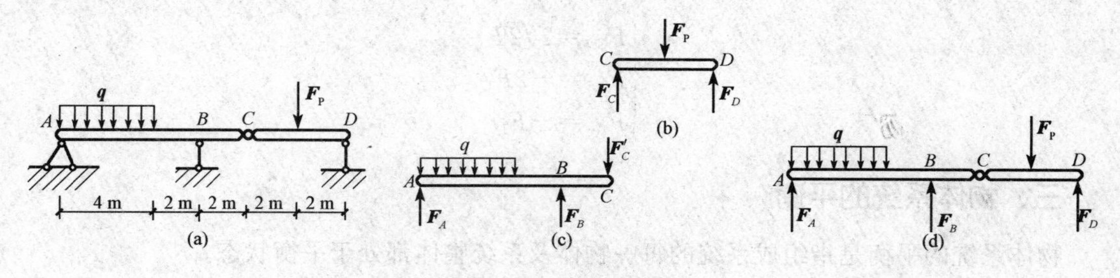

图 4-14 例 4-7 图

解： (1)取梁 CD 段为研究对象，如图 4-14(c)所示，由

$$\sum M_C = 0, F_D \times 4 - F_P \times 2 = 0$$

得

$$F_D = 15\ \text{kN}$$

(2)取整个组合梁为研究对象，如图 4-14(d)所示，由

$$\sum M_A = 0, F_B \times 6 + F_D \times 12 - q \times 4 \times 2 - F_P \times 10 = 0$$

得 $$F_B=26.67\ \text{kN}$$

$$\sum M_B=0, q\times4\times4-F_P\times4-F_A\times6+F_D\times6=0$$

得 $$F_A=8.33\ \text{kN}$$

(3)校核：

$$\sum F_y=F_A+F_B+F_D-q\times4-F_P=8.33+26.67+15-5\times4-30=0$$

因此，计算结果准确。

求解有关平面力系平衡问题时，仍应着重于练习受力分析的基本方法。注意选择合适的平衡对象，并将其从系统中隔离出来；根据约束性质及作用与反作用定律，分析作用在平衡对象上的力；正确应用平衡方程求解未知力。

在应用平面力系平衡方程时，应注意以下几个方面的问题：

(1)不要遗漏参加平衡的力。

(2)应用平衡方程时，要特别注意力的投影及力对点的矩的正负号。

(3)应用力矩平衡方程时，可以将力矩中心选为两个未知力作用线的交点。这样，在这一力矩平衡方程中将不包含这两个未知力，而只包含另一个未知力。这就可以通过一个方程求解一个未知力，而无须解联立方程。

(4)根据不同问题的具体情况，可以灵活应用上述三种形式的平衡方程，但所用的方程必须是互相独立的。

(5)要善于利用其他形式的平衡方程验证所得结果的正确性。

本章小结

1. 力系：作用在物体上的一组力。按照力系中各力作用线分布的不同形式，力系可分为：

(1)汇交力系。力系中各力作用线汇交于一点。

(2)力偶系。力系中各力可以组成若干力偶或力系由若干力偶组成。

(3)平行力系。力系中各力作用线相互平行。

(4)一般力系。力系中各力作用线既不完全交于一点，也不完全相互平行。

按照各力作用线是否位于同一平面内，上述力系各自又可以分为平面力系和空间力系两大类，如平面汇交力系、空间一般力系等。

2. 等效力系：两个力系对物体的作用效应相同，则称这两个力系互为等效力系。当一个力与一个力系等效时，则称该力为力系的合力；而该力系中的每一个力称为其合力的分力。把力系中的各个分力代换成合力的过程，称为力系的合成；反过来，把合力代换成若干分力的过程，称为力的分解。

3. 平衡力系：若刚体在某力系作用下保持平衡。在平衡力系中，各力相互平衡，或者说，诸力对刚体产生的运动效应相互抵消。可见，平衡力系是对刚体作用效应等于零的力系。

4. 力系的简化。

(1)简化依据。力的平移定理。当一个力平行移动时，必须附加一个力偶才能与原力等效，附加力偶的力偶矩等于原力对新作用点的矩。

(2)简化方法与初始结果。

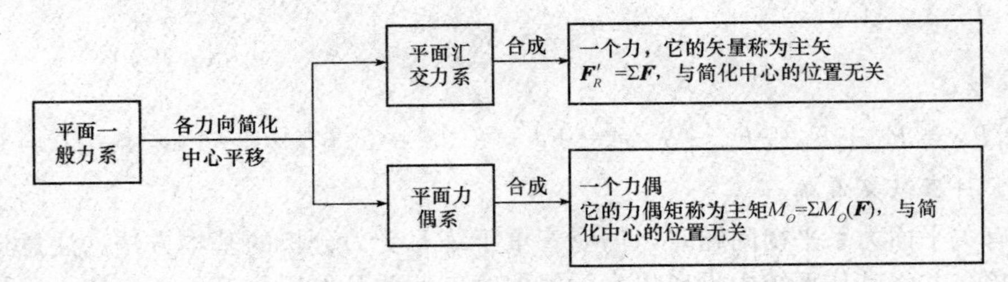

(3)简化的最后结果或者是一个力，或者是一个力偶，或者平衡。

情况	最后结果
$F'_R\neq0$，$M'_O=0$	一个力。作用线通过简化中心，$F_R=F'_R$
$F'_R\neq0$，$M'_O\neq0$	一个力。作用线与简化中心相距$d=\frac{\lvert M'_O\rvert}{F_R}$，$F_R=F'_R$
$F'_R=0$，$M'_O\neq0$	一个力偶。$M_O=M'_O$与简化中心位置无关
$F'_R=0$，$M'_O=0$	平衡

5. 平面力系的平衡方程。

力系类别	平衡方程	限制条件	可求未知量数目
一般力系	(1)基本形式 $\sum F_x=0,\sum F_y=0,\sum M_O=0$		3
	(2)二力矩形式 $\sum F_x=0,\sum M_A=0,\sum M_B=0$	x轴不垂直于AB连线	3
	(3)三力矩形式 $\sum M_A=0,\sum M_B=0,\sum M_C=0$	A、B、C三点不共线	3
平行力系	(1) $\sum F_y=0,\sum M_O=0$		2
	(2) $\sum M_A=0,\sum M_B=0$	AB连线不平行于各力作用线	2
汇交力系	$\sum F_x=0,\sum F_y=0$		2
力偶系	$\sum M=0$		1

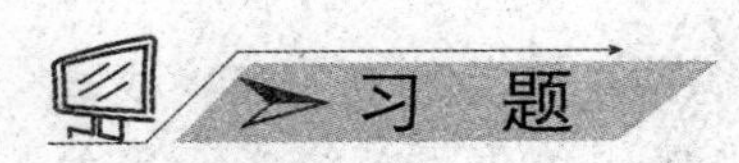

一、填空题

1. 力可以在同一刚体内平移，但需附加一个__________。力偶矩等于__________对新作用点的矩。

2. 平面一般力系向平面内任意点简化结果有四种情况，分别是__________、__________、__________、__________。

3. 力偶的三要素是__________、__________、__________。

4. 平面一般力系的三力矩式平衡方程的附加条件是__________。

二、计算题

1. 求图 4-15 中力系的合力 $\boldsymbol{F}_R$ 及其作用位置。

2. 如图 4-16 所示，已知 $q=20$ kN/m，$F=20$ kN，$M=16$ kN·m，$l=0.8$ m，求梁 A、B 处的约束力。

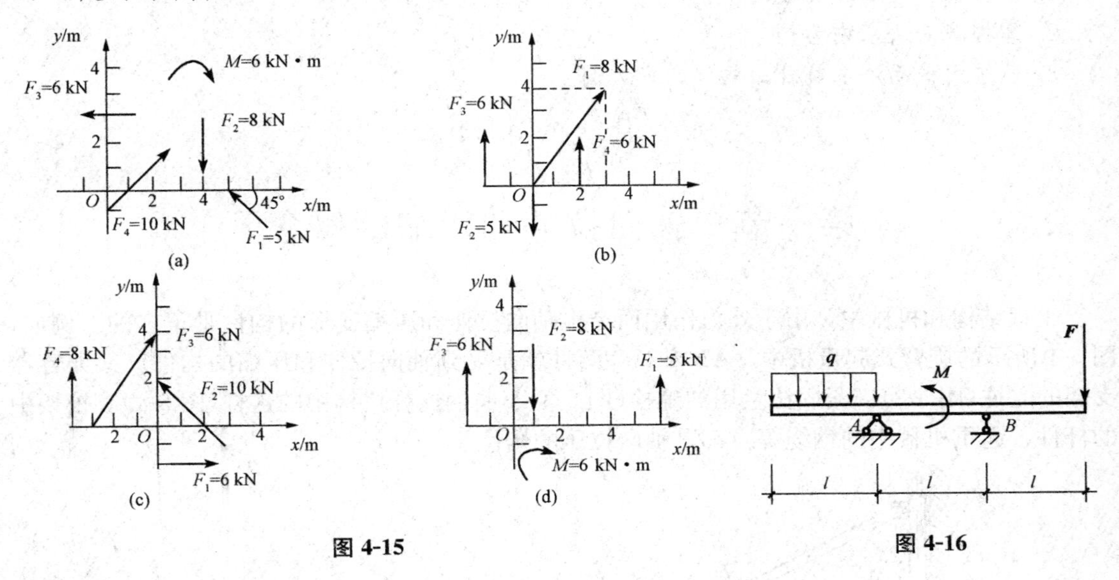

图 4-15　　　　图 4-16

3. 如图 4-17 所示，若 $F_2=2F_1$，求梁 A、B 处的约束力。

4. 平面任意力系向 O 点简化后，得到如图 4-18 所示的一个主矢 $\boldsymbol{F}_R'$ 和一个主矩 M_O，则该力系的最后简化结果是多少？（注册土木工程师考试练习题）

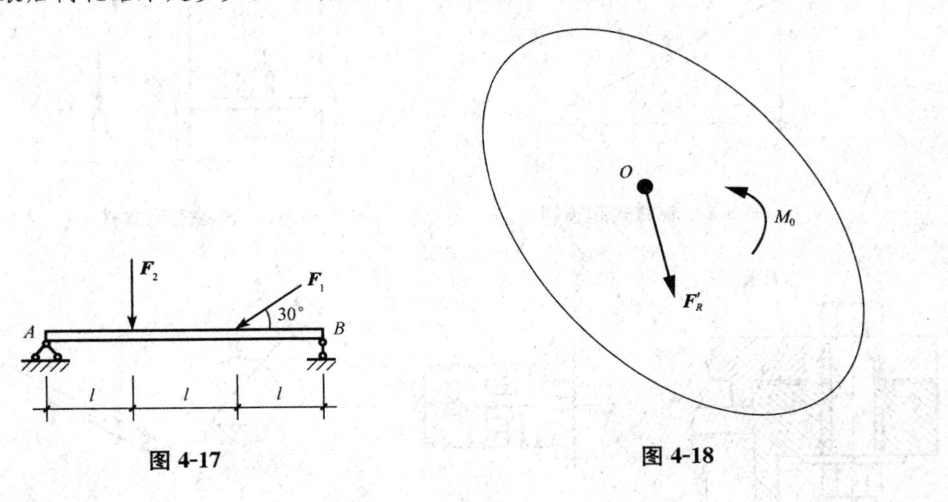

图 4-17　　　　图 4-18

第五章　轴向拉伸与压缩

教学目标

1. 掌握拉伸与压缩的概念；
2. 掌握截面法求内力；
3. 熟练用截面法准确作出构件的内力图。

第一节　轴向拉伸和压缩的概念

工程结构和机械中，由于外力作用而产生轴向拉伸和压缩变形的构件是很多的。例如，图 5-1 所示的旋臂式起重机中，AB 和 AC 两杆就是受到轴向拉伸和压缩的构件。又如容器支架的立柱(图 5-2)、紧固法兰用的螺栓(图 5-3)、曲柄连杆机构中的连杆(图 5-4)、桁架中的杆件、起重机械中的钢缆等，都是轴向拉压的构件。

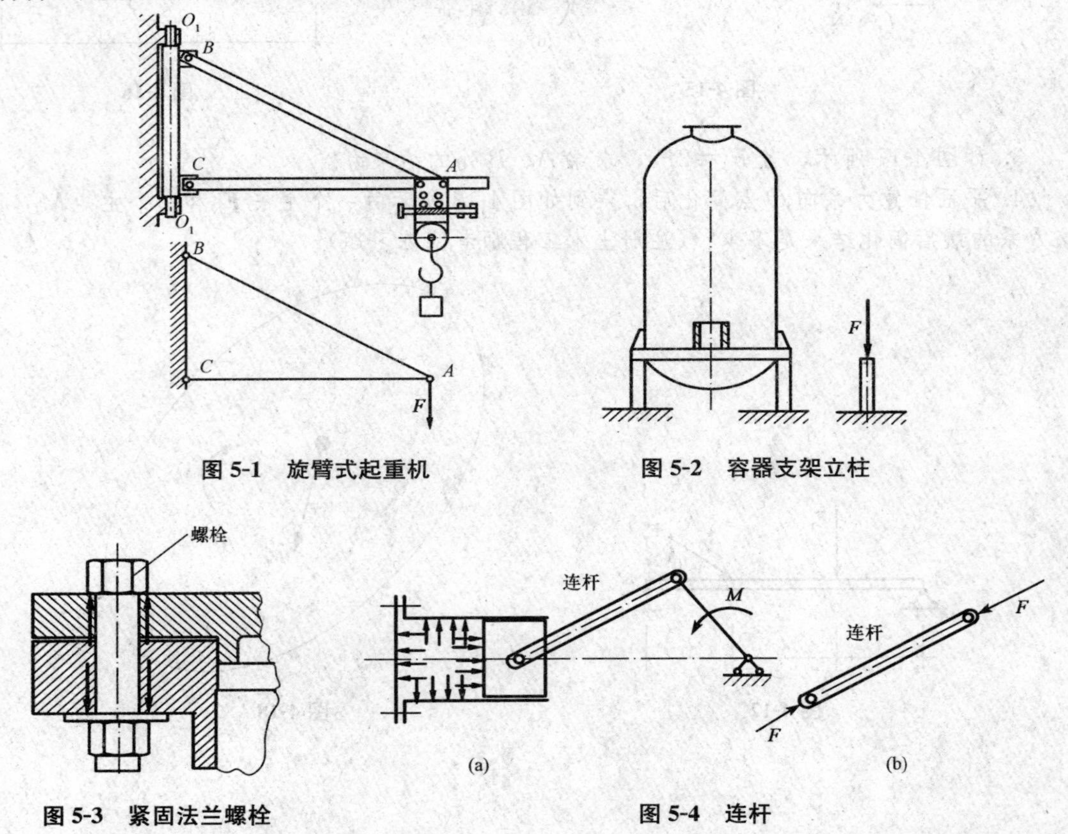

图 5-1　旋臂式起重机

图 5-2　容器支架立柱

图 5-3　紧固法兰螺栓

图 5-4　连杆

轴向拉伸或压缩时，外力或其合力的作用线沿杆件轴线，杆件轴线作用一对大小相等、方向相反的外力，杆件将发生轴向伸长(或缩短)变形，这种变形称为轴向拉伸(或压缩)。作用线沿杆件轴线的载荷称为轴向载荷。以轴向伸长或缩短为主要特征的变形形式，称为轴向拉伸或轴向压缩。以轴向拉压为主要变形的杆件，称为拉压杆或轴向承载杆。

第二节　轴向拉(压)杆的内力与轴力图

一、内力的概念

物体是由质点组成的，物体在没有受到外力作用时，各质点间本来就有相互作用力。物体在外力作用下，内部各质点的相对位置将发生改变，其质点的相互作用力也会发生变化。这种相互作用力由于物体受到外力作用而引起的改变量，称为“附加内力”，简称为内力。

内力随外力的增大、变形的增大而增大，当内力达到某一限度时，就会引起构件的破坏。因此，要进行构件的强度计算就必须先分析构件的内力。内力与杆件的强度、刚度等有着密切的关系。讨论杆件强度、刚度和稳定性问题，必须先求出杆件的内力。

求构件内力的基本方法是截面法。下面通过求解图 5-5(a)的拉杆 $m—m$ 横截面上的内力来阐明这种方法。假想用一横截面将杆沿截面 $m—m$ 截开，取左段为研究对象，如图 5-5(b)所示。由于整个杆件是处于平衡状态的，所以左段也保持平衡，由平衡条件 $\sum X=0$ 可知，截面 $m—m$ 上的分布内力的合力必是与杆轴相重合的一个力，且 $N=P$，其指向背离截面。同样，若取右段为研究对象，如图 5-5(c)所示，可得出相同的结果。

对于压杆，也可通过上述方法求得其任一横截面 $m—m$ 上的轴力 N，其指向如图 5-6 所示。

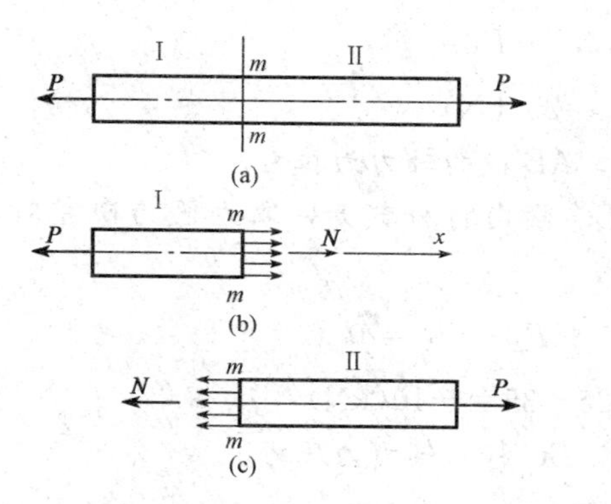

图 5-5　截面法求内力(拉杆)

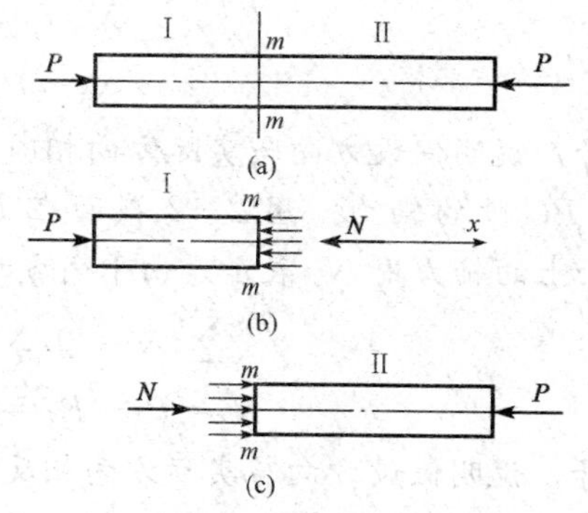

图 5-6　截面法求内力(压杆)

把作用线与杆轴线相重合的内力称为轴力，用符号 N 表示。背离截面的轴力称为拉力，指向截面的轴力称为压力。通常规定：拉力为正，压力为负。

轴力的单位为牛顿(N)或千牛顿(kN)。

这种假想用一截面将物体截开为两部分，取其中一部分为研究对象，利用平衡条件求解截面内力的方法称为截面法。

综上所述，截面法包括以下三个步骤：

(1)沿所求内力的截面假想地将杆件截成两部分。

(2)取出任一部分为研究对象，并在截开面上用内力代替弃去部分对该部分的作用。

(3)列出研究对象的平衡方程，并求解内力。

【例 5-1】 杆件受力如图 5-7(a)所示，在力 $\boldsymbol{P}_1$、$\boldsymbol{P}_2$、$\boldsymbol{P}_3$ 作用下处于平衡。已知 $P_1=25$ kN，$P_2=35$ kN，$P_3=10$ kN，求杆件 AB 和 BC 段的轴力。

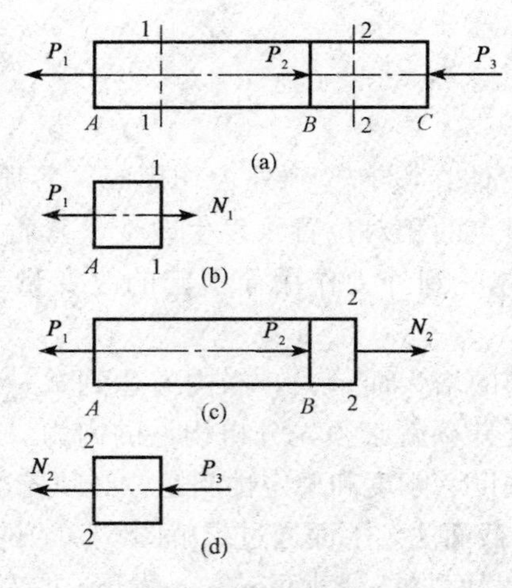

图 5-7 例 5-1 图

解： 杆件承受多个轴向力作用时，外力将杆分为几段，各段杆的内力将不相同，因此要分段求出杆的力。

(1)求 AB 段的轴力。用 1—1 截面在 AB 段内将杆截开，取左段为研究对象[图 5-7(b)]，截面上的轴力用 N_1 表示，并假设为拉力，由平衡方程

$$\sum X=0, N_1-P_1=0$$

$$N_1=P_1=25(\text{kN})$$

得正号，说明假设方向与实际方向相同，AB 段的轴力为拉力。

(2)求 BC 段的轴力。用 2—2 截面在 BC 段内将杆截开，取左段为研究对象[图 5-7(c)]，截面上的轴力用 N_2 表示，由平衡方程

$$\sum X=0, N_2+P_2-P_1=0$$

$$N_2=P_1-P_2=25-35=-10(\text{kN})$$

得负号，说明假设方向与实际方向相反，BC 杆的轴力为压力。

若取右段为研究对象[图 5-7(d)]，由平衡方程

$$\sum X=10-N_2-P_3=0$$

$$N_2=-P_3=-10(\text{kN})$$

结果与取左段相同。

必须指出：在采用截面法之前，不能随意使用力的可传性和力偶的可移性原理。这是因为将外力移动后就改变了杆件的变形性质，并使内力也随之改变。如将上例中的 $\boldsymbol{P}_2$ 移到

A 点，则 AB 段将受压而缩短，其轴力也变为压力。可见，外力使物体产生内力和变形，不但与外力的大小有关，而且与外力的作用位置及作用方式有关。

当杆件受到多于两个轴向外力作用时，在杆的不同截面上轴力将不相同，在这种情况下，对杆件进行强度计算时，必须知道杆的各个横截面上的轴力，最大轴力的数值及其所在截面的位置。为了直观地看出轴力沿横截面位置的变化情况，可按选定的比例尺，用平行于轴线的坐标表示横截面的位置，用垂直于杆轴线的坐标表示各横截面轴力的大小，绘出表示轴力与截面位置关系的图线，该图线就称为轴力图。画图时，习惯上将正值的轴力画在上侧，负值的轴力画在下侧。

【例 5-2】 杆件受力如图 5-8(a)所示。试求杆内的轴力并作出轴力图。

解：(1)为了运算方便，首先求出支座反力。根据平衡条件可知，轴向拉压杆固定端的支座反力只有 $\boldsymbol{R}$，如图 5-8(b)所示，取整根杆为研究对象，列平衡方程

$$\sum X = 0, P_4 + P_2 - P_1 - P_3 - R = 0$$

$$R = P_4 + P_2 - P_1 - P_3 = -20 + 60 - 40 + 25 = 25(\text{kN})$$

(2)求各段杆的轴力。在计算中，为了使计算结果的正负号与轴力规定的符号一致，在假设截面轴力指向时，一律假设为拉力。如果计算结果为正，表明内力的实际指向与假设指向相同，轴力为拉力，如果计算结果为负，表明内力的实际指向与假设指向相反，轴力为压力。

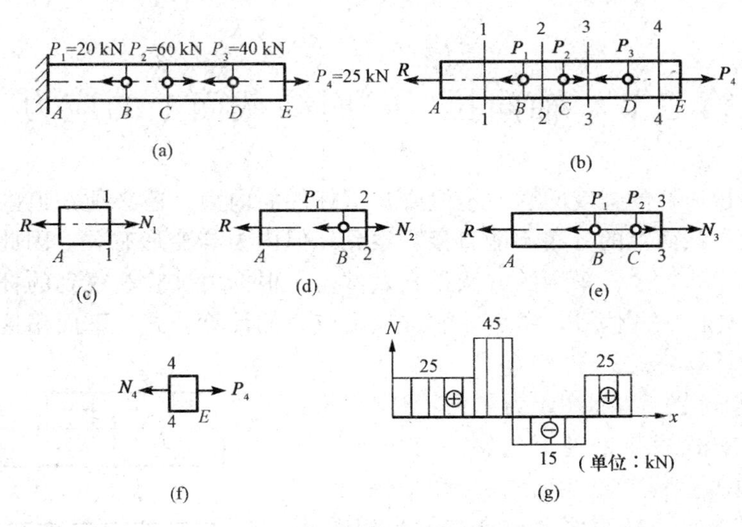

图 5-8 杆件受力

求 AB 段轴力：用 1—1 截面将杆件在 AB 段内截开，取左段为研究对象[图 5-8(c)]，以 N_1 表示截面上的轴力，由平衡方程

$$\sum X = 0, -R + N_1 = 0$$

$$N_1 = R = 25\ \text{kN}(\text{拉力})$$

求 BC 段轴力：用 2—2 截面将杆件截断，取左段为研究对象[图 5-8(d)]，由平衡方程

$$\sum X = 0, -R + N_2 - P_1 = 0$$

$$N_2 = R + P_1 = 20 + 25 = 45(\text{kN}) \quad (\text{拉力})$$

求 CD 段轴力：用 3—3 截面将杆件截断，取左段为研究对象[图 5-8(e)]，由平衡方程

$$\sum X = 0, -R + N_3 - P_1 + P_2 = 0$$

$$N_2 = R + P_1 - P_2 = 20 + 25 - 60 = -15(\text{kN}) \quad (压力)$$

求 DE 段轴力：用 4—4 截面将杆件截断，取右段为研究对象[图 5-8(f)]，由平衡方程

$$\sum X = 0, P_4 - N_4 = 0$$

$$N_4 = 25(\text{kN}) \quad (拉力)$$

(3)画轴力图。以平行于杆轴的 x 轴为横轴，垂直于杆轴的 N 轴为纵轴，按一定比例将各段轴力标在坐标轴上，可作出轴力图，如图 5-8(g)所示。

二、求内力的基本方法——截面法

截面法是求杆件内力的基本方法。

计算内力的步骤如下：

(1)截开：用假想的截面，在要求内力的位置处将杆件截开，把杆件分为两部分。

(2)代替：取截开后的任一部分为研究对象，画受力图。画受力图时，在截开的截面处用该截面上的内力代替另一部分对研究部分的作用。

(3)平衡：被截开后的任一部分都应处于平衡状态。

第三节　轴向拉(压)时横截面上的应力

要解决轴向拉压杆的强度问题，不但要知道杆件的内力，还必须知道内力在截面上的分布规律。应力在截面上的分布不能直接观察到，但内力与变形有关。因此，要找出内力在截面上的分布规律，通常采用的方法是先做试验。根据由试验观察到的杆件在外力作用下的变形现象，作出一些假设，然后才能推导出应力的计算公式。下面用这种方法推导轴向拉压杆的应力计算公式。

取一根等直杆[图 5-9(a)]，为了便于通过试验观察轴向受拉杆所发生的变形现象，受力前在杆件表面均匀地画上若干与杆轴线平行的纵线及与轴线垂直的横线，使杆表面形成许多大小相同的方格。然后在杆的两端施加一对轴向拉力 P [图 5-9(b)]，可以观察到，所有的纵线仍保持为直线，各纵线都伸长了，但仍互相平行，小方格变成长方格。所有的横线仍保持为直线，且仍垂直于杆轴，只是相对距离增大了。

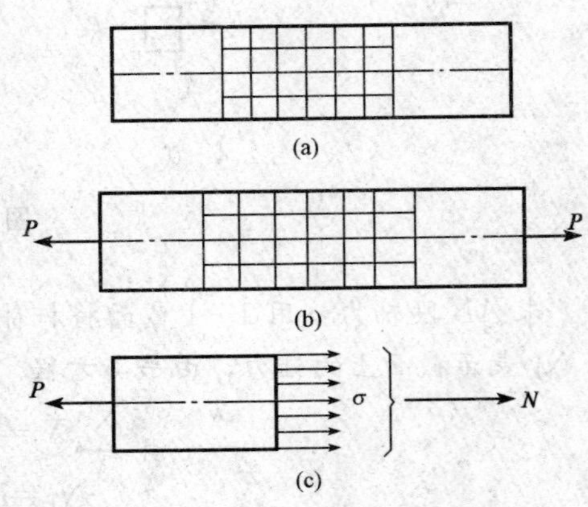

图 5-9　横截面应力

根据上述现象，可作如下假设：

(1)平面假设若将各条横线看作一个横截面，则杆件横截面在变形以后仍为平面且与杆轴线垂直，任意两个横截面只是作相对平移。

(2)若将各纵向线看作是杆件由许多纤维组成，根据平面假设，任意两横截面之间的所有纤维的伸长都相同，即杆件横截面上各点处的变形都相同。

由于前面已假设材料是均匀连续的，而杆件的分布内力集度又与杆件的变形程度有关，因而，从上述均匀变形的推理可知，轴向拉杆横截面上的内力是均匀分布的，也就是横截面上各点的应力相等。由于拉压杆的轴力是垂直于横截面的，故与它相应的分布内力也必然垂直于横截面，由此可知，轴向拉杆横截面上只有正应力，而没有剪应力。由此可得出结论：轴向拉伸时，杆件横截面上各点处只产生正应力，且大小相等[图 5-9(c)]，即

$$\sigma=\frac{N}{A} \tag{5-1}$$

式中 N——杆件横截面上的轴力；

A——杆件的横截面面积。

当杆件受轴向压缩时，上式同样适用。由于前述已规定了轴力的正负号，由式(5-1)可知，正应力也随轴力 N 而有正负之分，即拉应力为正，压应力为负。

【例 5-3】 图 5-10(a)所示为等直杆，当截面为 50 mm×50 mm 的正方形时，试求杆中各段横截面上的应力。

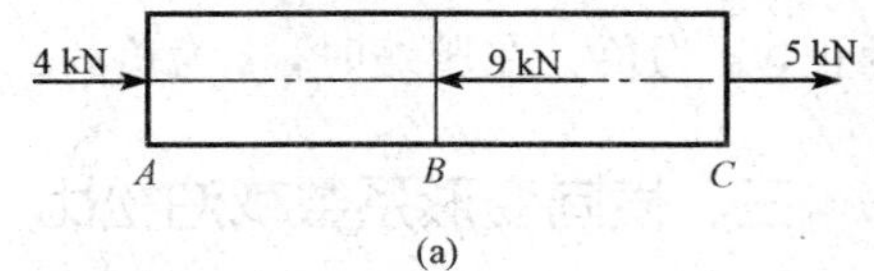

(a)

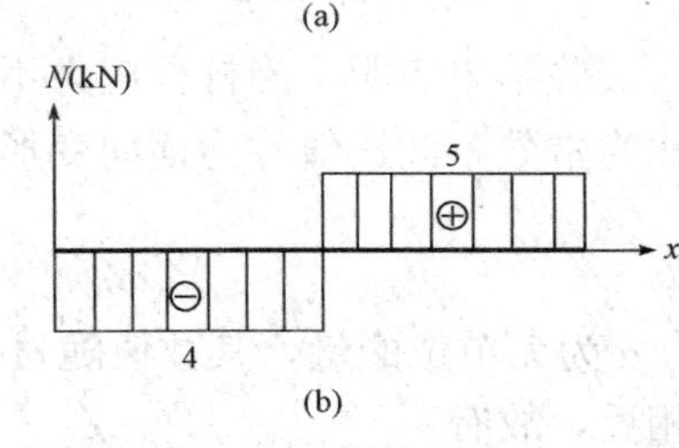

(b)

图 5-10 例 5-3 图

解： 杆的横截面面积为

$A=50\times50=2\ 500(\mathrm{mm}^2)=2.5\times10^{-3}(\mathrm{m}^2)$

绘出杆的轴力图如图 5-8(b)所示，由式(5-1)可得

AB 段内任一横截面上的应力：

$$\sigma_{AB}=\frac{N_1}{A}=\frac{-4\times10^3}{2.5\times10^{-3}}=-1.6(\mathrm{MPa})$$

BC 段内任一横截面上的应力：

$$\sigma_{BC}=\frac{N_2}{A}=\frac{5\times10^3}{2.5\times10^{-3}}=2(\mathrm{MPa})$$

第四节 轴向拉(压)时的变形

当杆件受到轴向力作用时，使杆件沿轴线方向产生伸长(或缩短)的变形，称为纵向变形；同时杆件在垂直于轴线方向的横向尺寸将产生减小(或增大)的变形，称为横向变形。下面结合轴向受拉杆件的变形情况，介绍一些有关的基本概念。

一、纵向变形

如图 5-11 所示，设有一原长为 l 的杆件，受到一对轴向拉力 P 的作用后，其长度为 l_1，则杆的纵向变形为

$$\Delta l=l_1-l$$

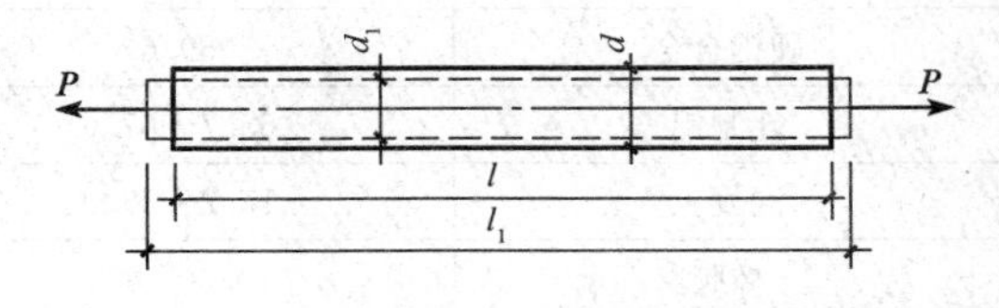

图 5-11 杆件的纵向变形和横向变形

它只反映杆件的总变形量，而无法说明变形程度。由于杆的各段是均匀伸长的，所以可用单

位长度的变形量来反映杆件的变形程度。单位长度的纵向变形量称为纵向线应变，用 ε 表示，即

$$\varepsilon=\frac{\Delta l}{l} \tag{5-2}$$

二、横向变形

设拉杆原横向尺寸为 d，受力后缩小到 d_1(图 5-11)，则其横向变形为

$$\Delta d=d_1-d$$

与之相应的横向线应变

$$\varepsilon'=\frac{\Delta d}{d} \tag{5-3}$$

以上的一些概念同样适用于压杆。

显然，ε 和 ε' 都是无单位的量，其正负号分别与 Δl 和 Δd 的正负号一致。在拉伸时，ε 为正，ε' 为负；在压缩时，ε 为负，ε' 为正。

三、横向变形系数或泊松比

实验结果表明，当杆件应力不超过比例极限时，横向线应变 ε' 与纵向线应变 ε 的绝对值之比为常数，此比值称为横向变形系数或泊松比，用 μ 表示，即

$$\mu=\left|\frac{\varepsilon'}{\varepsilon}\right|$$

μ 为无单位的量，其数值随材料而异，可通过试验测定。考虑到应变 ε' 和 ε 的正负号总是相反，故有

$$\varepsilon'=-\mu\varepsilon \tag{5-4}$$

弹性模量 E 和泊松比 μ 都是反映材料弹性性能的物理量。表 5-1 列出了几种材料的 E 和 μ 值。

表 5-1 几种材料的 E、μ 值

材料名称	$E/(\mathrm{MPa}\times10^3)$	μ	$G/(\mathrm{MPa}\times10^3)$
碳钢	196～206	0.24～0.28	78.5～79.4
合金钢	194～206	0.25～0.30	78.5～79.4
灰口铸铁	113～157	0.23～0.27	44.1
白口铸铁	113～157	0.23～0.27	44.1
纯铜	108～127	0.31～0.34	39.2～48.0
青铜	113	0.32～0.34	41.2
冷拔黄铜	88.2～97	0.32～0.42	34.4～36.3
硬铝合金	69.6		26.5
轧制铝	65.7～67.6	0.26～0.36	25.5～26.5
混凝土	15.2～35.8	0.16～0.18	
橡胶	0.007 85	0.461	
木材(顺纹)	9.8～11.8	0.539	
木材(横纹)	0.49～0.98		

四、虎克定律

对于工程上常用的材料，如低碳钢、合金钢等所制成的轴向拉(压)杆，由实验证明：当杆的应力未超过某一极限时，纵向变形 Δl 与外力 P、杆长 l 及横截面面积 A 之间存在如下比例关系：

$$\Delta l \propto \frac{Pl}{A}$$

引入比例常数 E，则有

$$\Delta l = \frac{Pl}{EA}$$

在内力不变的杆段中 $N=P$，可将上式改写成

$$\Delta l = \frac{Nl}{EA} \tag{5-5}$$

这一比例关系，是 1678 年首先由英国科学家虎克提出的，故称为虎克定律。式中比例常数 E 称为弹性模量，从式(5-5)知，当其他条件相同时，材料的弹性模量越大，则变形越小，它表示材料抵抗弹性变形的能力。E 的数值随材料而异，是通过试验测定的，其单位与应力单位相同。EA 称为杆件的抗拉(压)刚度，对于长度相等，且受力相同的拉杆，其抗拉(压)刚度越大，则变形就越小。

将式(5-1)及式(5-2)等代入式(5-5)可得

$$\sigma = E \cdot \varepsilon \tag{5-6}$$

式(5-6)是虎克定律的另一表达形式，它表明当杆件应力不超过某一极限时，应力与应变成正比。

上述的应力极限值，称为材料的比例极限，用 σ_P 表示。

【例 5-4】 为了测定钢材的弹性模量 E，将钢材加工成直径 $d=10$ mm 的试件，放在试验机上拉伸，当拉力 P 达到 15 kN 时，测得纵向线应变 $\varepsilon=0.000\ 96$，求这一钢材的弹性模量。

解：当 P 达到 15 kN 时，正应力为

$$\sigma = \frac{P}{A} = \frac{15\times10^3}{\pi\times\left(\frac{10}{2}\right)^2} = 191.08(\text{MPa})$$

由虎克定律得

$$E = \frac{\sigma}{\varepsilon} = \frac{191.08}{0.000\ 96} = 1.99\times10^5(\text{MPa}) = 199\ \text{GPa}$$

【例 5-5】 图 5-12 所示为一方形截面砖柱，上段柱边长为 240 mm，下段柱边长为 370 mm。荷载 $F=40$ kN，不计自重，材料的弹性模量 $E=0.03\times10^5$ MPa，试求砖柱顶面 A 的位移。

解：绘出砖柱的轴力图，如图 5-12(b)所示，设砖柱顶面 A 下降的位移为 Δl，显然它的位移就等于全柱的总缩短量。由于上、下两段柱的截面面积及轴力都不相等，故应分别求出两段柱的变形，然后求其总和，即

$$\begin{aligned}\Delta l &= \Delta l_{AB} + \Delta l_{BC} = \frac{N_{AB}l_{AB}}{EA_{AB}} + \frac{N_{BC}l_{BC}}{EA_{BC}} \\ &= \frac{(-40\times10^3)\times3\times10^3}{0.03\times10^5\times240^2} + \frac{(-120\times10^3)\times4\times10^3}{0.03\times10^5\times370^2} \\ &= -1.86(\text{mm})(向下)\end{aligned}$$

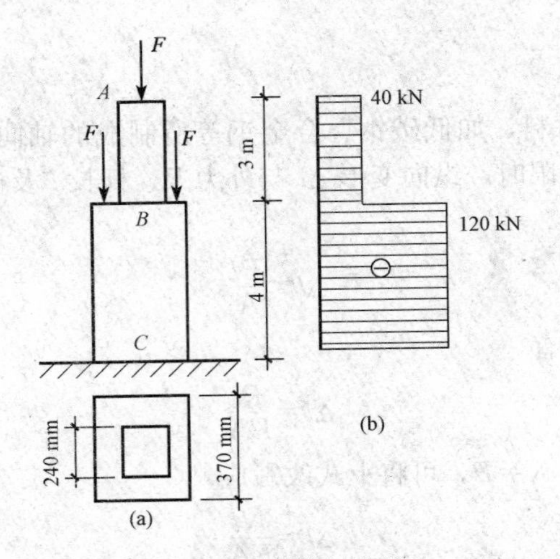

图 5-12　例 5-5 图

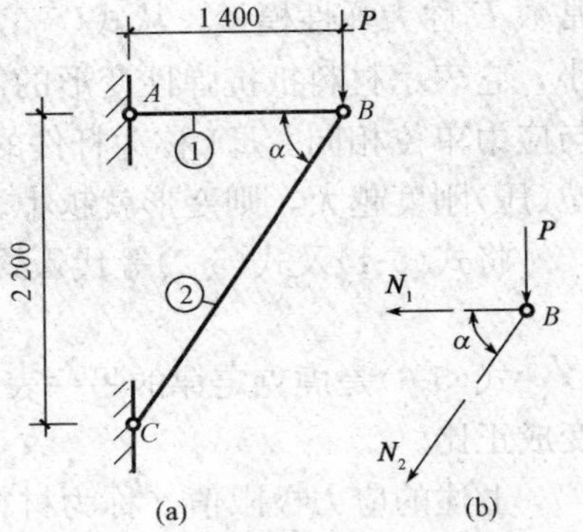

【例 5-6】 计算图示 5-13(a)结构杆①及杆②的变形。已知杆①为钢杆，$A_1=8\ \text{cm}^2$，$E_1=200\ \text{GPa}$；杆②为木杆，$A_2=400\ \text{cm}^2$，$E_2=12\ \text{GPa}$，$P=120\ \text{kN}$。

图 5-13　例 5-6 图

解：(1)求各杆的轴力。

取 B 结点为研究对象[图 5-13(b)]，列平衡方程得

$$\sum F_y=0,-P-N_2\sin\alpha=0 \qquad (1)$$

$$\sum F_x=0,-N_1-N_2\cos\alpha=0 \qquad (2)$$

因 $\tan\alpha=\dfrac{2\ 200}{1\ 400}=1.57$，故 $\alpha=57.53°$，$\sin\alpha=0.843$，$\cos\alpha=0.537$，代入式(1)、式(2)解得

$$N_1=76.4\ \text{kN(拉杆)},\ N_2=-142.3\ \text{kN(压杆)}$$

(2)计算杆的变形。

$$\Delta l_1=\frac{N_1l_1}{E_1A_1}=\frac{76.4\times10^3\times1\ 400\times10^{-3}}{200\times10^9\times8\times10^{-4}}=6.69\times10^{-4}(\text{m})=0.669(\text{mm})$$

$$\Delta l_2=\frac{N_2l_2}{E_2A_2}=\frac{-142.3\times10^3\times\dfrac{2\ 200\times10^{-3}}{\sin57.53°}}{12\times10^9\times400\times10^{-4}}=-0.774(\text{mm})$$

第五节　强度条件、连接件的强度计算

一、材料的极限应力

任何一种材料制成的构件都存在一个能承受荷载的固有极限，这个固有极限称为极限应力，用 σ^0 表示。当构件内的工作应力到达此值时，就会破坏。

通过材料的拉伸(或压缩)试验，可以找出材料在拉伸和压缩时的极限应力。对塑性材料，当应力达到屈服极限时，将出现显著的塑性变形，会影响构件的使用。对于脆性材料，

破坏前变形很小，当构件达到强度极限时，会引起断裂，因此

对塑性材料 $\sigma^0=\sigma_s$

对脆性材料 $\sigma^0=\sigma_b$

二、容许应力和安全系数

在理想情况下，为了保证构件能正常工作，必须使构件在工作时产生的工作应力不超过材料的极限应力。由于在实际设计时有许多因素无法预计，例如实际荷载有可能超出在计算中所采用的标准荷载，实际结构取用的计算简图往往会忽略一些次要因素，个别构件在经过加工后有可能比规格上的尺寸小，材料并不是绝对均匀的。这些因素都会造成构件偏于不安全的后果。此外，考虑到构件在使用过程中可能遇到的意外事故或其他不利的工作条件、构件的重要性等的影响。因此，在设计时，必须使构件有必要的安全储备。即构件中的最大工作应力不超过某一限值，将极限应力 σ^0 缩小 K 倍，作为衡量材料承载能力的依据，称为允许应力(或称为许用应力)，用 $[\sigma]$ 表示，即

$$[\sigma]=\frac{\sigma^0}{K} \tag{5-7}$$

式中 K——一个大于 1 的系数，称为安全系数。

安全系数 K 的确定相当重要又比较复杂。选用过大，设计的构件过于安全，用料增多；选用过小，安全储备减少，构件偏于危险。

在静载作用下，脆性材料破坏时没有明显变形的“预告”，破坏是突然的，因此，所取的安全系数要比塑性材料大。一般工程中规定

脆性材料 $[\sigma]=\frac{\sigma_b}{K_b}$

$$K_b=2.5\sim3.0$$

塑性材料 $[\sigma]=\frac{\sigma_s}{K_s}$ 或 $[\sigma]=\frac{\sigma_{0.2}}{K_s}$

$$K_s=1.4\sim1.7$$

常用材料的许用应力可见表 5-2。

表 5-2 常用材料的许用应力

材料名称	牌号	许用应力/MPa	
		轴向拉伸	轴向压缩
低碳钢	Q235	140～170	140～170
低合金钢	16Mn	230	230
灰口铸铁		33～55	160～200
木材(顺纹)		5.5～10.0	8～16
混凝土	C20	0.44	7
混凝土	C30	0.6	10.3

三、轴向拉(压)杆的强度条件和强度计算

由式(5-1)可知，拉(压)杆的工作应力 $\sigma=\frac{N}{A}$，为了保证构件能安全正常地工作，则杆

内最大的工作应力不得超过材料的许用应力。即

$$\sigma_{max}=\frac{N}{A}\leqslant[\sigma] \tag{5-8}$$

式(5-8)称为拉(压)杆的强度条件。

在轴向拉(压)杆中，产生最大正应力的截面称为危险截面。对于轴向拉(压)的等直杆，其轴力最大的截面就是危险截面。

应用强度条件式(5-8)可以解决轴向拉(压)杆强度计算的三类问题。

(1)强度校核。已知杆的材料、尺寸(已知$[\sigma]$和A)和所受的荷载(已知N)的情况下，可用式(5-8)检查和校核杆的强度。如$\sigma_{max}=\frac{N}{A}\leqslant[\sigma]$，表示杆件的强度是满足要求的，否则不满足强度条件。

根据既要保证安全又要节约材料的原则，构件的工作应力不应该小于材料的许用应力$[\sigma]$太多，有时工作应力也允许稍微大于$[\sigma]$，但是规定以不超过容许应力的5%为限。

(2)截面选择已知所受的荷载、构件的材料，则构件所需的横截面面积A，可用下式计算：

$$A\geqslant\frac{N}{[\sigma]}$$

(3)确定许用荷载已知杆件的尺寸、材料，确定杆件能承受的最大轴力，并由此计算杆件能承受的许用荷载。即

$$N\leqslant A[\sigma]$$

【例 5-7】 一直杆受力情况如图 5-14(a)所示。直杆的横截面面积$A=10\ \text{cm}^2$，材料的许用应力$[\sigma]=160$ MPa，试校核杆的强度。

解： 首先绘出直杆的轴力图，如图 5-14(b)所示，由于是等直杆，产生最大内力的CD段的截面是危险截面，由强度条件得

$$\sigma_{max}=\frac{N_{max}}{A}=\frac{150\times10^3}{10\times10^2}=150(\text{MPa})<[\sigma]=160\ \text{MPa}$$

所以满足强度条件。

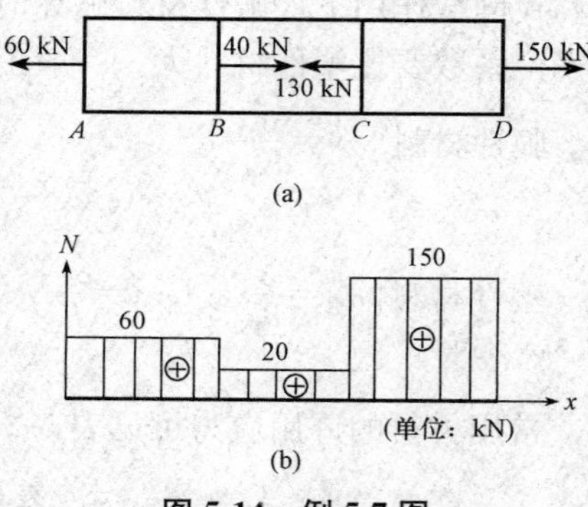

图 5-14 例 5-7 图

【例 5-8】 图 5-15(a)所示的支架，①杆为直径$d=16$ mm 的钢圆截面杆，许用应力$[\sigma]_1=160$ MPa，②杆为边长$a=12$ cm 的正方形截面杆，$[\sigma]_2=10$ MPa，在结点B处挂一重物P，求许用荷载$[P]$。

解：(1)

$$\sum X=0,-N_1-N_2\cos\alpha=0 \tag{1}$$

$$\sum Y=0,-P-N_2\sin\alpha=0 \tag{2}$$

因$\tan\alpha=\frac{2}{1.5}=\frac{4}{3}$，故$\sin\alpha=\frac{4}{5}$，$\cos\alpha=\frac{3}{5}$，

代入式(1)、式(2)解得

$N_1=0.75P$(拉杆)，$N_2=-1.25P$(压杆)

(2)计算许用荷载。先根据①杆的强度条件计算

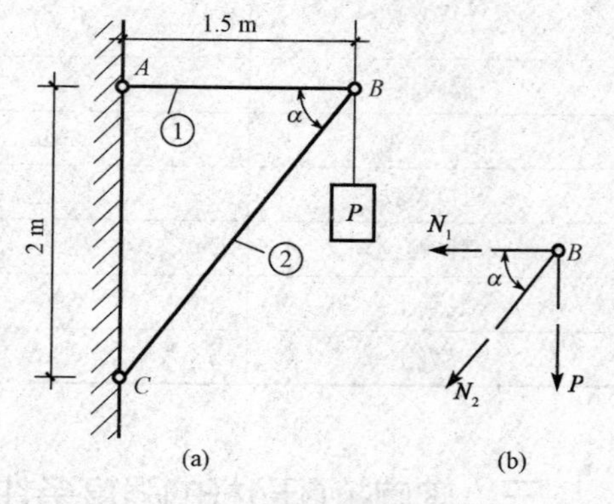

图 5-15 例 5-8 图

①杆能承受的许用荷载[P]

$$\sigma_1=\frac{N_1}{A_1}=\frac{0.75P}{A_1}\leqslant[\sigma]_1$$

所以

$$[P]\leqslant\frac{A_1[\sigma]_1}{0.75}=\frac{\frac{1}{4}\times3.14\times16^2\times160}{0.75}=4.29\times10^4(\text{N})=42.9\text{ kN}$$

再根据②杆的强度条件计算②杆能承受的许可荷载[P]

$$\sigma_2=\frac{|N_2|}{A_2}=\frac{1.25P}{A_2}\leqslant[\sigma]_2$$

所以

$$[P]\leqslant\frac{A_2[\sigma]_2}{1.25}=\frac{120^2\times10}{1.25}=11.25\times10^4(\text{N})=115.2\text{ kN}$$

比较两杆所得的许用荷载，取其中较小者，则支架的许用荷载为[P]$\leqslant$42.9 kN。

【例 5-9】 起重机如图 5-16(a)所示，起重机的起重量 P=35 kN，绳索 AB 的许用应力[σ]=45 MPa，试根据绳索的强度条件选择其直径 d。

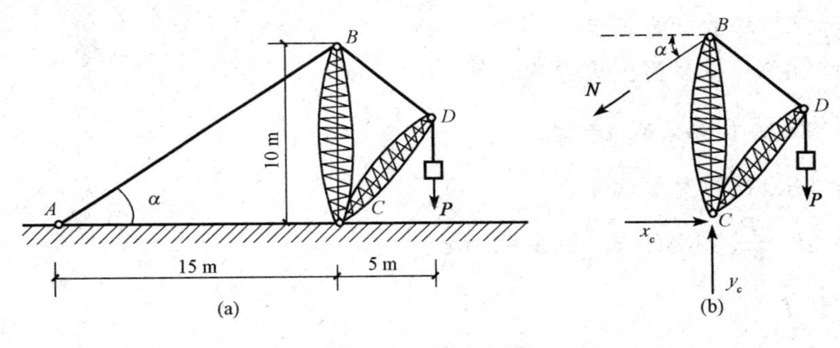

图 5-16 例 5-9 图

解： 先求绳索 AB 的轴力。取 BCD 为研究对象，其受力图如图 5-16(b)所示，列平衡方程：

$$M_C=0,\quad N\cos\alpha\times10-P\times5=0$$

因为

$$AB=\sqrt{10^2+15^2}=18.03$$

所以

$$\cos\alpha=\frac{15}{18.03}=0.832$$

解得

$$N=21.03\text{ kN}$$

再由强度条件求出绳索的直径

$$\sigma=\frac{N}{A}=\frac{N}{\frac{1}{4}\pi d^2}\leqslant[\sigma]$$

$$d\geqslant\sqrt{\frac{4N}{\pi[\sigma]}}=\sqrt{\frac{4\times21.03\times10^3}{3.14\times45}}=24(\text{mm})$$

本章小结

1. 基本概念。

内力：相互作用力由于物体受到外力作用而引起的改变量，称为“附加内力”，简称为内力。

轴力：把作用线与杆轴线相重合的内力称为轴力。

应力：单位面积上所承受的附加内力。

应变：描述一点处变形的程度的力学量。

轴拉(压)杆：以轴向拉压为主要变形的杆件，称为拉压杆或轴向承载杆。

极限应力：任何一种材料制成的构件都存在一个能承受荷载的固有极限，这个固有极限称为极限应力。

应力集中：结构或构件承受载荷时，在其形状与尺寸突变处所引起应力显著增大的现象。

2. 基本计算。

(1)轴向拉(压)杆的轴力计算。

(2)轴向拉(压)杆横截面上应力的计算。

任一截面的应力计算公式 $\sigma=\dfrac{N}{A}$

(3)轴向拉(压)杆的变形计算。

虎克定律 $\Delta l=\dfrac{Pl}{EA}$ 或 $\Delta l=\dfrac{Nl}{EA}$ 或 $\sigma=E\cdot\varepsilon$

泊松比 $\mu=\left|\dfrac{\varepsilon'}{\varepsilon}\right|$

(4)轴向拉(压)杆的强度计算。

强度条件 $\sigma_{\max}\leqslant[\sigma]$。

强度条件在工程中的三类应用：①强度校核；②设计杆的截面；③计算许用荷载。

强度计算是本章的重点。

习　题

一、填空题

1. 构件的承载能力，主要从__________、__________和__________等三方面衡量。

2. 构件的强度是指在外力作用下构件__________的能力；构件的刚度是指在外力作用下构件__________的能力；构件的稳定性是指在外力作用下构件__________的能力。

3. 杆件是指__________尺寸远大于__________尺寸的构件。

4. 杆件变形的四种基本形式为__________、__________、__________、__________。

5. 受轴向拉伸或压缩的杆件的受力特点是：作用在直杆两端的力，大小__________，方向__________，且作用线同杆件的__________重合。其变形特点是：沿杆件的__________方向伸长或缩短。

6. 材料力学中普遍用截面假想地把物体分成两部分，以显示并确定内力的方法，称为__________。应用这种方法求内力可分为__________、__________和__________三个步骤。

7. 拉(压)杆横截面上的内力称为__________，其大小等于该横截面一侧杆段上所有__________的代数和。为区别拉、压两种变形，规定了轴力 F_N 正负。拉伸时轴力为__________，__________横截面；压缩时轴力为__________，__________横截面。

8. 材料的极限应力除以一个大于 1 的系数 n 作为材料的__________，用符号__________表示。它是构件工作时允许承受的__________。

9. 若应力的计算单位为 MPa，1 MPa＝__________ N/m^2 ＝__________ N/cm^2 ＝__________ N/mm^2。

二、计算题

1. 试求图 5-17 所示杆件上指定截面内力的大小。

2. 图 5-18 所示 AB 为钢杆，其横截面面积 $A_1=600\ mm^2$，许用应力$[\sigma^+]=140$ MPa；BC 为木杆，横截面积 $A_2=3\times10^4\ mm^2$，许用应力$[\sigma^-]=3.5$ MPa。试求最大许可载荷 F_P。

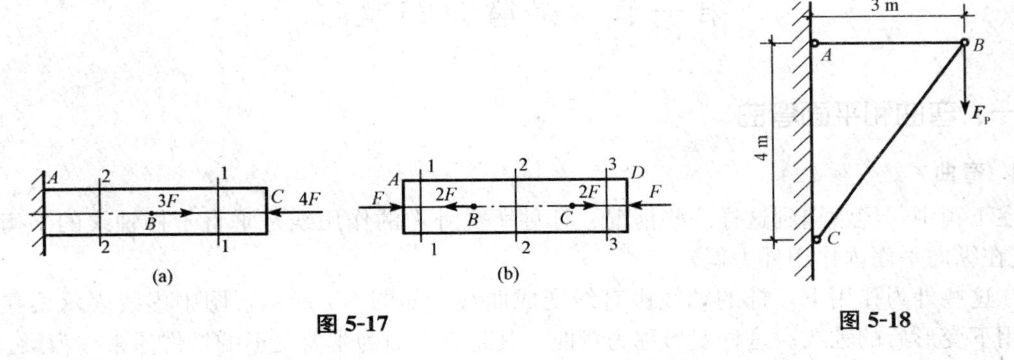

图 5-17

图 5-18

3. 图 5-19 所示钢制阶梯形直杆，各段横截面面积分别为 $A_1=100\ mm^2$，$A_2=80\ mm^2$，$A_3=120\ mm^2$，钢材的弹性模量 $E=200$ GPa。

试求：(1)各段的轴力，指出最大轴力发生在哪一段，最大应力发生在哪一段；

(2)计算杆的总变形。

4. 如图 5-20 所示，分析变形杆，AB 与 BC 段内有无变形及位移？(注册土木工程师考试练习题)

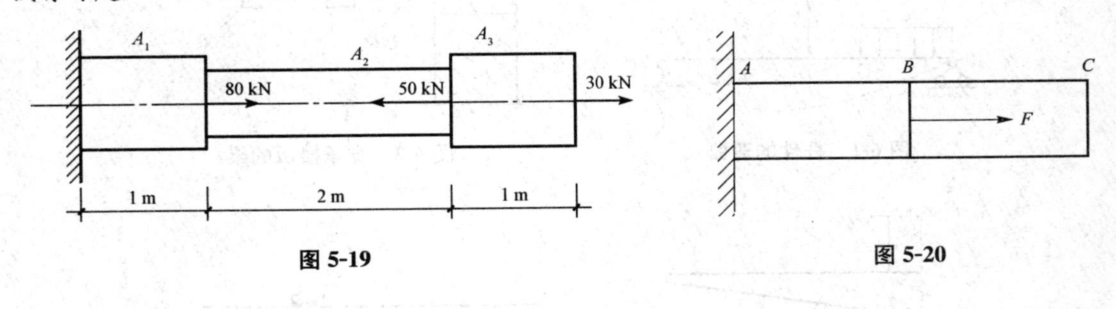

图 5-19

图 5-20

第六章　梁的弯曲

教学目标

1. 熟悉受弯构件；
2. 掌握平面弯曲的基本概念；
3. 掌握受弯构件的内力：弯矩及剪力。

第一节　梁弯曲的概念

一、弯曲和平面弯曲

1. 弯曲

在工程中，经常遇到这样一些情况：杆件所受外力的作用线是垂直于杆轴线的平衡力系(或在纵向平面内作用外力偶)。

在这些外力作用下，杆的轴线由直线变成曲线，如图 6-1 所示，图中虚线表示梁在外力作用下变形后的轴线。这种变形称为弯曲。凡是以弯曲为主要变形的杆件通常称为梁。

梁是工程中一种常用的杆件，尤其是在建筑工程中，它占有特别重要的地位。如房屋建筑中常用于支承楼板的梁(图 6-2)、阳台的挑梁(图 6-3)、梁式桥的主梁(图 6-4)、门窗过梁(图 6-5)、厂房起重机梁(图 6-6)等。

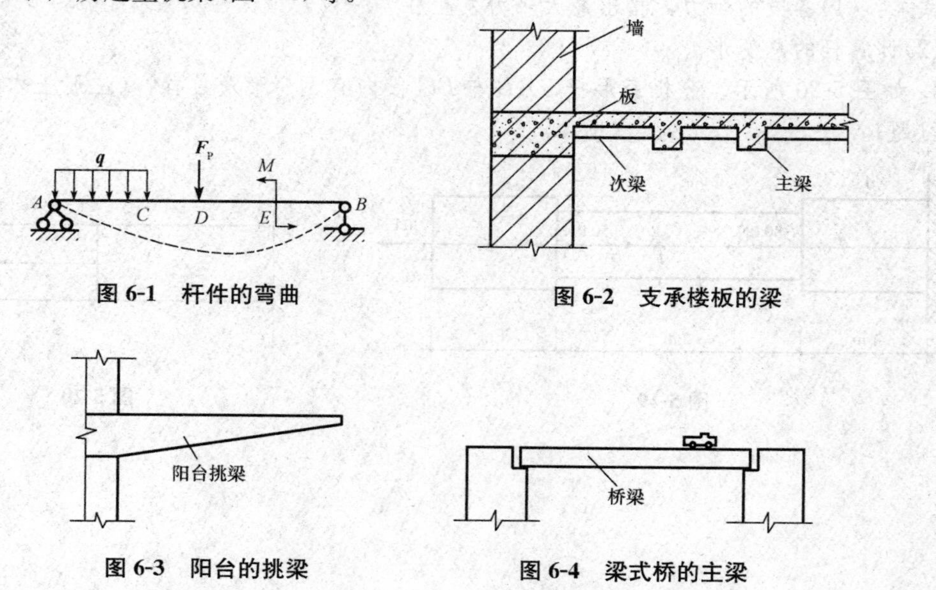

图 6-1　杆件的弯曲

图 6-2　支承楼板的梁

图 6-3　阳台的挑梁

图 6-4　梁式桥的主梁

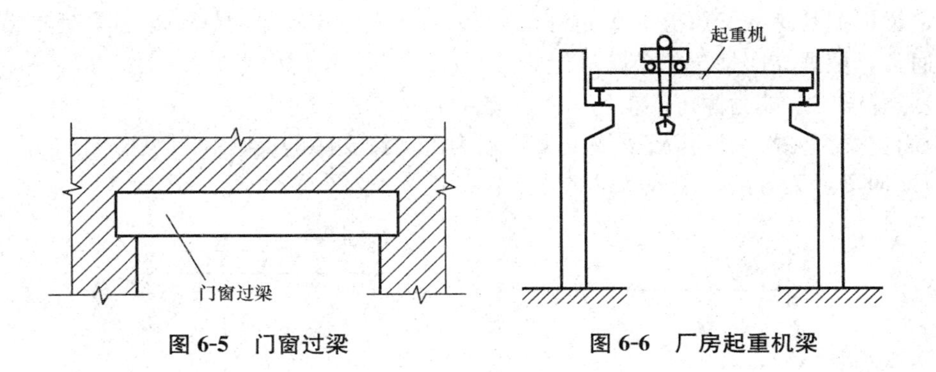

图 6-5　门窗过梁　　　　图 6-6　厂房起重机梁

2. 平面弯曲

工程中常见的梁，其横截面大多为矩形、工字形、T 形、十字形、槽形等(图 6-7)，它们都有对称轴，梁横截面的对称轴和梁的轴线所组成的平面通常称为纵向对称平面(图 6-8、图 6-9)。当作用于梁上的力(包括主动力和约束反力)全部都在梁的同一纵向对称平面内时，梁变形后的轴线也在该平面内，这种力的作用平面与梁的变形平面相重合的弯曲称为平面弯曲。图 6-9 中的梁就产生了平面弯曲。

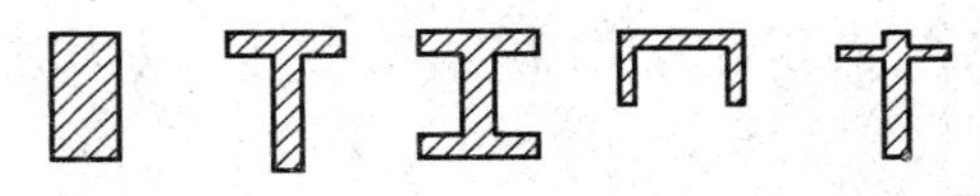

图 6-7　常见梁的横截面

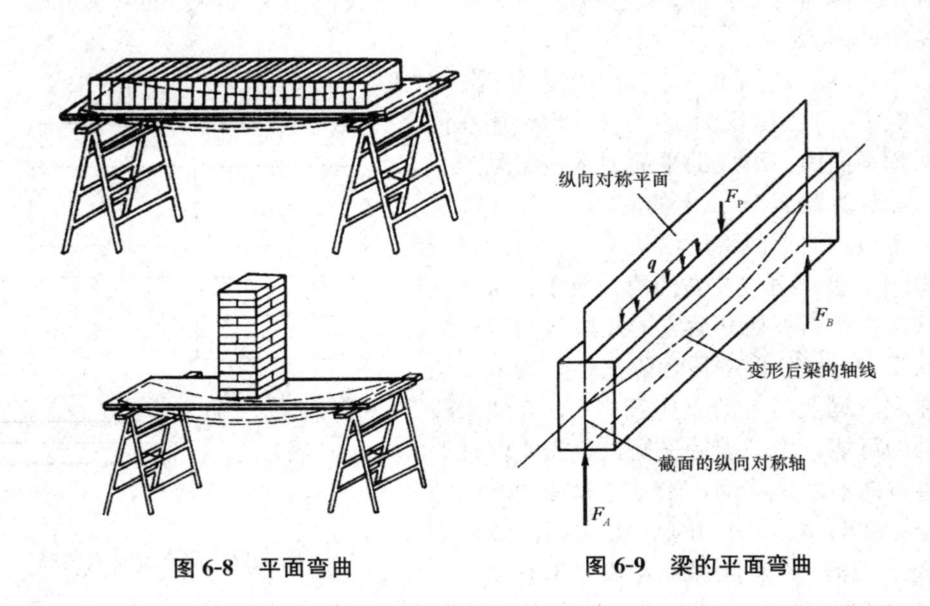

图 6-8　平面弯曲　　　　图 6-9　梁的平面弯曲

平面弯曲是最常见，而且是最简单的弯曲。本章只对平面弯曲变形进行分析和讨论。

二、梁的类型

在工程中，通常根据梁的支座反力能否用静力平衡方程全部求出，将梁分为静定梁和超静定梁两类。凡是通过静力平衡方程就能够求出全部约束反力和内力的梁，统称为静定梁。静定梁根据其跨数又可分为单跨静定梁和多跨静定梁两类，单跨静定梁是本章的研究对象。通常，根据支座情况将单跨静定梁分为以下三种基本形式。

(1)悬臂梁：一端为固定端支座，另一端为自由端的梁[图 6-10(a)]。

(2)简支梁：一端为固定铰支座，另一端为可动铰支座的梁[图 6-10(b)]。

(3)外伸梁：梁身的一端或两端伸出支座的简支梁[图 6-10(c)、(d)]。

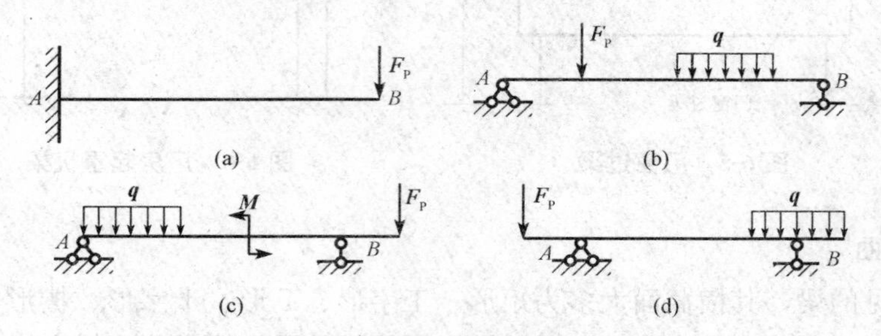

图 6-10　单跨静定梁的基本形式

三、梁的内力

在求出梁的支座反力后，为了计算梁的应力和位移，从而对梁进行强度和刚度计算，需要首先研究梁的内力。

1. 梁的内力——剪力和弯矩

梁在产生平面弯曲时将会产生哪些内力呢？下面我们仍用求内力的基本方法——截面法来讨论梁的内力。

现以图 6-11(a)所示的简支梁为例来分析。

设荷载 F_P 和支座反力 F_{Ay}、F_{By} 均作用在同一纵向对称平面内，组成的平面力系使梁处于平衡状态，欲计算截面 1—1 上的内力。

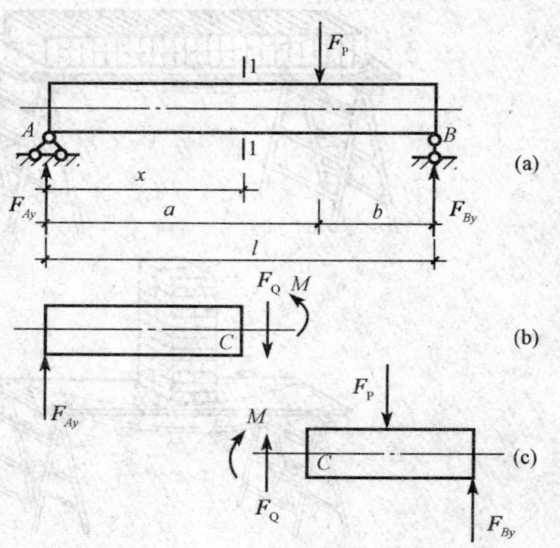

图 6-11　简支梁受力情况

用一个假想的平面将该梁从要求内力的位置 1—1 处切开，使梁分成左右两段，由于原来梁处于平衡状态，所以被切开后它的左段或右段也处于平衡状态，可以任取一段为隔离体。现取左段研究。在左段梁上向上的支座反力 F_{Ay} 有使梁段向上移动的可能，为了维持平衡，首先要保证该段在竖直方向不发生移动，于是左段在切开的截面上必定存在与 F_{Ay} 大小相等、方向相反的内力 F_Q。但是，内力 F_Q 只能保证左段梁不移动，还不能保证左段梁不转动，因为支座反力 F_{Ay} 对截面 1—1 形心有一个顺时针方向的力矩，这个力矩使该段有顺时针方向转动的趋势。为了保证左段梁不发生转动，在切开的 1—1 截面上还必定存在一个与 F_{Ay} 力矩大小相等、转向相反的内力偶 M[图 6-11(b)]。这样在截面 1—1 上同时有了 F_Q 和 M 才使梁段处于平衡状态。可见，产生平面弯曲的梁在其横截面上有两个内力：其一是与横截面相切的内力 F_Q，称为剪力；其二是在纵向对称平面内的内力偶，其力偶矩为 M，称为弯矩。

截面1—1上的剪力和弯矩值可由左段梁的平衡条件求得。

由$\sum F_y=0$得 $$-F_Q+F_{Ay}=0$$

$$F_Q=F_{Ay}$$

将力矩方程的矩心选在截面1—1的形心C点处，剪力F_Q将通过矩心。

由$\sum M_C=0$得 $$M-F_{Ay}x=0$$

$$M=F_{Ay}x$$

以上左段梁在截面1—1上的剪力和弯矩，实际上是右段梁对左段梁的作用。根据作用力与反作用力原理可知，右段梁在截面1—1上的F_Q、M与左段梁在1—1截面上的F_Q、M应大小相等、方向(或转向)相反[图6-11(c)]。若对右段梁列平衡方程进行求解，求出的F_Q及M也必然如此，请读者自己验证。

2. 剪力和弯矩的正负号

由上述分析可知：分别取左、右梁段所求出的同一截面上的内力数值虽然相等，但方向(或转向)却正好相反，为了使根据两段梁的平衡条件求得的同一截面(如截面1—1)上的剪力和弯矩具有相同的正、负号，这里对剪力和弯矩的正负号作如下规定：

(1)剪力的正负号规定。当截面上的剪力F_Q使所研究的梁段有顺时针方向转动趋势时，剪力为正[图6-12(a)]；有逆时针方向转动趋势时，剪力为负[图6-12(b)]。

(2)弯矩的正负号规定。当截面上的弯矩使所研究的水平梁段产生向下凸的变形时(即该梁段的下部受拉，上部受压)，弯矩为正[图6-13(a)]；产生向上凸的变形时(即该梁段的上部受拉，下部受压)，弯矩为负[图6-13(b)]。

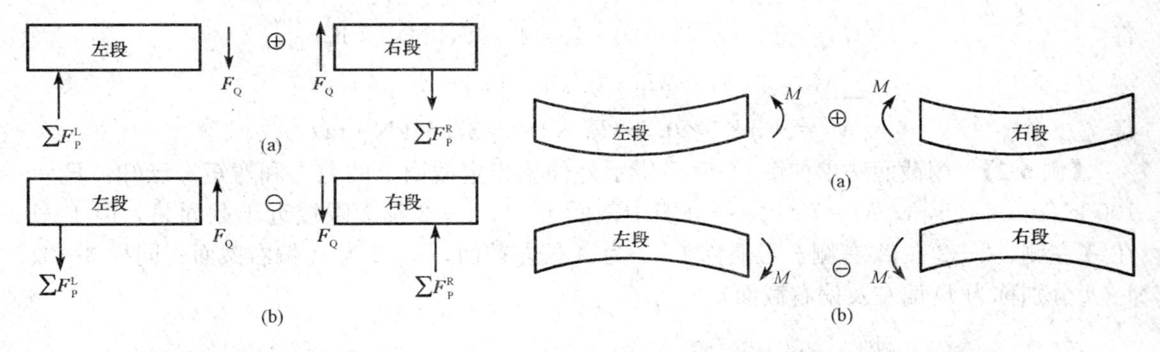

图6-12 剪力的正负号规定 **图6-13 弯矩的正负号规定**

3. 用截面法求指定截面上的剪力和弯矩

用截面法求梁指定截面上的剪力和弯矩时的步骤如下：

(1)求支座反力。

(2)用假想的截面将梁从要求剪力和弯矩的位置截开。

(3)取截面的任一侧为隔离体，作出其受力图，列平衡方程求出剪力和弯矩。

下面举例说明如何用截面法求梁指定截面上的内力——剪力和弯矩。

【例6-1】 试用截面法求图6-14(a)所示悬臂梁1—1、2—2截面上的剪力和弯矩。

已知：$q=15\ \text{kN/m}$，$F_P=30\ \text{kN}$。图中截面1—1无限接近于截面A，但在A的右侧，通常称为A偏右截面。

解：图6-14所示为悬臂梁，由于悬臂梁具有一端为自由端的特征，所以在计算内力时可以不求其支座反力。但在不求支座反力的情况下，不能取有支座的梁段计算。

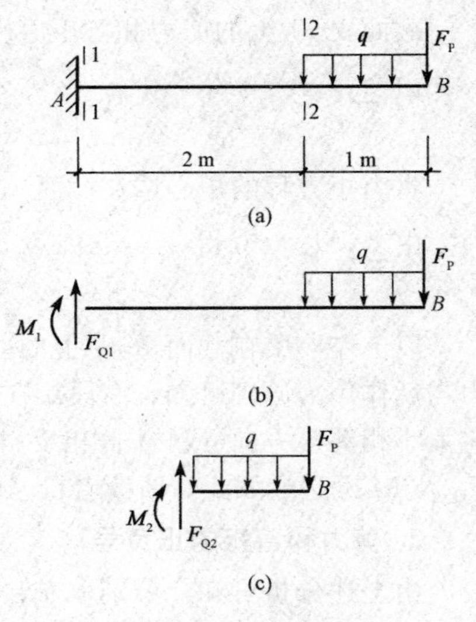

图 6-14　例 6-1 图

(1)求 1—1 截面的剪力和弯矩。用假想的截面将梁从 1—1 位置截开，取 1—1 截面的右侧为隔离体，作该段的受力图[图 6-14(b)]，图中 1—1 截面上的剪力和弯矩都按照正方向假定。

$$\sum F_y = 0, F_{Q1} - F_P - q \times 1 = 0$$

得　$F_{Q1} = F_P + q \times 1 = 30 + 15 \times 1 = 45(\mathrm{kN})$

计算结果为正，说明 1—1 截面上剪力的实际方向与图中假定的方向一致，即 1—1 截面上的剪力为正值。

$$\sum M_{1-1} = 0, -M_1 - q \times 1 \times 2.5 - F_P \times 3 = 0$$

得
$$\begin{aligned} M_1 &= -q \times 1 \times 2.5 - F_P \times 3 \\ &= -15 \times 1 \times 2.5 - 30 \times 3 \\ &= -127.5(\mathrm{kN \cdot m}) \end{aligned}$$

计算结果为负，说明 1—1 截面上弯矩的实际方向与图中假定的方向相反，即 1—1 截面上的弯矩为负值。

(2)求 2—2 截面上的剪力和弯矩。用假想的截面将梁从 2—2 位置截开，取 2—2 截面的右侧为隔离体，作该段的受力图，如图 6-14(c)所示。

$$\sum F_y = 0, F_{Q2} - F_P - q \times 1 = 0$$

得　$F_{Q2} = F_P + q \times 1 = 30 + 15 \times 1 = 45(\mathrm{kN})$　(正)

$$\sum M_{2-2} = 0, -M_2 - q \times 1 \times 0.5 - F_P \times 1 = 0$$

得　$M_2 = -q \times 1 \times 0.5 - F_P \times 1 = -37.5(\mathrm{kN \cdot m})$

【例 6-2】 用截面法求如图 6-15(a)所示外伸梁指定截面上的剪力和弯矩。已知：$F_P = 100\ \mathrm{kN}$，$a = 1.5\ \mathrm{m}$，$M = 75\ \mathrm{kN \cdot m}$(图中截面 1—1、2—2 都无限接近于截面 A，但 1—1 在 A 左侧、2—2 在 A 右侧，习惯称 1—1 为 A 偏左截面，2—2 为 A 偏右截面；同样 3—3、4—4 分别称为 D 偏左及偏右截面)。

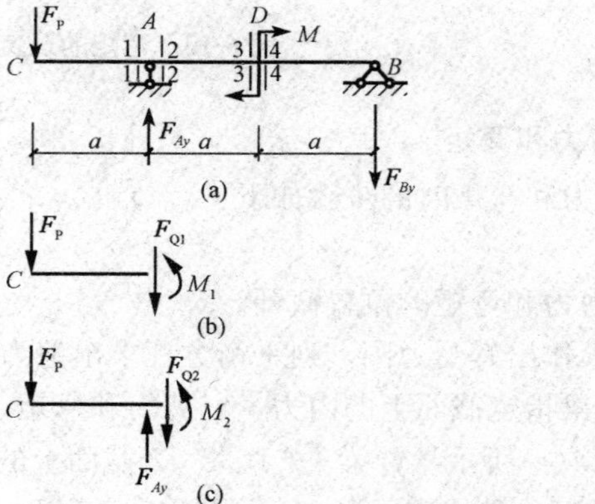

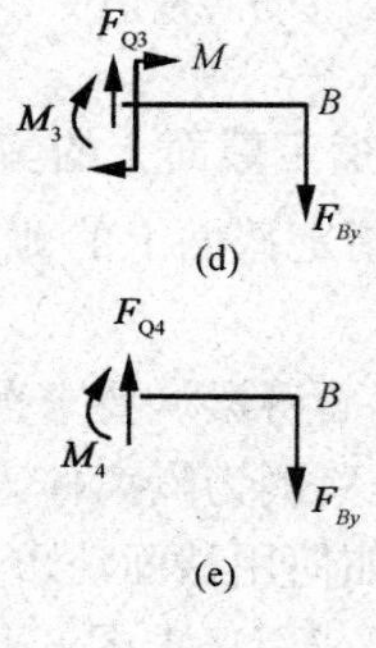

图 6-15　例 6-2 图

解：(1)求支座反力。对简支梁和外伸梁必须求支座反力。以 B 点为矩心，列力矩平衡方程。

$$\sum M_B = 0, -F_{Ay} \times 2a + F_P \times 3a - M = 0$$

得

$$F_{Ay} = \frac{F_P \times 3a - M}{2a} = \frac{100 \times 3 \times 1.5 - 75}{2 \times 1.5} = 125(\text{kN})$$

$$\sum F_y = 0, -F_{By} - F_P + F_{Ay} = 0$$

得

$$F_{By} = -F_P + F_{Ay} = -100 + 125 = 25(\text{kN})$$

(2)求 1—1 截面上的剪力和弯矩。取 1—1 截面的左侧梁段为隔离体，作该段的受力图[图 6-15(b)]。

$$\sum F_y = 0, -F_{Q1} - F_P = 0$$

得

$$F_{Q1} = -F_P = -100(\text{kN}) \quad (\text{负})$$

$$\sum M_{1-1} = 0, M_1 + F_P \times a = 0$$

得

$$M_1 = -F_P \times a = -100 \times 1.5 = -150(\text{kN} \cdot \text{m}) \quad (\text{负})$$

(3)求 2—2 截面上的剪力和弯矩。取 2—2 截面的左侧梁段为隔离体，作该段的受力图[图 6-15(c)]。

$$\sum F_y = 0, -F_{Q2} - F_P + F_{Ay} = 0$$

得

$$F_{Q2} = -F_P + F_{Ay} = -100 + 125 = 25(\text{kN}) \quad (\text{正})$$

$$\sum M_{2-2} = 0, M_2 + F_P \times a = 0$$

得

$$M_2 = -F_P \times a = -100 \times 1.5 = -150(\text{kN} \cdot \text{m}) \quad (\text{负})$$

(4)求 3—3 截面的剪力和弯矩。取 3—3 截面的右段为隔离体，作该段的受力图[图 6-15(d)]。

$$\sum F_y = 0, F_{Q3} - F_{By} = 0$$

得

$$F_{Q3} = F_{By} = 25(\text{kN}) \quad (\text{正})$$

$$\sum M_{3-3} = 0, -M_3 - M - F_{By} \times a = 0$$

得

$$M_3 = -M - F_{By} \times a = -75 - 25 \times 1.5 = -112.5(\text{kN} \cdot \text{m}) \quad (\text{负})$$

(5)求 4—4 截面的剪力和弯矩。取 4—4 截面的右段为隔离体，作该段的受力图[图 6-15(e)]。

$$\sum F_y = 0, F_{Q4} - F_{By} = 0$$

得

$$F_{Q4} = F_{By} = 25(\text{kN}) \quad (\text{正})$$

$$\sum M_{4-4} = 0, -M_4 - F_{By} \times a = 0$$

得

$$M_4 = -F_{By} \times a = -25 \times 1.5 = -37.5(\text{kN} \cdot \text{m}) \quad (\text{负})$$

对比 1—1、2—2 截面上的内力会发现：在 A 偏左及偏右截面上的剪力不同，而弯矩相同，左、右两侧剪力相差的数值正好等于 A 截面处集中力的大小，称这种现象为剪力发生了突变。对比 3—3、4—4 截面上的内力会发现：在 D 偏左及偏右截面上的剪力相同，而弯矩不同，左、右两侧弯矩相差的数值正好等于 D 截面处集中力偶的大小，称这种现象为弯矩发生了突变。

截面法是求内力的基本方法，利用截面法求内力时应注意以下几点：

(1)用截面法求梁的内力时，可取截面任一侧研究，但为简化计算，通常取外力比较少的一侧来研究。

(2)作所取隔离体的受力图时，在切开的截面上，未知的剪力和弯矩通常均按正方向假定。这样能够把计算结果的正、负号和剪力、弯矩的正负号相统一，即计算结果的正负号就表示内力的正负号。

(3)在列梁段的静力平衡方程时，要把剪力、弯矩当作隔离体上的外力来看待。因此，平衡方程中剪力、弯矩的正负号应按静力计算的习惯而定，不要与剪力、弯矩本身的正、负号相混淆。

(4)在集中力作用处，剪力发生突变，没有固定数值，应分别计算该处稍偏左及稍偏右截面上的剪力，而弯矩在该处有固定数值，稍偏左及稍偏右截面上的数值相同，只需要计算该截面处的一个弯矩即可；在集中力偶作用处，弯矩发生突变，没有固定数值，应分别计算该处稍偏左及稍偏右截面上的弯矩，而剪力在该处有固定数值，稍偏左及稍偏右截面上的数值相同，只需要计算该截面处的一个剪力即可。

4. 直接用外力计算截面上的剪力和弯矩

通过对用截面法计算梁的内力进行分析，可以发现：截面上的内力和该截面一侧外力之间存在一种关系(规律)，因此，通常可以利用规律直接根据截面的任一侧梁上的外力来求出该截面上的剪力和弯矩，省去作梁段的受力图和列平衡方程，使计算内力的过程简单化，我们称这种方法为直接用外力计算截面上的剪力和弯矩，简称用规律求剪力和弯矩。

(1)用外力直接求截面上剪力的规律。梁内任一截面上的剪力 F_Q，在数值上等于该截面一侧(左侧或右侧)梁段上所有外力在平行于剪力方向投影的代数和(由 $\sum F_y=0$ 的平衡方程移项而来)。用公式可表示为

$$F_Q=\sum F^L \text{ 或 } F_Q=\sum F^R$$

根据对剪力正负号的规定可知：在左侧梁段上所有向上的外力会在截面上产生正剪力，而所有向下的外力会在截面上产生负剪力；在右侧梁段上所有向下的外力会在截面上产生正剪力，而所有向上的外力会在截面上产生负剪力。即左上右下正，反之负。由于力偶在任何坐标轴上的投影都等于零，因此作用在梁上的力偶对剪力没有影响。

(2)用外力直接求截面上弯矩的规律。梁内任一截面上的弯矩，等于该截面一侧(左侧或右侧)所有外力对该截面形心取力矩的代数和(由 $\sum M_C=0$ 的平衡方程移项而来)。

用公式可表示为

$$M=\sum M_C(F^L) \text{ 或 } M=\sum M_C(F^R)$$

根据对弯矩正负号的规定可知：在左侧梁段上的外力(包括外力偶)对截面形心的力矩为顺时针时，在截面上产生正弯矩，为逆时针时在截面上产生负弯矩；在右侧梁段上的外力(包括外力偶)对截面形心的力矩为逆时针时，在截面上产生正弯矩，为顺时针时在截面上产生负弯矩，即左顺右逆正，反之负。

【例 6-3】 求图 6-16 所示简支梁指定截面上的剪力和弯矩。已知：$M=8\ \text{kN}\cdot\text{m}$，$q=2\ \text{kN/m}$。

解：(1)求支座反力。取梁 AB 为隔离体，假设支座反力 F_{Ay} 向下、F_{By} 向上。

$$\sum M_B=0,-F_{Ay}\times4-8+2\times2\times1=0$$

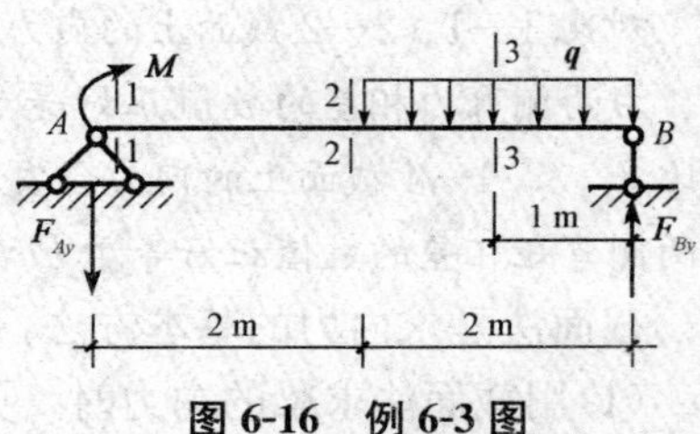

图 6-16　例 6-3 图

得 $$F_{Ay}=-1\ \text{kN}\quad(\downarrow)$$

$$\sum M_A=0, F_{By}\times 4-8-2\times 2\times 3=0$$

得 $$F_{By}=5\ \text{kN}\quad(\uparrow)$$

(2)求1—1截面上的剪力和弯矩。从1—1位置处将梁截开后，取该截面的左侧为隔离体。作用在左侧梁段上的外力有：力偶 M，支座反力 F_{Ay}，由 $F_Q=\sum F^L$。及“左上剪力正，反之负”的规律可知

$$F_{Q1}=-F_{Ay}=1\ \text{kN}$$

由 $M=\sum M_C(F^L)$ 及左顺弯矩正的规律可知

$$M_1=8\ \text{kN}\cdot\text{m}$$

(3)求2—2截面上的剪力和弯矩。从2—2位置处将梁截开后，取该截面的右侧为隔离体。作用在右侧梁段上的外力有：均布荷载 q，支座反力 F_{By}，由 $F_Q=\sum F^L$ 及“右下剪力正,反之负”的规律可知

$$F_{Q2}=q\times 2-F_{By}=2\times 2-5=-1(\text{kN})$$

由 $M=\sum M_C(F^L)$ 及“右逆弯矩正，反之负”的规律可知

$$M_2=-q\times 2\times 1+F_{By}\times 2=-2\times 2\times 1+5\times 2=6(\text{kN}\cdot\text{m})$$

(4)求3—3截面上的剪力和弯矩。从3—3位置处将梁截开后，取该截面的右侧为隔离体。作用在右侧梁段上的外力有：均布荷载 q，支座反力 F_{By}，由 $F_Q=\sum F^R$ 及“右下剪力正，反之负”的规律可知

$$F_{Q3}=q\times 1-F_{By}=2\times 1-5=-3(\text{kN})$$

由 $M=\sum M_C(F^R)$ 及“右逆弯矩正，反之负”的规律可知

$$M_3=-q\times 1\times 0.5+F_{By}\times 1=-2\times 1\times 0.5+5\times 1=4(\text{kN}\cdot\text{m})$$

当然在计算1—1截面的剪力和弯矩时也可以取该截面右侧计算，在求2—2、3—3截面的剪力和弯矩时也可以取该截面左侧计算，请读者自己练习。

【例6-4】 求图6-17所示外伸梁指定截面上的剪力和弯矩。已知：$M=6\ \text{kN}\cdot\text{m}$，$q=1\ \text{kN/m}$，$F_P=3\ \text{kN}$。

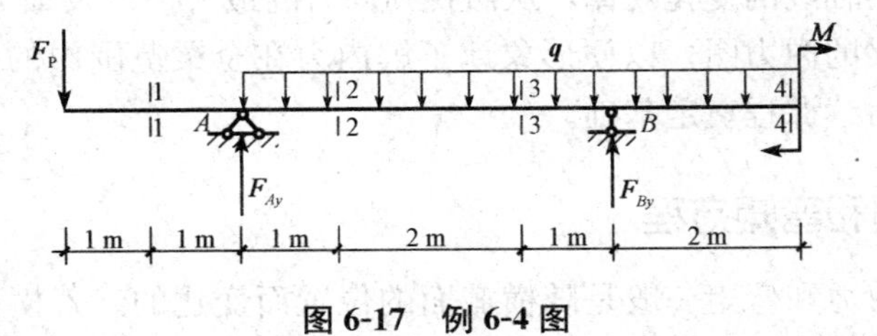

图6-17 例6-4图

解：(1)求支座反力。

$$\sum M_B=0, -F_{Ay}\times 4+F_P\times 9+q\times 6\times 1-M=0$$

得 $$F_{Ay}=4.5\ \text{kN}\quad(\uparrow)$$

$$\sum M_A=0, F_{By}\times 4+F_P\times 2-q\times 6\times 3-M=0$$

得 $$F_{By}=4.5\ \text{kN}\quad(\uparrow)$$

检验

$$\sum F_y = -F_P + F_{Ay} - q \times 6 + F_{By} = -3 + 4.5 - 1 \times 6 + 4.5 = 0$$

说明支座反力计算正确。

(2)求1—1、2—2截面上的剪力和弯矩。从要求剪力和弯矩的截面位置处将梁截开后，取该截面的左侧为隔离体。由 $F_Q = \sum F^L$ 及“左上剪力正，反之负”、$M = \sum M_C(F^L)$ 及“左顺弯矩正，反之负”的规律可知

1—1截面：$F_{Q1} = -F_P = -3(\text{kN})$

$$M_1 = -F_P \times 1 = -3 \times 1 = -3(\text{kN} \cdot \text{m})$$

2—2截面：$F_{Q2} = -F_P + F_{Ay} - q \times 1 = -3 + 4.5 - 1 \times 1 = 0.5(\text{kN})$

$$M_2 = -F_P \times 3 + F_{Ay} \times 1 - q \times 1 \times 0.5 = -3 \times 3 + 4.5 \times 1 - 1 \times 1 \times 0.5 = -5(\text{kN} \cdot \text{m})$$

(3)求3—3、4—4截面上的剪力和弯矩。从要求剪力和弯矩的截面位置处将梁截开后，取该截面的右侧为隔离体。由 $F_Q = \sum F^R$ 及“右下剪力正，反之负”、$M = \sum M_C(F^R)$ 及“右逆弯矩正，反之负”的规律可知

3—3截面：$F_{Q3} = q \times 3 - F_{By} = 1 \times 3 - 4.5 = -1.5(\text{kN})$

$$M_3 = -M - q \times 3 \times 1.5 + F_{By} \times 1 = -6 - 1 \times 3 \times 1.5 + 4.5 \times 1 = -6(\text{kN} \cdot \text{m})$$

4—4截面：$F_{Q4} = 0$

$$M_4 = -M = -6 \text{ kN} \cdot \text{m}$$

显然，用“规律”直接计算剪力和弯矩比较简捷，因此，实际计算时经常使用。

第二节　梁的内力图——剪力图和弯矩图

通常情况下，梁上不同截面上的剪力和弯矩值是不同的，即梁的内力(剪力和弯矩)随梁横截面的位置而变化。对梁进行强度和刚度计算时，除了要计算指定截面上的内力外，还必须知道内力沿梁轴线的变化规律，从而找到内力的最大值以及最大内力值所在的位置。因此，本节要讨论梁的内力图，以便形象地了解内力在全梁范围内的变化规律，为今后学习强度和刚度以及后续课程奠定基础。

一、剪力方程和弯矩方程

梁横截面上的剪力和弯矩一般是随横截面的位置而变化的。若横截面沿梁轴线的位置用横坐标 x 表示，则梁内各横截面上的剪力和弯矩就都可以表示为坐标 y 的函数，即

$$F_Q = F_Q(x)$$

$$M = M(x)$$

以上两函数分别称为梁的剪力方程和弯矩方程。

通过梁的剪力方程和弯矩方程，可以找到剪力和弯矩沿梁轴线的变化规律。

在建立剪力方程、弯矩方程时，剪力、弯矩仍然可使用截面法或用“规律”直接由外力计算。如图6-18(a)所示的悬臂梁，当将坐标原点假定在左端点 A 上时[图6-18(b)]，在距

离原点为 x 的位置处取一截面，并取该截面的左侧研究，直接用外力的规律可写出方程。

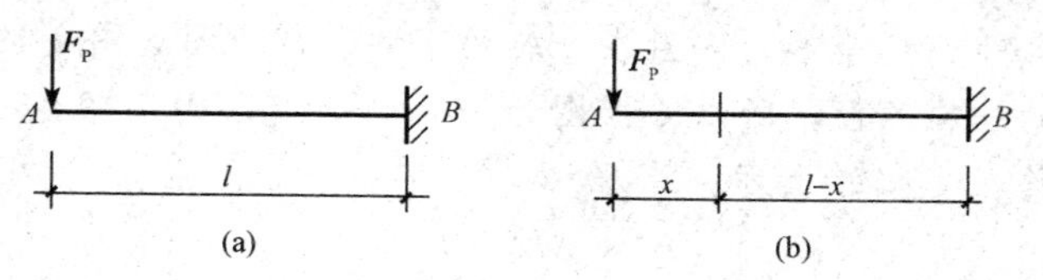

图 6-18　悬臂梁受力情况

剪力方程为

$$F_Q=-F_P \quad (0<x<l)$$

弯矩方程为

$$M=-F_Px \quad (0\leqslant x\leqslant l)$$

式中括号内表示 z 值的取值范围，即方程的适用范围。

可见，当 $x=0$ 时，表示该悬臂梁 A 偏右截面上的剪力 $F_{QB}^R=-F_P$ 及 A 截面上的弯矩 $M_A=0$；当 $x=l$ 时，表示 B 偏左截面上的内力 $F_{QB}^R=-F_P$、$M_B^L=F_Pl$。

二、剪力图和弯矩图

为了形象地表明沿梁轴线各横截面上剪力和弯矩的变化情况，通常将剪力和弯矩在全梁范围内变化的规律用图形来表示，这种图形称为剪力图和弯矩图。

作剪力图和弯矩图最基本的方法是：根据剪力方程和弯矩方程分别绘出剪力图和弯矩图。绘图时，以平行于梁轴线的坐标 x 表示梁横截面的位置，以垂直于 x 轴的纵坐标(按适当的比例)表示相应横截面上的剪力或弯矩。

在土建工程中，对于水平梁而言，习惯将正剪力作在 x 轴的上方，负剪力作在 x 轴的下方，并标明正、负号；正弯矩作在 x 轴的下方，负弯矩作在 x 轴的上方，即弯矩图总是作在梁受拉的一侧。对于非水平梁而言，剪力图可以作在梁轴线的任一侧，并标明正、负号；弯矩图作在梁受拉的一侧。

【例 6-5】　作图 6-19(a)所示悬臂梁在集中力作用下的剪力图和弯矩图。

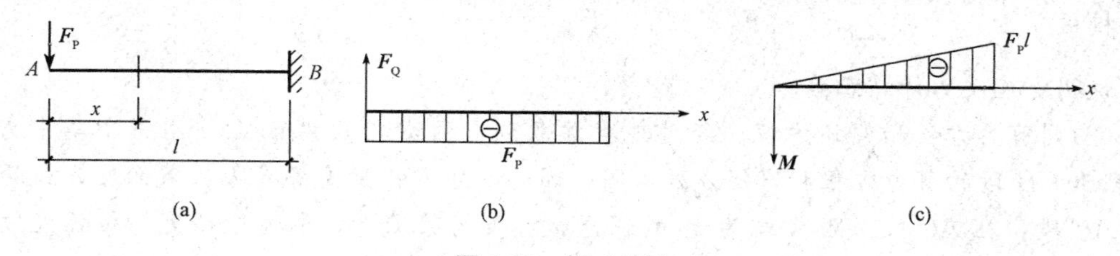

图 6-19　例 6-5 图

解：因为图示梁为悬臂梁，所以可以不求支座反力。

(1)列剪力方程和弯矩方程。将坐标原点假定在左端点 A 处，并取距 A 端为 x 的截面左侧研究。

剪力方程为

$$F_Q=-F_P \quad (0<x<l)$$

弯矩方程为

$$M=-F_Px \quad (0\leqslant x<l)$$

(2)作剪力图和弯矩图。剪力方程为 x 的常函数，所以不论 x 取何值剪力恒等于 $-F_P$，剪力图为一条与 x 轴平行的直线，而且在 z 轴的下方。剪力图如图 6-19(b)所示。

弯矩方程为 z 的一次函数，所以弯矩图为一条斜直线。由于不论 z 取何值弯矩均为负值，所以弯矩图应作在 x 轴的上方。

当 $x=0$ 时 $$M_A=0$$

当 $x=l$ 时 $$M_B^L=-F_Pl$$

作弯矩图如图 6-19(c)所示。

与作杆件的轴力图、扭矩图类似，在作出的剪力图上要标出控制截面的内力值、剪力的正负号，作出垂直于 x 轴的细直线；而弯矩图比较特殊，由于弯矩图总是作在梁受拉的一侧，因此可以不标正负号，其他要求同剪力图。

【例 6-6】 作图 6-20(a)所示简支梁在集中力作用下的剪力图和弯矩图。

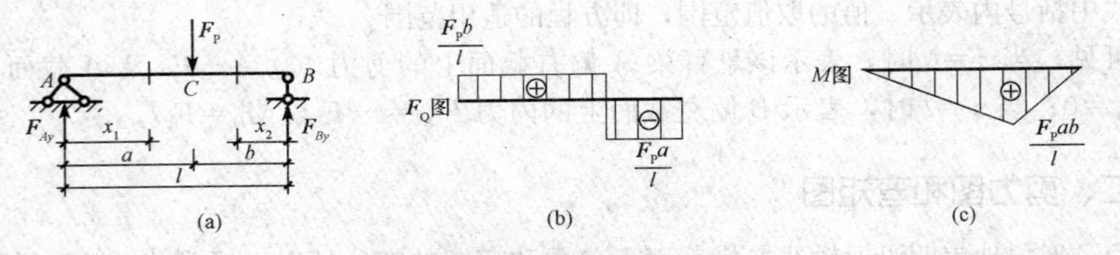

图 6-20 例 6-6 图

解：(1)取整体梁为隔离体，由平衡方程

$$\sum M_B=0,-F_{Ay}l+F_Pb=0$$

得 $$F_{Ay}=\frac{F_Pb}{l}\quad(\uparrow)$$

$$\sum M_A=0,F_{By}l-F_Pa=0$$

得 $$F_{By}=\frac{F_Pa}{l}\quad(\uparrow)$$

校核 $$\sum F_y=F_{Ay}-F_P+F_{By}=\frac{F_Pb}{l}-F_P+\frac{F_Pa}{l}=0$$

说明支座反力计算正确。

(2)列剪力方程和弯矩方程。经过观察注意到：该梁在 C 截面上作用一个集中力，使 AC 段和 CB 段的剪力方程和弯矩方程不同，因此，列方程时要将梁从 C 截面处分成两段。

AC 段：在 AC 段上距 A 端为 z_1 的任意截面处将梁截开，取左段研究，根据左段上的外力直接列方程

$$F_{Q1}=F_{Ay}=\frac{F_Pb}{l}\quad(0<x_1<a)$$

$$M_1=F_{Ay}x_1=\frac{F_Pb}{l}x_1\quad(0\leqslant x_1\leqslant a)$$

CB 段：在 CB 段上距 B 端为 x_2 的任意截面处将梁截开，取右段研究，根据右段上的外力直接列方程

$$F_{Q2}=-F_{By}=-\frac{F_Pa}{l}\quad(0<x_2<b)$$

$$M_2=F_{By}x_2=\frac{F_Pa}{l}x_2 \quad (0\leqslant x_2\leqslant b)$$

(3)作剪力图和弯矩图。根据剪力方程和弯矩方程判断剪力图和弯矩图的形状，确定控制截面的个数及内力值，作图。

剪力图：AC 段和 CB 段的剪力方程均是 x 的常函数，所以 AC 段、CB 段的剪力图都是与 z 轴平行的直线，每段上只需要计算一个控制截面的剪力值。

AC 段：剪力值为$\frac{F_Pb}{l}$，图形在 x 轴的上方。

CB 段：剪力值为$-\frac{F_Pa}{l}$，图形在 z 轴的下方。

弯矩图：AC 段和 CB 段的弯矩方程均是 x 的一次函数，所以 AC 段、CB 段的弯矩图都是一条斜直线，每段上需要分别计算两个控制截面的弯矩值。

AC 段：当 $x_1=0$ 时，$M_A=0$

当 $x_1=a$ 时，$M_C=\frac{F_Pab}{l}$

将 $M_A=0$ 及 $M_C=\frac{F_Pab}{l}$两点连线即可以作出 AC 段的弯矩图。

CB 段：当 $x_2=0$ 时，$M_B=0$

当 $x_2=b$ 时，$M_C=\frac{F_Pab}{l}$

将 $M_B=0$ 及 $M_C=\frac{F_Pab}{l}$两点连线即可以作出 CB 段的弯矩图。

作出的剪力图、弯矩图如图 6-20(b)、(c)所示。

应注意：应将内力图与梁的计算简图对齐。在写出图名(F_Q 图、M 图)、控制截面内力值，标明内力正、负号的情况下，可以不作出坐标轴。习惯上作图时常用这种方法。

由弯矩图可知：简支梁上只有一个集中力作用时，在集中力作用处弯矩出现最大值，$M_{max}=\frac{F_Pab}{l}$；若集中力正好作用在梁的跨中，即 $a=b=\frac{l}{2}$时，弯矩的最大值为 $M_{max}=\frac{F_Pl}{4}$。

这个结论在今后学习叠加法时经常用到，要特别注意。

在梁上无荷载作用的区段，其剪力图都是平行于 x 轴的直线。在集中力作用处，剪力图是不连续的，称之为剪力图突变，突变的绝对值等于集中力的数值；在梁上无荷载作用的区段，其弯矩图是斜直线，在集中力作用处，弯矩图发生转折，出现尖角现象。

【例 6-7】 作图 6-21(a)所示外伸梁在集中力偶作用下的剪力图、弯矩图。已知：$M=4F_Pa$。

解：(1)求支座反力。取梁 AD 为隔离体，由平衡方程

$$\sum M_B=0, F_{Ay}\times 4a-M=0$$

得

$$F_{Ay}=\frac{M}{4a}=F_P \quad (\downarrow)$$

$$\sum F_y=0, F_{By}-F_{Ay}=0$$

得

$$F_{By}=F_{Ay}=F_P \quad (\uparrow)$$

(2)列剪力方程和弯矩方程。以梁的端截面、集中力、集中力偶的作用截面为分段的界

限，将梁分成 AB、BC、CD 三段。

AB 段：在 AB 段的任意位置 x_1 处取截面，并取截面左侧研究，由作用在左侧梁段上的外力可知

$$F_{Q1}=-F_{Ay}=-F_P \quad (0<x_1<4a)$$
$$M_1=-F_{Ay}x_1=-F_Px_1 \quad (0\leqslant x_1\leqslant 4a)$$

BC 段：在 BC 段的任意位置 x_2 处取截面，并取截面右侧研究，由作用在右侧梁段上的外力可知

$$F_{Q2}=0 \quad (0\leqslant x_2<a)$$
$$M_2=-M=-4F_Pa \quad (0<x_2\leqslant a)$$

(3)作剪力图和弯矩图。

剪力图：AB 段的剪力方程为常函数，BC 段、CD 段的剪力方程也为常函数，所以每段只需要确定一个控制截面的剪力值即可。

AB 段的剪力值为 $-F_P$，BC 段的剪力值为 0，CD 段的剪力值为 0，在 AB 段范围内平行于 x 轴作数值等于 $-F_P$ 的直线作出 AB 段的剪力图；在 BC 段范围内平行于 x 轴作数值等于 0 的直线作出 BC 段的剪力图；在 CD 段范围内平行于 z 轴作数值等于 0 的直线作出 CD 段的剪力图。作出的剪力图如图 6-21 所示。

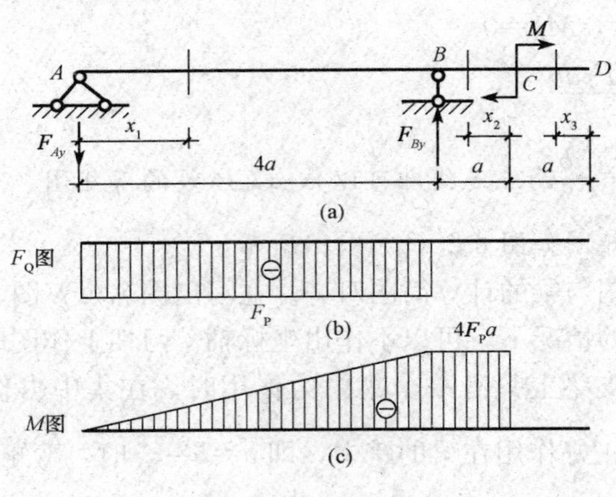

图 6-21　例 6-7 图

在 B 处由于有集中力的作用，剪力图在该处发生了突变现象；而在 C 处有集中力偶作用，剪力图在该处偏左、偏右的数值没发生变化，称之为剪力图在 C 处无变化。

弯矩图：AB 段的弯矩方程为一次函数，需要确定两个控制截面的弯矩值；BC 段、CD 段的弯矩方程为常函数，只需要分别确定一个控制截面的弯矩值即可。

AB 段：当 $x_1=0$ 时，$M_A=0$

当 $x_1=4a$ 时，$M_B=-4F_Pa$

BC 段：不论 x_2 取何值，该段上的弯矩恒为 $-4F_Pa$。

CD 段：不论 x_3 取何值，该段上的弯矩恒为 0。

将 $M_A=0$ 与 $M_B=-4F_Pa$ 连线作出 AB 段的弯矩图；在 BC 段范围内平行于 x 轴按比例作数值等于 $-4F_Pa$ 的直线作出 BC 段的弯矩图；在 CD 段范围内平行于 x 轴作数值等于 0 的直线作出 CD 段的弯矩图。作出的弯矩图如图 6-21 所示。

在集中力偶作用处，剪力图无变化，弯矩图不连续，发生突变，突变的绝对值等于集

中力偶的力偶矩数值。而且在梁上无荷载作用的区段，当剪力图为与 x 轴重合的直线(即剪力图为平行于 x 轴的直线，且数值为零)时，弯矩图是一条平行于 x 轴的直线，特殊情况下与 x 轴重合。

【例 6-8】 作图 6-22(a)所示简支梁在满跨向下均布荷载作用下的剪力图和弯矩图。

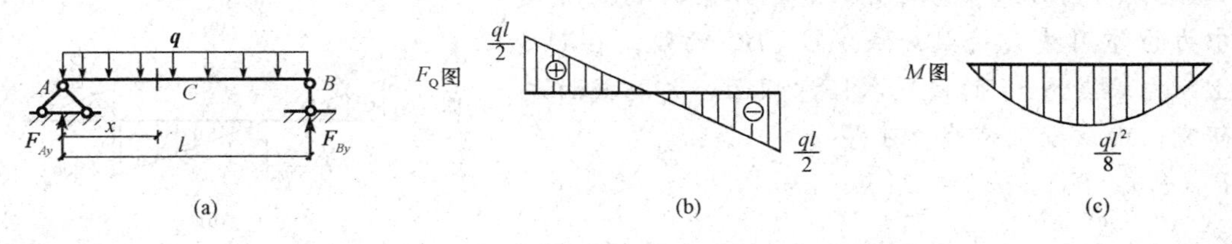

图 6-22 例 6-8 图

解：(1)求支座反力。由对称关系可知

$$F_{By}=F_{Ay}=\frac{ql}{2} \qquad (\uparrow)$$

(2)列剪力方程和弯矩方程。在距左端点为 x 的位置取任意截面，并取截面左侧研究，由该段上的外力可得

$$F_Q(x)=F_{Ay}-qx=\frac{ql}{2}-qx \quad (0<x<l)$$

$$M(x)=F_{Ay}x-\frac{qx^2}{2}=\frac{ql}{2}x-\frac{qx^2}{2} \quad (0\leqslant x\leqslant l)$$

(3)作剪力图和弯矩图。由剪力方程可知：剪力为 x 的一次函数，所以剪力图为一条斜直线，需要确定两个控制截面的数值。

当 $x=0$ 时，$F_{QA}^{R}=\frac{ql}{2}$

当 $x=l$ 时，$F_{QB}^{L}=-\frac{ql}{2}$

将 $F_{QA}^{R}=\frac{ql}{2}$ 与 $F_{QB}^{L}=-\frac{ql}{2}$ 连线得梁的剪力图，如图 6-22(b)所示。

由弯矩方程可知：弯矩为 x 的二次函数，弯矩图为一条二次抛物线，至少需要确定三个控制截面的数值。

当 $x=0$ 时，$M_A=0$

当 $x=l$ 时，$M_B=0$

当 $x=l/2$ 时，$M_C=\frac{ql^2}{8}$

$M_A=0$，$M_C=\frac{ql^2}{8}$，$M_B=0$

将三点连线得梁的弯矩图，如图 6-22(c)所示。

注意：对于简支梁在满跨向下均布荷载作用下的弯矩图，在今后学习中经常用到，要牢记这个弯矩图。

【例 6-9】 作图 6-23(a)所示外伸梁在满跨向下均布荷载作用下的剪力图和弯矩图。

解：(1)求支座反力。

$$\sum M_B=0,-F_{Ay}\times 5a+q\times 7a\times 1.5a=0$$

得　　　　　$F_{Ay}=2.1qa$　　　　　(↑)

$$\sum M_A=0, F_{By}\times 5a-q\times 7a\times 3.5a=0$$

得　　　　　$F_{By}=4.9qa$　　　　　(↑)

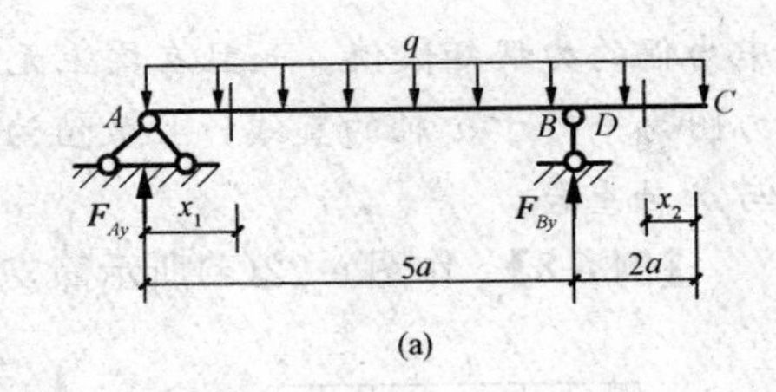

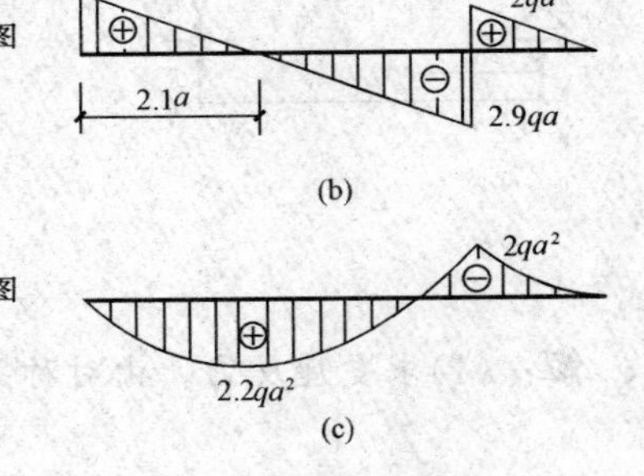

图 6-23　例 6-9 图

(2)列剪力方程和弯矩方程。根据梁的端截面及集中力的作用截面将梁分成 AB、BC 两段。在 AB 段上距左端点为 x_1 的位置取任意截面，并取截面左侧研究，由该段上的外力可得

$$F_Q(x_1)=F_{Ay}-qx_1=2.1qa-qx_1\quad(0<x_1<5a)$$

$$M(x_1)=F_{Ay}x_1-qx_1\frac{x_1}{2}=2.1qax_1-\frac{qx_1^2}{2}\quad(0\leqslant x_1\leqslant 5a)$$

在 BC 段上距右端点为 x_2 的位置取任意截面，并取截面右侧研究，由该段上的外力可得

$$F_Q(x_2)=qx_2\quad(0\leqslant x_2<2a)$$

$$M(x_2)=-\frac{qx_2^2}{2}\quad(0\leqslant x_2\leqslant 2a)$$

(3)作剪力图和弯矩图。由剪力方程可知：剪力为 x 的一次函数，剪力图为斜直线，各段上分别需要确定两个控制截面的数值。

当 $x_1=0$ 时，$F_{QA}=2.1qa$

当 $x_1=5a$ 时，$F_{QB}^{L}=-2.9qa$

当 $x_2=0$ 时，$F_{QC}=0$

当 $x_2=2a$ 时，$F_{QB}^{R}=2qa$

将 $F_{QA}=2.1qa$ 与 $F_{QB}^{L}=-2.9qa$ 连线，将 $F_{QB}^{R}=2qa$ 与 $F_{QC}=0$ 连线得梁的剪力图，如图 6-23(b)所示。

由弯矩方程可知：弯矩为 x 的二次函数，弯矩图为二次抛物线，各段上分别需要确定三个控制截面的数值。

当 $x_1=0$ 时，$M_A=0$

当 $x_1=5a$ 时，$M_B=-2qa^2$

当 $x_1=2.1a$ 时，剪力等于零；弯矩取得该段上的极值 $M_{max}=2.2qa^2$。

当 $x_2=0$ 时，$M_C=0$

当 $x_2=2a$ 时，$M_B=-2qa^2$

当 $x_2=a$ 时，$M_D=-\dfrac{qa^2}{2}$

将 $M_A=0$ 与 $M_{max}=2.2qa^2$ 和 $M_B=-2qa^2$ 三点连线得 AB 段梁的弯矩图；将 $M_C=0$ 与 $M_B=-2qa^2$ 和 $M_D=-\dfrac{qa^2}{2}$ 三点连线得 BC 段梁的弯矩图，如图 6-23(c)所示。

在水平梁上有向下均布荷载作用的区段，剪力图为从左向右的下斜直线，弯矩图为开口向上(下凸)的二次抛物线；在剪力为零的截面处，弯矩存在极值。

上述几个典型例题总结出的一些规律具有普遍意义，对于今后快速作图、检查剪力图和弯矩图的正确性都非常有用，应该重点掌握。

第三节　弯矩、剪力与分布荷载集度之间的关系

在[例 6-8]中，若将 $M(x)$的表达式对 x 取导数，就得到剪力 $F_Q(x)$。若再将 $F_Q(x)$的表达式对 x 取导数，则得到载荷集度 q。这里所得到的结果，并不是偶然的。实际上，在载荷集度、剪力和弯矩之间存在着普遍的微分关系。现从一般情况出发加以论证。

如图 6-24(a)所示为简支梁受载荷作用，其中有载荷集度为 $q(x)$的分布载荷。$q(x)$是 x 的连续函数，规定向上为正，选取坐标系如图 6-24(a)所示。若用坐标为 x 和 $x+\mathrm{d}x$ 的两个相邻横截面，从梁中取出长为 $\mathrm{d}x$ 的一段来研究，由于 $\mathrm{d}x$ 是微量，微段上的载荷集度 $q(x)$可视为均布载荷，如图 6-24(b)所示。

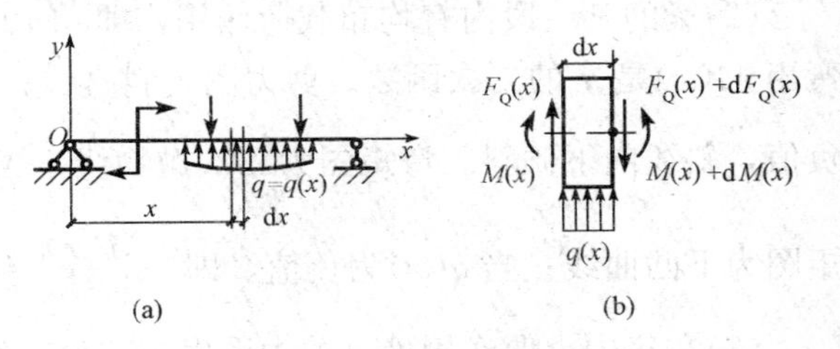

图 6-24　简支梁受力图

设坐标为 x 的横截面上的内力为 $F_Q(x)$和 $M(x)$，在坐标为 $x+\mathrm{d}x$ 的横截面上的内力为 $F_Q(x)+\mathrm{d}F_Q(x)$和 $M(x)+\mathrm{d}M(x)$。假设这些内力均为正值，且在 $\mathrm{d}x$ 微段内没有集中力和集中力偶。微段梁在上述各力作用下处于平衡。根据平衡条件 $\sum F_y=0$，得

$$F_Q(x)-[F_Q(x)+\mathrm{d}F_Q(x)]+q(x)\mathrm{d}x=0$$

由此导出

$$\frac{\mathrm{d}F_Q(x)}{\mathrm{d}x}=q(x) \tag{6-1}$$

设坐标为 $x+\mathrm{d}x$ 截面与梁轴线交点为 C，由 $\sum M_C=0$，得

$$M(x)+\mathrm{d}M(x)-M(x)-F_Q(x)\mathrm{d}x-q(x)\mathrm{d}x\frac{\mathrm{d}x}{2}=0$$

略去二阶微量 $q(x)\mathrm{d}x\dfrac{\mathrm{d}x}{2}$，可得

$$\frac{\mathrm{d}M(x)}{\mathrm{d}x}=F_Q \tag{6-2}$$

将式(6-2)对 x 求一阶导数，并利用式(6-1)，得

$$\frac{\mathrm{d}^2M(x)}{\mathrm{d}x^2}=q(x) \tag{6-3}$$

式(6-1)～式(6-3)就是载荷集度 $q(x)$、剪力 $F_Q(x)$和弯矩 $M(x)$之间的微分关系。它表示：

(1)横截面的剪力对 x 的一阶导数，等于梁在该截面的载荷集度，即剪力图上某点切线的斜率等于该点相应横截面上的载荷集度。

(2)横截面的弯矩对 x 的一阶导数，等于该截面上的剪力，即弯矩图上某点切线的斜率等于该点相应横截面上的剪力。

(3)横截面的弯矩对 x 的二阶导数，等于梁在该截面的载荷集度 $q(x)$。由此表明弯矩图的变化形式与载荷集度 $q(x)$的正负值有关。若 $q(x)$方向向下(负值)，即 $\dfrac{\mathrm{d}^2M(x)}{\mathrm{d}x^2}=q(x)<0$，弯矩图为向上凸曲线；反之，$q(x)$方向向上(正值)，则弯矩图为向下凸曲线。

根据微分关系，还可以看出剪力和弯矩有以下规律：

(1)梁的某一段内无载荷作用，即 $q(x)=0$，由 $\frac{dF_Q(x)}{dx}=q(x)=0$ 可知，$F_Q(x)=$常量。

若 $F_Q(x)=0$，剪力图为沿 x 轴的直线，并由 $\frac{dM(x)}{dx}=F_Q(x)=0$ 可知，$M(x)=$常量，弯矩图为平行于 x 轴的直线。

若 $F_Q(x)$等于常数，剪力图为平行于 x 轴的直线，弯矩图为向上或向下倾斜的直线。

(2)梁的某一段内有均布载荷作用，即 $q(x)$等于常数，则剪力 $F_Q(x)$是 x 的一次函数，弯矩 $M(x)$是 x 的二次函数。剪力图为斜直线；若 $q(x)$为正值，斜线向上倾斜；若 $q(x)$为负值，斜线向下倾斜。弯矩图为二次抛物线，当 $q(x)$为正值，即 $\frac{d^2M(x)}{dx^2}=q(x)>0$ 时，弯矩图为下凸曲线；当 $q(x)$为负值，即 $\frac{d^2M(x)}{dx^2}=q(x)<0$ 时，弯矩图为上凸曲线。

(3)在集中力偶作用处，剪力图发生突变，突变的绝对值等于该集中力的数值。此处弯矩图由于切线斜率突变而发生转折。

(4)在集中力偶作用处，剪力图不受影响，而弯矩图发生突变，突变的绝对值等于该集中力偶的数值。

上述结论可用表 6-1 表示。

表 6-1　梁上荷载和剪力图、弯矩图的关系

序号	梁上荷载情况	剪力图形状或特征	弯矩图形状或特征	说明
1	无均布荷载 ($q=0$)	剪力图为平行线。可为正、负、零	弯矩图为斜直线或平行线	平行线是指与 x 轴平行的直线 斜直线是指与 x 轴斜交的直线
2	有均布荷载 ($q\neq0$)	剪力图为斜直线	弯矩图为二次抛物线在 $F_Q=0$ 处，M 有极值	抛物线的开口方向与均布荷载的指向相反(或抛物线的凸向与均布荷载的指向一致)
3	集中力作用处	剪力图出现突变现象	弯矩图出现尖角	剪力突变的数值等于集中力的大小弯矩图尖角的方向与集中力的指向相同
4	集中力偶作用处	剪力图无变化	弯矩图出现突变	弯矩突变的数值等于集中力偶的力偶矩大小

利用梁的剪力图、弯矩图与荷载之间的规律作梁的内力图，通常称为简捷法作剪力图、弯矩图。同时，还可以用这些规律来校核剪力图和弯矩图的正确性，避免作图时出现的错误。用简捷法作剪力图和弯矩图的步骤如下：

(1)求支座反力。对于悬臂梁由于其一端为自由端，所以可以不求支座反力。

(2)将梁进行分段。梁的端截面、集中力、集中力偶的作用截面、分布荷载的起止截面都是梁分段时的界线截面。

(3)由各梁段上的荷载情况，根据规律确定其对应的剪力图和弯矩图的形状。

(4)确定控制截面，求控制截面的剪力值、弯矩值，并作图。

控制截面是指对内力图形能起控制作用的截面。当图形为平行直线时，只要确定一个截面的内力数值就能作出图来，此时找到一个控制截面就行了；当图形为斜直线时就需要确定两个截面的内力数值才能作出图来，此时要找到两个控制截面；而当图形为抛物线时就需要至少确定三个截面的内力数值才能作出图来，此时至少要找到三个控制截面；一般情况下，选梁段的界线截面、剪力等于零的截面、跨中截面为控制截面。

【例 6-10】 用简捷法作图 6-25(a)所示外伸梁的剪力图和弯矩图。

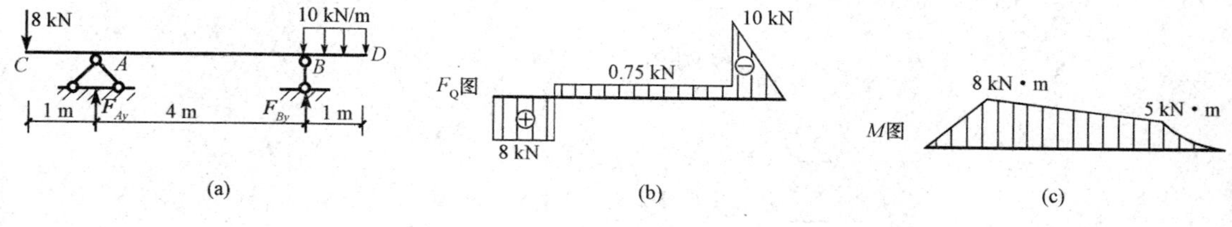

图 6-25 例 6-10 图

解：(1)求支座反力。

$$\sum M_A = 0, F_{By} = 9.25\ \text{kN}$$

$$\sum M_y = 0, F_{Ay} = 8.75\ \text{kN}$$

(2)将梁进行分段。根据梁上的外力情况将梁分成三段：*CA* 段、*AB* 段、*BD* 段。

(3)由各梁段上的荷载情况，根据规律确定其对应的剪力图和弯矩图的形状，见表 6-2。

表 6-2 剪力图与弯矩图的形状

梁段名称	剪力图的形状	弯矩图的形状
CA 段	水平直线	直线
AB 段	水平直线	直线
BD 段	斜直线	开口向上抛物线

(4)确定控制截面，求控制截面的剪力值、弯矩值，并作图。水平直线确定一个控制截面即可；斜直线确定两个控制截面；抛物线至少确定三个控制截面，见表 6-3。

表 6-3 控制截面值

梁段	控制截面值				
CA 段	$F_{Q_{CA}}=-8$ kN		$M_{CA}=0$	$M_{AC}=-8$ kN·m	
AB 段	$F_{Q_{AB}}=0.75$ kN		$M_{AB}=-8$ kN·m	$M_{BA}=-5$ kN·m	
BD 段	$F_{Q_{BD}}=10$ kN	$F_{Q_{DB}}=0$	$M_{BD}=-5$ kN·m	$M_{DB}=0$	$M_{DB}=-1.25$ kN·m
注：表中内力符号的右下标表示梁段的截面位置，如 $F_{Q_{DB}}=10$ kN 表示 *BD* 段 *B* 截面的剪力为 10 kN。右上标表示中点，如 $M^{DB}=-1.25$ kN·m 表示 *DB* 段的中点弯矩值。					

为了使作出的剪力图和弯矩图准确，通常边作图边用剪力图和弯矩图的特征(表 6-1)检查图形是否正确。

作出的剪力图和弯矩图如图 6-25(b)、(c)所示。

【例 6-11】 用简捷法作图 6-26(a)所示外伸梁的剪力图和弯矩图。已知：$M=12$ kN·m，$q=2$ kN/m。

解：(1)求支座反力。

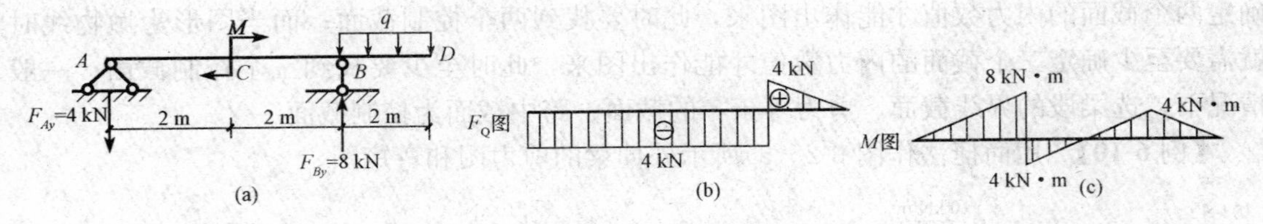

图 6-26　例 6-11 图

$$\sum M_A = 0, F_{By} = 8\ \text{kN} \quad (\uparrow)$$

$$\sum M_y = 0, F_{Ay} = 4\ \text{kN} \quad (\downarrow)$$

(2)将梁进行分段。

(3)由各梁段上的荷载情况，根据规律确定其对应的剪力图和弯矩图的形状，见表 6-4。

表 6-4　剪力图与弯矩图的形状

梁段名称	剪力图的形状	弯矩图的形状
AC 段	水平直线	直线
CB 段	水平直线	直线
BD 段	斜直线	开口向上抛物线

(4)确定控制截面，求控制截面的剪力值、弯矩值，见表 6-5，并作图。

表 6-5　控制截面值

梁段	控制截面值				
AC 段	$F_{Q_{AC}}=-4$ kN		$M_{AC}=0$	$M_{CA}=-8$ kN・m	
CB 段	$F_{Q_{CB}}=-4$ kN		$M_{CB}=4$ kN・m	$M_{BC}=-4$ kN・m	
BD 段	$F_{Q_{BD}}=4$ kN	$F_{Q_{DB}}=0$	$M_{BD}=-4$ kN・m	$M_{DB}=0$	$M^{DB}=-1$ kN・m

作出的剪力图和弯矩图如图 6-26(b)、(c)所示。

【例 6-12】 用简捷法作图 6-27(a)所示简支梁的剪力图和弯矩图。

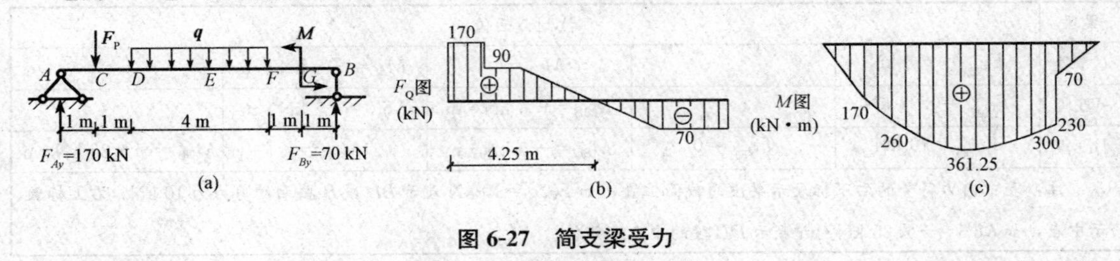

图 6-27　简支梁受力

已知：$q=40$ kN/m，$F_P=80$ kN，$M=160$ kN・m。

解：(1)求支座反力。

$$\sum M_A = 0, F_{By} = 70\ \text{kN} \quad (\uparrow)$$

$$\sum M_y = 0, F_{Ay} = 170\ \text{kN} \quad (\downarrow)$$

(2)将梁进行分段。

(3)由各梁段上的荷载情况，根据规律确定其对应的剪力图和弯矩图的形状，见表6-6。

表6-6　剪力图与弯矩图的形状

梁段名称	剪力图的形状	弯矩图的形状
*AC*段	水平直线	直线
*CD*段	水平直线	直线
*DF*段	斜直线	开口向上抛物线
*FG*段	水平直线	直线
*GB*段	水平直线	直线

(4)确定控制截面，求控制截面的剪力值、弯矩值，见表6-7，并作图。

表6-7　控制截面值

梁段	控制截面值				
*AC*段	$F_{Q_{AC}}=170$ kN		$M_{AC}=0$	$M_{CA}=170$ kN·m	
*CD*段	$F_{Q_{CD}}=90$ kN		$M_{CD}=170$ kN·m	$M_{DC}=260$ kN·m	
*DF*段	$F_{Q_{DF}}=90$ kN	$F_{Q_{FD}}=-70$ kN	$M_{DF}=260$ kN·m	$M_{FD}=300$ kN·m	$M_{E}=361.25$ kN·m
*FG*段	$F_{Q_{FG}}=-70$ kN		$M_{FG}=300$ kN·m	$M_{GF}=230$ kN·m	
*GB*段	$F_{Q_{GB}}=-70$ kN		$M_{GB}=70$ kN·m	$M_{BG}=0$	

作出的剪力图和弯矩图如图6-27(b)、(c)所示。

本章小结

1. 受弯构件：以弯曲变形为主要变形的构件叫作受弯构件。梁是常见的受弯构件。

2. 平面弯曲：梁上所有的荷载都作用在纵向对称面内，梁变形时，其弯曲后的轴线仍将保留在此纵向对称面内，通常我们把梁的弯曲平面与荷载所在平面相重合的这种弯曲叫作平面弯曲。

3. 梁的种类：根据支座类型分为：

(1)简支梁：梁的一端为固定铰支座，另一端为可动铰支座。

(2)外伸梁：在简支梁的基础上一端或两端同时伸出支座外。

(3)悬臂梁：一端固定、一端自由的梁。

4. 受弯构件的内力及计算。

(1)用截面法求梁的内力，梁的内力有弯矩M和剪力F_Q。

(2)剪力和弯矩的符号规定。

剪力：截面上的剪力对所取的脱离体内任一点做顺时针转动为正，做逆时针转动为负。单位为kN或N。

弯矩：截面上的弯矩使所取的脱离体下边受拉为正，上边受拉为负。其单位为N·m或kN·m。

(3)计算规则。

①梁的任一截面上的剪力大小，等于该截面以左(或右侧)梁段上的所有竖向外力(包括支座反力)的代数和，如果外力对该截面形心作顺时针转动，则引起正剪力；反之引起负剪力。

②梁的任一截面上的弯矩大小，等于该截面左侧(或右侧)梁段上所有外力(包括外力偶)对该截面形心力矩的代数和。如果使得梁段下部受拉为正，反之上部受拉为负。

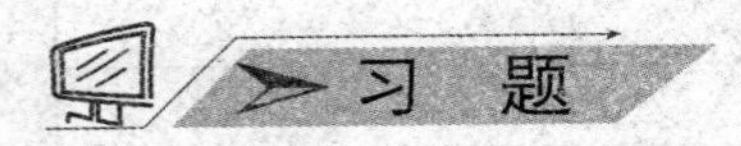

试画出图 6-28 中各梁的剪力图与弯矩图，并确定梁中的$|F_Q|_{max}$和$|M|_{max}$。

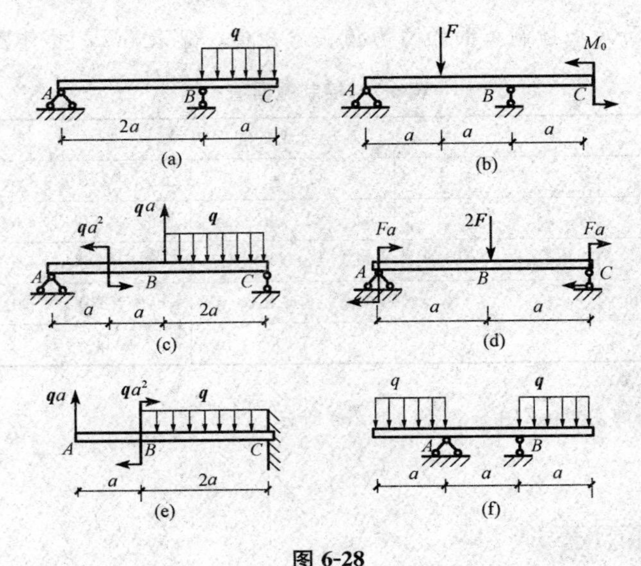

图 6-28

第七章　梁的弯曲应力

教学目标

1. 理解剪力→切应力；
2. 掌握弯矩→正应力；
3. 掌握等截面直梁产生平面弯曲时的应力计算以及相应的强度计算。

第一节　梁的弯曲正应力

一、正应力分布规律

为了解正应力在横截面上的分布情况，可先观察梁的变形，取一弹性较好的矩形截面梁，在其表面上画上一系列与轴线平行的纵向线及与轴线垂直的横向线，构成许多均等的小矩形，然后在梁的两端施加一对力偶矩为 M 的外力偶，使梁发生纯弯曲变形，如图 7-1 所示，这时可观察到下列现象：

(1)各横向线仍为直线，只倾斜了一个角度。

(2)各纵向线弯成曲线，上部纵向线缩短，下部纵向线伸长。

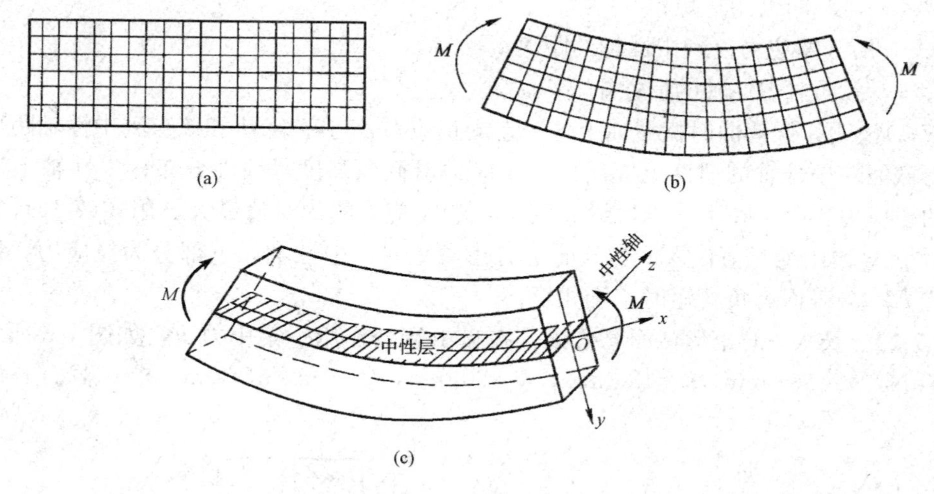

图 7-1　梁的弯曲应力

根据上面所观察到的现象，推测梁的内部变形，可作出如下的假设和推断：

(1)平面假设各横向线代表横截面，变形前后都是直线，表明横截面变形后仍保持平面，且仍垂直于弯曲后的梁轴线。

(2)单向受力假设将梁看成由无数纤维组成，各纤维只受到轴向拉伸或压缩，不存在相互挤压。

从上部各层纤维缩短到下部各层纤维伸长的连续变化中，必有一层纤维既不缩短也不伸长，这层纤维称为中性层。中性层与横截面的交线称为中性轴，如图 7-1(c)所示。中性轴通过横截面形心，且与竖向对称轴 y 垂直，并将梁横截面分为受压和受拉两个区域。由此可知，梁弯曲变形时，各截面绕中性轴转动，使梁内纵向纤维伸长和缩短，中性层上各纵向纤维的长度不变。通过进一步的分析可知，各层纵向纤维的线应变沿截面高度应为线性变化规律，从而由虎克定律可推出，梁弯曲时横截面上的正应力沿截面高度呈线性分布规律变化，如图 7-2 所示。

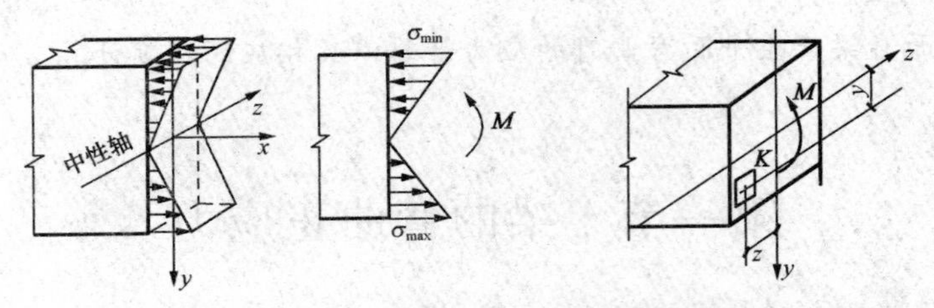

图 7-2　梁弯曲时，正应力分布规律

二、正应力计算公式

如图 7-2 所示，根据理论推导(推导从略)，梁弯曲时横截面上任一点正应力的计算公式为

$$\sigma=\frac{My}{I_z} \tag{7-1}$$

式中　M——横截面上的弯矩；

y——所计算应力点到中性轴的距离；

I_z——截面对中性轴的惯性矩。

式(7-1)说明，梁弯曲时横截面上任一点的正应力 σ 与弯矩 M 和该点到中性轴距离 y 成正比，与截面对中性轴的惯性矩成反比，正应力沿截面高度呈线性分布；中性轴上($y=0$)各点处的正应力为零；在上、下边缘处($y=y_{max}$)正应力的绝对值最大。用式(7-1)计算正应力时，M 和 y 均用绝对值代入。当截面上有正弯矩时，中性轴以下部分为拉应力，以上部分为压应力；当截面有负弯矩时，则相反。

【例 7-1】　长为 l 的矩形截面悬臂梁，在自由端处作用一集中力 F，如图 7-3 所示。已知 $F=3$ kN，$h=180$ mm，$b=120$ mm，$y=60$ mm，$l=3$ m，$a=2$ m，求 C 截面上 K 点的正应力。

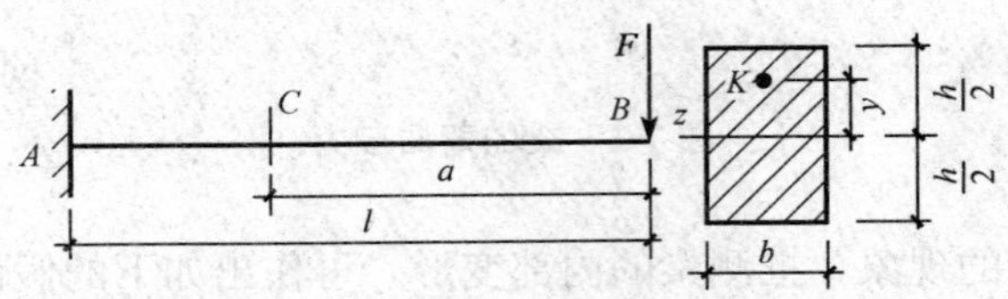

图 7-3　例 7-1 图

解：(1)计算 C 截面的弯矩。

$$M_C=-Fa=-3\times2=-6(\text{kN}\cdot\text{m})$$

(2)计算截面对中性轴的惯性矩。

$$I_z=\frac{bh^3}{12}=\frac{120\times180^3}{12}=58.32\times10^6(\text{mm}^4)$$

(3)计算 C 截面上 K 点的正应力，将 M_C、y(均取绝对值)及 l 代入式(7-1)，得：

$$\sigma_K=\frac{M_C y}{I_z}=\frac{6\times10^6\times60}{58.32\times10^6}=6.17(\text{MPa})$$

由于 C 截面的弯矩为负，K 点位于中性轴上方，所以 K 点的应力为拉应力。

第二节　平面图形的几何性质

在建筑力学以及建筑结构的计算中，经常要用到与截面有关的一些几何量。例如，轴向拉压的横截面面积 A、圆轴扭转时的抗扭截面系数 w 和极惯性矩等都与构件的强度和刚度有关。以后在弯曲等其他问题的计算中，还将遇到平面图形的另外一些如形心、静矩、惯性矩、抗弯截面系数等几何量。这些与平面图形形状及尺寸有关的几何量统称为平面图形的几何性质。

一、重心和形心

1. 重心

地球上的任何物体都受到地球引力的作用，这个力称为物体的重力。可将物体看作是由许多微小部分组成，每一微小部分都受到地球引力的作用，这些引力汇交于地球中心。但是，由于一般物体的尺寸比地球的半径小得多，因此，这些引力近似地看成是空间平行力系。这些平行力系的合力就是物体的重力。由试验可知，不论物体在空间的方位如何，物体重力的作用线始终是通过一个确定的点，这个点就是物体重力的作用点，称为物体的重心。

(1)一般物体重心的坐标公式。如图 7-4 所示，为确定物体重心的位置，将它分割成各个微小块，各微小块重力分别为 G_1，G_2，…，G_n，其作用点的坐标分别为(x_1，y_1，z_1)，(x_2，y_2，z_2)，…，(x_n，y_n，z_n)，各微小块所受重力的合力 W 即为整个物体所受的重力 $G=\sum G_i$，其作用点的坐标为 $C(x_C, y_C, z_C)$。对 y 轴应用合力矩定理，有

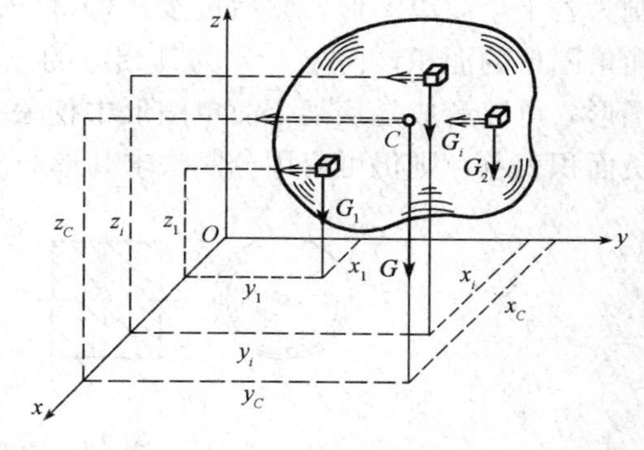

图 7-4　物体重心

$$Gx_C=\sum G_i x_i$$

得

$$x_C=\frac{\sum G_i x_i}{G}$$

同理，对 x 轴取矩可得

$$y_C=\frac{\sum G_i y_i}{G}$$

将物体连同坐标转 90°而使坐标面 Oxz 成为水平面，再对 z 轴应用合力矩定理，可得

$$z_C=\frac{\sum G_i z_i}{G}$$

因此，一般物体的重心坐标的公式为

$$x_C=\frac{\sum G_i x_i}{G},y_C=\frac{\sum G_i y_i}{G},z_C=\frac{\sum G_i z_i}{G} \tag{7-2}$$

(2)均质物体重心的坐标公式。对均质物体用 r 表示单位体积的重力，体积为 V，则物体的重力 $G=Vr$，微小体积为 V_i，微小体积重力 $G_i=V_i y$，代入式(7-2)，得均质物体的重心坐标公式为

$$x_C=\frac{\sum V_i x_i}{V},y_C=\frac{\sum V_i y_i}{V},z_C=\frac{\sum V_i z_i}{V} \tag{7-3}$$

由上式可知，均质物体的重心与重力无关。因此，均质物体的重心就是其几何中心，称为形心。对均质物体来说重心和形心是重合的。

(3)均质薄板重心(形心)的坐标公式。对于均质等厚的薄平板，如图 7-5 所示，取对称面为坐标面 Oyz，用 δ 表示其厚度，A_i 表示微体积的面积，将微体积 $V_i=\delta A_i$ 及 $V=\delta A$ 代入式(7-3)，得重心(形心)坐标公式为

$$y_C=\frac{\sum A_i y_i}{A},z_C=\frac{\sum A_i z_i}{A} \tag{7-4}$$

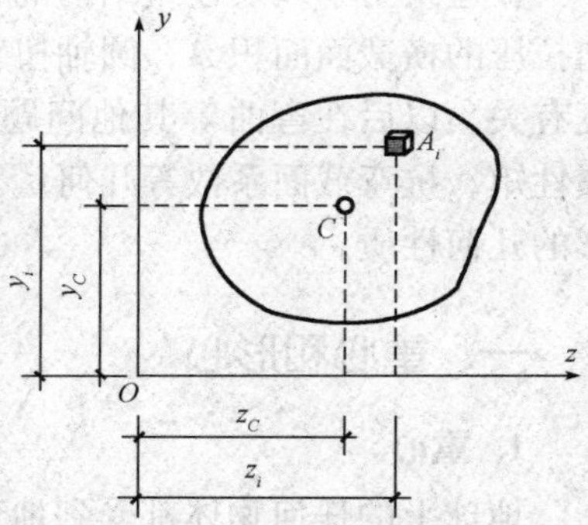

图 7-5　均质等厚薄平板重心

因每一微小部分的 x_i 为零，所以 $x_i=0$。

2. 形心

形心就是物体的几何中心。因此，当平面图形具有对称轴或对称中心时，则形心一定在对称轴或对称中心上，如图 7-6 所示。若平面图形是一个组合平面图形，则可先将其分割为若干个简单图形，然后可按式(7-3)求得其形心的坐标，这时公式中的 A_i 为所分割的简单图形的面积，而 y_i、z_i 为其相应的形心坐标，这种方法称为分割法。另外，有些组合图形，可以看成是从某个简单图形中挖去一个或几个简单图形而成，如果将挖去的面积用负面积表示，则仍可应用分割法求其形心坐标，这种方法又称为负面积法。

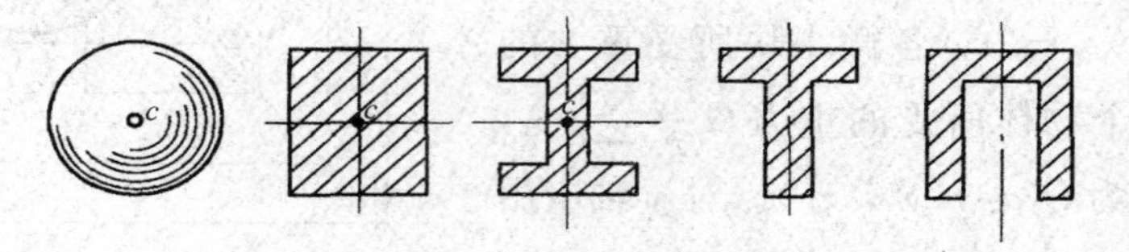

图 7-6　平面图形形心位置确定

【例 7-2】 试求图 7-7 所示 T 形截面的形心坐标。

解: 将平面图形分割为两个矩形，如图 7-7 所示，每个矩形的面积及形心坐标为

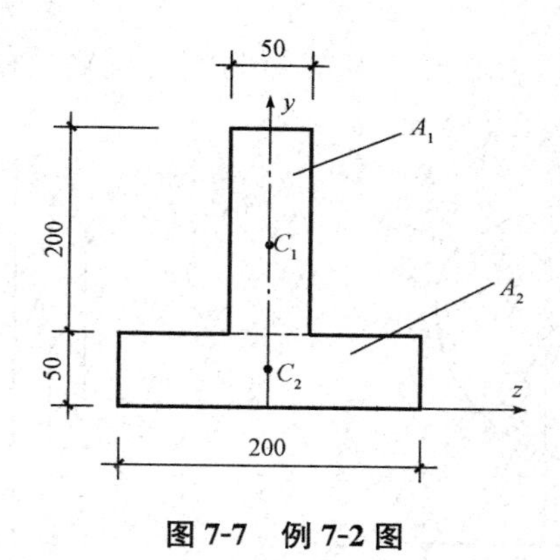

图 7-7　例 7-2 图

$$A_1=200\times50，z_1=0，y_1=150$$
$$A_2=200\times50，z_2=0，y_2=25$$

由式(7-4)可求得 T 形截面的形心坐标为

$$y_C=\frac{\sum A_i y_i}{A}=\frac{A_1y_1+A_2y_2}{A_1+A_2}=\frac{200\times50\times150+200\times50\times25}{200\times50+200\times50}=87.5(\text{mm})$$
$$z_C=0$$

【例 7-3】 试求图 7-8 所示阴影部分平面图形的形心坐标。

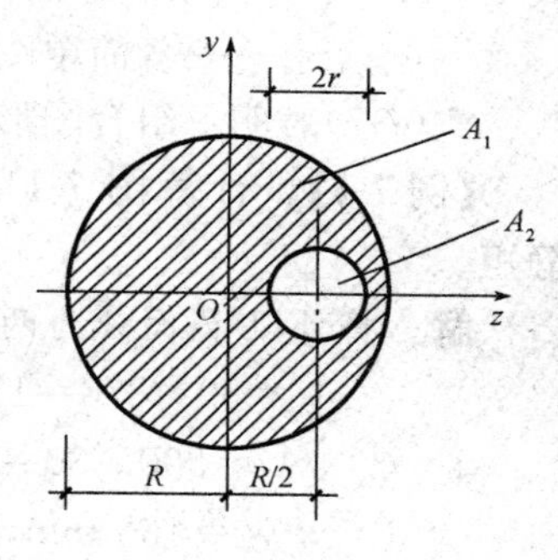

图 7-8　例 7-3 图

解： 将平面图形分割为两个圆，如图 7-8 所示，每个圆的面积及形心坐标为

$$A_1=\pi\cdot R^2，z_1=0，y_1=0$$
$$A_2=-\pi\cdot r^2，z_2=R/2，y_2=0$$

由式(7-3)可求得阴影部分平面图形的形心坐标为

$$y_C=0$$

$$z_C=\frac{\sum A_i z_i}{A}=\frac{A_1z_1+A_2z_2}{A_1+A_2}=\frac{\pi\cdot R^2\cdot0-\pi\cdot r^2\cdot\frac{R}{2}}{\pi\cdot R^2-\pi\cdot r^2}$$
$$=\frac{-r^2R}{2(R^2-r^2)}$$

二、静矩

如图 7-9 所示，任意平面图形上所有微面积 dA 与其坐标 y(或 z)乘积的总和，称为该平面图形对 z 轴(或 y 轴)的静矩，用 S_z^*(或 S_y^*)表示，即

$$\left.\begin{aligned}S_z^*&=\int_A y\mathrm{d}A\\S_y^*&=\int_A z\mathrm{d}A\end{aligned}\right\}\tag{7-5}$$

由上式可知，静矩为代数量，它可为正，可为负，也可为零。常用单位为 m³ 或 mm³。

(1)简单图形的静矩。图 7-10 所示简单平面图形的面积 A 与其形心坐标 y_C(或 z_C)的乘积，称为简单图形对 z 轴或 y 轴的静矩，即

$$\left.\begin{aligned}S_z^*&=A\cdot y_C\\S_y^*&=A\cdot z_C\end{aligned}\right\}\tag{7-6}$$

当坐标轴通过截面图形的形心时，其静矩为零；反之，截面图形对某轴的静矩为零，则该轴一定通过截面图形的形心。

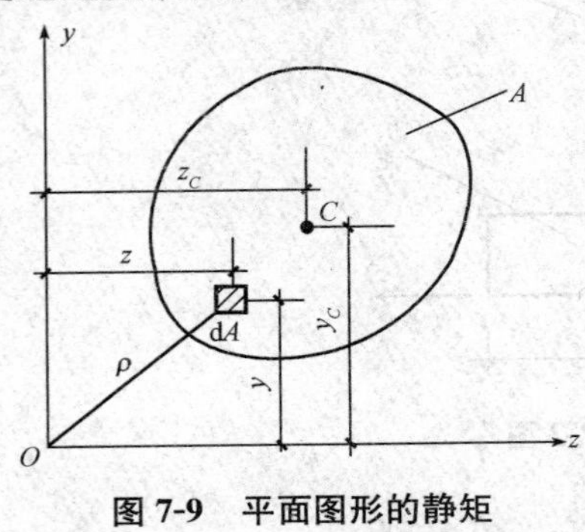

图 7-9　平面图形的静矩

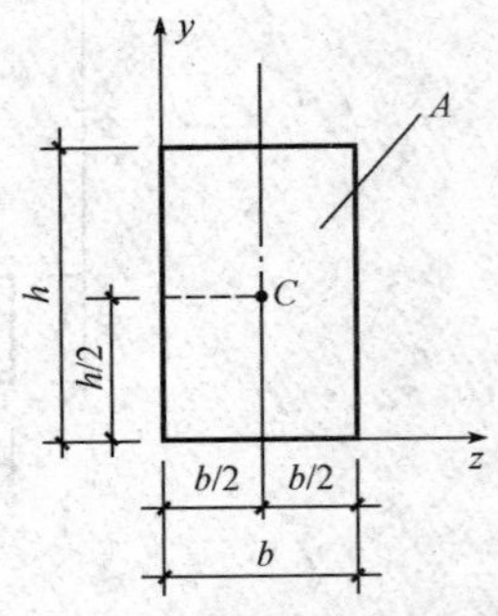

图 7-10　简单图形的静矩

(2)组合平面图形静矩的计算。

$$\left.\begin{aligned} S_z^* &= \sum A_i \cdot y_{Ci} \\ S_y^* &= \sum A_i \cdot z_{Ci} \end{aligned}\right\} \tag{7-7}$$

式中　A——各简单图形的面积；

y_{Ci}、z_{Ci}——各简单图形的形心坐标。

式(7-7)表明：组合图形对某轴的静矩等于各简单图形对同一轴静矩的代数和。

【例 7-4】　计算图 7-11 所示 T 形截面对 z 轴的静矩。

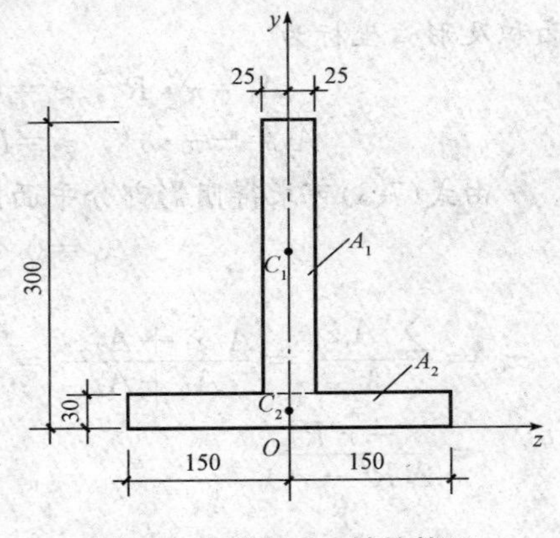

图 7-11　截面对 z 轴的静矩

解：将 T 形截面分为两个矩形，其面积分别为

$A_1 = 50 \times 270 = 13.5 \times 10^3 (\text{mm}^2)$

$A_2 = 300 \times 30 = 9 \times 10^3 (\text{mm}^2)$

$y_{C_1} = 165\ \text{mm}$，$y_{C_2} = 15\ \text{mm}$

截面对 z 轴的静矩

$$\begin{aligned} S_z^* &= \sum A_i \cdot y_{Ci} = A_1 \cdot y_{C1} + A_2 \cdot y_{C2} \\ &= 13.5 \times 10^3 \times 165 + 9 \times 10^3 \times 15 \\ &= 2.36 \times 10^6 (\text{mm}^3) \end{aligned}$$

三、惯性矩、惯性积、惯性半径

1. 惯性矩、惯性积、惯性半径的定义

(1)惯性矩。如图 7-12 所示，任意平面图形上所有微面积 dA 与其坐标 y(或 z)平方乘积的总和，称为该平面图形对 z 轴(或 y 轴)的惯性矩，用 I_z(或 I_y)表示，即

$$\left.\begin{aligned} I_z &= \int_A y^2 \mathrm{d}A \\ I_y &= \int_A z^2 \mathrm{d}A \end{aligned}\right\} \tag{7-8}$$

式(7-8)表明，惯性矩恒为正值。常用单位为 m^4 或 mm^4。

(2)惯性积。如图 7-12 所示，任意平面图形上所有微面积 dA 与其坐标 z、y 乘积的总

和，称为该平面图形对 z、y 两轴的惯性积，用 I_{zy} 表示，即

$$I_{zy}=\int_A zy\,\mathrm{d}A \tag{7-9}$$

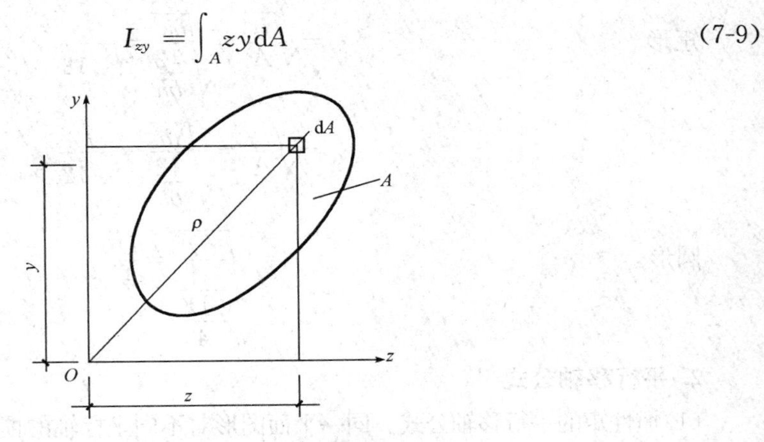

图 7-12 平面图形对 z、y 轴的惯性积

惯性积可为正，可为负，也可为零。常用单位为 m^4 或 mm^4。可以证明，在两正交坐标轴中，只要 z、y 轴之一为平面图形的对称轴，则平面图形对 z、y 轴的惯性积就一定等于零。

(3)惯性半径。在工程中，为了计算方便，将图形的惯性矩表示为图形面积 A 与某一长度平方的乘积，即

$$\left.\begin{aligned}I_z=i_z^2A\\ I_y=i_y^2A\end{aligned}\right\}\quad \text{或}\quad \left.\begin{aligned}I_z=\sqrt{\frac{l_z}{A}}\\ I_z=\sqrt{\frac{l_y}{A}}\end{aligned}\right\} \tag{7-10}$$

式中 i_z、i_y——平面图形对 z、y 轴的惯性半径，常用单位为 m 或 mm。

(4)简单图形(图 7-13)的惯性矩及惯性半径。

①简单图形对形心轴的惯性矩[由式(7-8)积分可得]。

矩形 $$I_z=\frac{bh^3}{12},\ I_y=\frac{hb^3}{12}$$

圆形 $$I_z=I_y=\frac{\pi D^4}{64}$$

环形 $$I_z=I_y=\frac{\pi(D^4-D^4)}{64}$$

型钢的惯性矩可直接由型钢表查得。

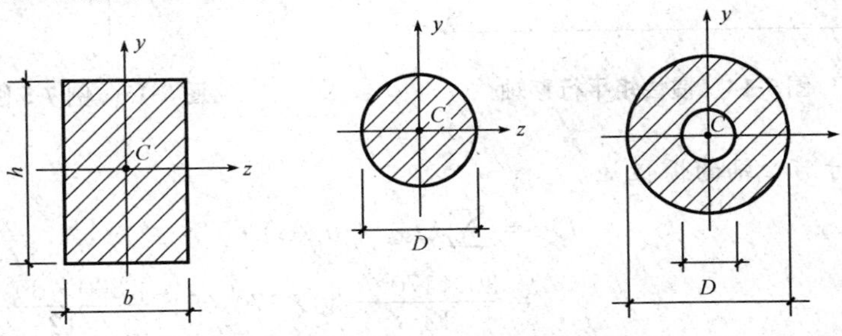

图 7-13 简单图形的惯性矩及惯性半径

②简单图形的惯性半径。

矩形

$$i_z=\sqrt{\frac{l_z}{A}}=\sqrt{\frac{\frac{bh^3}{12}}{bh}}=\frac{h}{\sqrt{12}}$$

$$i_y=\sqrt{\frac{l_y}{A}}=\sqrt{\frac{\frac{hb^3}{12}}{bh}}=\frac{b}{\sqrt{12}}$$

圆形

$$i=\sqrt{\frac{\frac{\pi D^4}{64}}{\frac{\pi D^2}{4}}}=\frac{D}{4}$$

2. 平行移轴公式

(1)惯性矩的平行移轴公式。同一平面图形对不同坐标轴的惯性矩是不相同的，但它们之间存在着一定的关系。现给出图 7-14 所示平面图形对两个相平行的坐标轴的惯性矩之间的关系。

$$\left.\begin{aligned}I_z=I_{zC}+a^2A\\I_y=I_{yC}+b^2A\end{aligned}\right\}\tag{7-11}$$

式(7-11)称为惯性矩的平行移轴公式。它表明平面图形对任一轴的惯性矩，等于平面图形对与该轴平行的形心轴的惯性矩再加上其面积与两轴间距离平方的乘积。在所有平行轴中，平面图形对形心轴的惯性矩为最小。

(2)组合截面惯性矩的计算。组合图形对某轴的惯性矩，等于组成组合图形的各简单图形对同一轴的惯性矩之和。

【例 7-5】 计算图 7-15 所示 T 形截面对形心轴 z 的惯性矩 I_{zC}。

解：(1)求截面相对底边的形心坐标。

$$y_C=\frac{\sum A_iy_{Ci}}{\sum A_i}=\frac{30\times170\times85+200\times30\times185}{30\times170+200\times30}=139(\mathrm{mm})$$

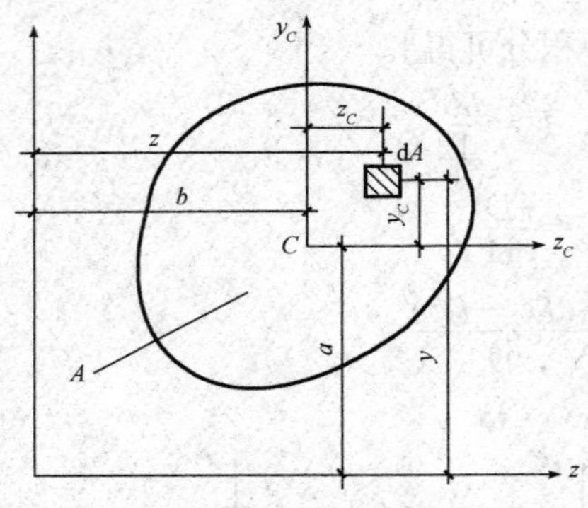

图 7-14 惯性矩平行移轴

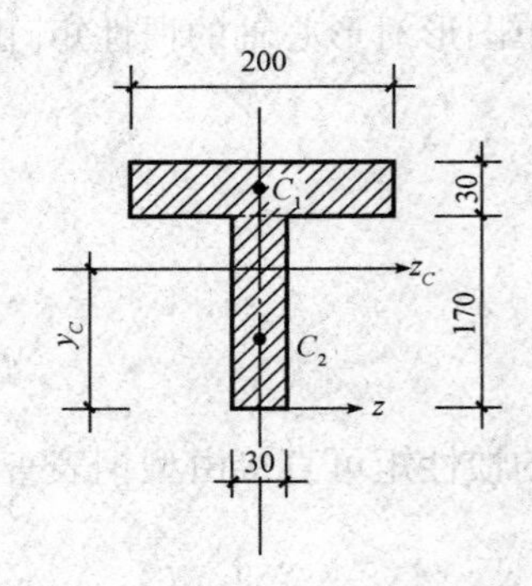

图 7-15 例 7-5 图

(2)求截面对形心轴的惯性矩。

$$\begin{aligned}I_{zC}&=\sum(I_{zCi}+a_i^2A_i)\\&=\frac{30\times170^3}{12}+30\times170\times54^2+\frac{200\times30^3}{12}+200\times30\times46^2\\&=4.03\times10^7(\mathrm{mm}^4)\end{aligned}$$

【例 7-6】 试计算图 7-16 所示由两根 20 槽钢组成的截面对形心轴 z、y 的惯性矩。

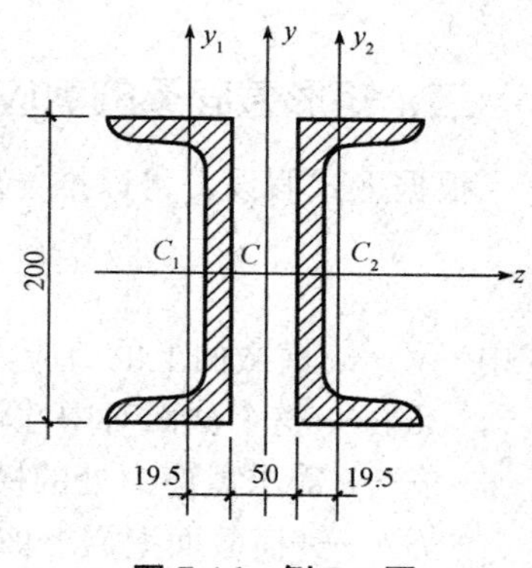

图 7-16 例 7-6 图

解： 组合截面有两根对称轴，形心 C 就在这两对称轴的交点。由型钢表查得每根槽钢的形心 C_1 或 C_2 到腹板边缘的距离为 19.5 mm，每根槽钢截面积为

$$A_1=A_2=3.283\times10^3\,\text{mm}^2$$

每根槽钢对本身形心轴的惯性矩为

$$I_{1z}=I_{2z}=1.913\,7\times10^7\,\text{mm}^4$$

$$I_{1_{y1}}=I_{2_{y2}}=1.436\times10^6\,\text{mm}^4$$

整个截面对形心轴的惯性矩应等于两根槽钢对形心轴的惯性矩之和，故得

$$I_z=I_{1z}+I_{2z}=19.137\times10^7+1.913\,7\times10^7=3.83\times10^7\,(\text{mm}^4)$$

$$\begin{aligned}I_y&=I_{1y}+I_{2y}=2I_{1y}=2(I_{1_{y1}}+a^2\cdot A_1)\\&=2\times\left[1.436\times10^6+\left(19.5+\frac{50}{2}\right)^2\times3.283\times10^3\right]\\&=1.587\times10^7\,(\text{mm}^4)\end{aligned}$$

四、形心主惯性轴和形心主惯性矩的概念

若截面对某坐标轴的惯性积 $I_{z_o y_o}=0$，则这对坐标轴 z_o、y_o 称为截面的主惯性轴，简称主轴。截面对主轴的惯性矩称为主惯性矩，简称主惯矩。通过形心的主惯性轴称为形心主惯性轴，简称形心主轴。截面对形心主轴的惯性矩称为形心主惯性矩，简称为形心主惯矩。

凡通过截面形心，且包含有一定对称轴的一对相互垂直的坐标轴一定是形心主轴。

第三节 梁的弯曲剪应力

一、剪应力分布规律假设

对于高度 h 大于宽度 b 的矩形截面梁，其横截面上的剪力 $\boldsymbol{V}$ 沿 y 轴方向，如图 7-17 所示，现假设剪应力的分布规律如下：

(1)横截面上各点处的剪应力 $\boldsymbol{\tau}$ 都与剪力 $\boldsymbol{V}$ 方向一致；

(2)横截面上距中性轴等距离各点处剪应力大小相等，即沿截面宽度为均匀分布。

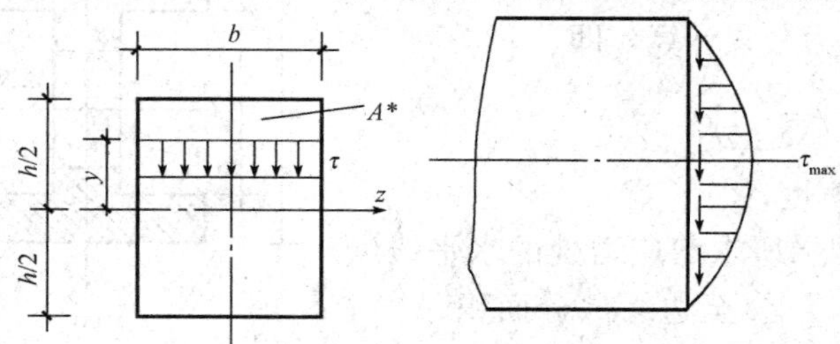

图 7-17 弯曲剪应力

二、矩形截面梁的剪应力计算公式

根据上式假设，可以推导出矩形截面梁横截面上任意一点处剪应力的计算公式为

$$\tau=\frac{VS_z^*}{I_z b} \tag{7-12}$$

式中 V——横截面上的剪应力；

I_z——整个截面对中性轴的惯性矩；

b——需求剪应力处的横截面宽度；

S_z^*——横截面上需求剪应力点处的水平线以上(或以下)部分的面积 A^* 对中性轴的静矩。

用上式计算时，y 与 S_z^* 均用绝对值代入即可。

剪应力沿截面高度的分布规律，可从式(7-12)得出。对于同一截面，V、I_z 及 b 都为常量。因此，截面上的剪应力 τ 是随静矩 S_z^* 的变化而变化的。

现求图 7-17(a)所示矩形截面上任意一点的剪应力，该点至中性轴的距离为 y，该点水平线以上横截面面积 A^* 对中性轴的静矩为

$$S_z^*=A^* y_0=b\left(\frac{h}{2}-y\right)\left[y+\frac{1}{2}\left(\frac{h}{2}-y\right)\right]=\frac{bh^2}{8}\left(1-\frac{4y^2}{h^2}\right)$$

又 $I_z=\frac{bh^2}{12}$，代入式(7-12)得

$$\tau=\frac{3V}{2bh}\left(1-\frac{4y^2}{h^2}\right)$$

上式表明，剪应力沿截面高度按二次抛物线规律分布[图 7-17(b)]。在上、下边缘处$\left(y=\pm\frac{h}{2}\right)$，剪应力为零；在中性轴上($y=0$)，剪应力最大，其值为

$$\tau_{\max}=\frac{3V}{2bh}=1.5\frac{V}{A} \tag{7-13}$$

式中 $\frac{V}{A}$——截面上的平均剪应力。

由此可见，矩形截面梁横截面上的最大剪应力是平均剪应力的 1.5 倍，发生在中性轴上。

三、工字形截面梁的剪应力

工字形截面梁由腹板和翼缘组成[图 7-18(a)]。腹板是一个狭长的矩形，所以它的剪应力可按矩形截面的剪应力公式计算，即

$$\tau=\frac{VS_z^*}{I_z d} \tag{7-14}$$

式中 d——腹板的宽度；

S_z^*——横截面上所求剪应力处的水平线以下(或以上)至边缘部分面积 A^* 对中性轴的静矩。

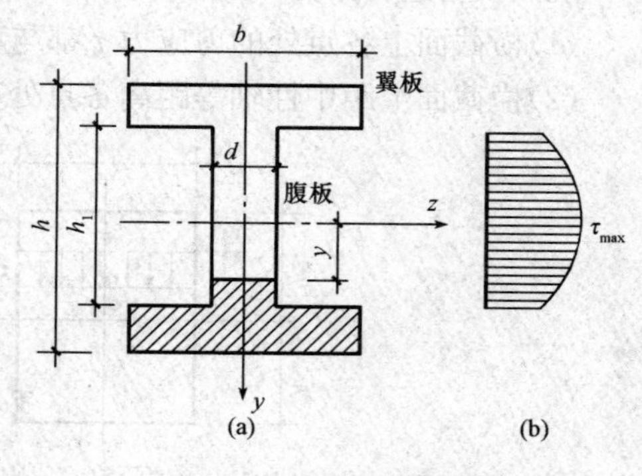

图 7-18 工字形截面梁

由式(7-14)可求得剪应力τ沿腹板高度按抛物线规律变化，如图 7-18(b)所示。最大剪应力发生在中性轴上，其值为

$$\tau_{\max}=\frac{V_{\max}S_{z_{\max}}^{*}}{I_z d}=\frac{V_{\max}}{(I_z/S_{z_{\max}}^{*})d}$$

式中 S_z^*——工字形截面中性轴以下(或以上)面积对中性轴的静矩。对于工字钢，$I_z/S_{z_{\max}}^*$可由型钢表中查得。

翼缘部分的剪应力很小，一般情况不必计算。

【例 7-7】 一矩形截面简支梁如图 7-19 所示。已知 $l=3$ m，$h=160$ mm，$b=100$ mm，$h_1=40$ mm，$F=3$ kN，求 $m—m$ 截面上 K 点的剪应力。

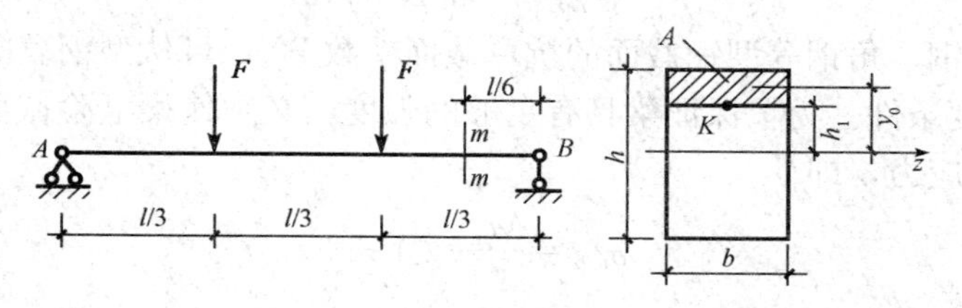

图 7-19　例 7-7 图

解：(1)求支座反力及 $m—m$ 截面上的剪力。

$$R_A=R_B=F=3\ \text{kN}$$

$$V=-R_B=-3\ \text{kN}$$

(2)分别计算截面的惯性矩及面积 A 对中性轴的静矩。

$$I_z=\frac{bh^3}{12}=\frac{100\times160^3}{12}=3.41\times10^7(\text{mm}^4)$$

$$S_z^*=A^*y_0=100\times40\times60=2.4\times10^5(\text{mm}^3)$$

(3)计算 $m—m$ 截面上 K 点的剪应力。

$$\tau_k=\frac{VS_z^*}{I_z d}=\frac{3\times10^3\times24\times10^4}{34.1\times10^6\times100}=0.21(\text{MPa})$$

第四节　梁的强度条件及其应用

一、梁的正应力强度条件

(1)最大正应力。在强度计算时必须算出梁的最大正应力。产生最大正应力的截面称为危险截面。对于等直梁，最大弯矩所在的截面就是危险截面。危险截面上的最大应力点称为危险点，它发生在距中性轴最远的上、下边缘处。

对于中性轴为截面对称轴的梁，其最大正应力的值为

$$\sigma_{\max}=\frac{M_{\max}y_{\max}}{I_z}$$

令 $W_z=\dfrac{I_z}{y_{\max}}$，则

$$\sigma_{\max}=\frac{M_{\max}}{W_z} \tag{7-15}$$

式中 W_z——抗弯截面系数(或模量)，它是一个与截面形状和尺寸有关的几何量，其常用单位为 m^3 或 mm^3。

对高为 h、宽为 b 的矩形截面，其抗弯截面系数为

$$W_z=\frac{I_z}{y_{\max}}=\frac{bh^3/12}{h/2}=\frac{bh^2}{6}$$

对直径为 D 的圆形截面，其抗弯截面系数为

$$W_z=\frac{I_z}{y_{\max}}=\frac{\pi D^4/64}{D/2}=\frac{\pi D^3}{32}$$

对工字钢、槽钢、角钢等型钢截面的抗弯截面系数 W_z，可从型钢表中查得。

(2)正应力强度条件。为了保证梁具有足够的强度，必须使梁危险截面上的最大正应力不超过材料的许用应力，即

$$\sigma_{\max}=\frac{M_{\max}}{W_z}\leqslant[\sigma] \tag{7-16}$$

式(7-16)为梁的正应力强度条件。

根据强度条件可解决工程中有关强度方面的三类问题：

①强度校核。在已知梁的横截面形状和尺寸、材料及所受荷载的情况下，可校核梁是否满足正应力强度条件。即校核是否满足式(7-16)。

②设计截面。当已知梁的荷载和所用的材料时，可根据强度条件，先计算出所需的最小抗弯截面系数：

$$W_z\geqslant\frac{M_{\max}}{[\sigma]}$$

然后根据梁的截面形状，再由 W_z 值确定截面的具体尺寸或型钢号。

③确定许用荷载。已知梁的材料、横截面形状和尺寸，根据强度条件先算出梁所能承受的最大弯矩，即

$$M_{\max}\leqslant W_z[\sigma]$$

然后由 M 与荷载的关系，算出梁所能承受的最大荷载。

二、梁的剪应力强度条件

为保证梁的剪应力强度，梁的最大剪应力不应超过材料的许用剪应力$[\tau]$，即

$$\tau_{\max}=\frac{V_{\max}S^*_{z\max}}{I_z b}\leqslant[\tau] \tag{7-17}$$

式(7-17)称为梁的剪应力强度条件。

三、梁的强度条件的应用

在梁的强度计算中，必须同时满足正应力和剪应力两个强度条件。通常先按正应力强度条件设计出截面尺寸，然后按剪应力强度条件进行校核。对于细长梁，按正应力强度条件设计的梁一般都能满足剪应力强度要求，就不必作剪应力校核。但在以下几种情况下，需校核梁的剪应力：①最大弯矩很小而最大剪力很大的梁；②焊接或铆接的组合截面梁(如工字截面梁)；③木梁，因为木材在顺纹方向的剪切强度较低，所以木梁有可能沿中性层发

生剪切破坏。

【例 7-8】 一热轧普通工字钢截面简支梁，如图 7-20(a)所示，已知：$l=6$ m，$F_1=15$ kN，$F_2=21$ kN，钢材的许用应力$[\sigma]=170$ MPa，试选择工字钢的型号。

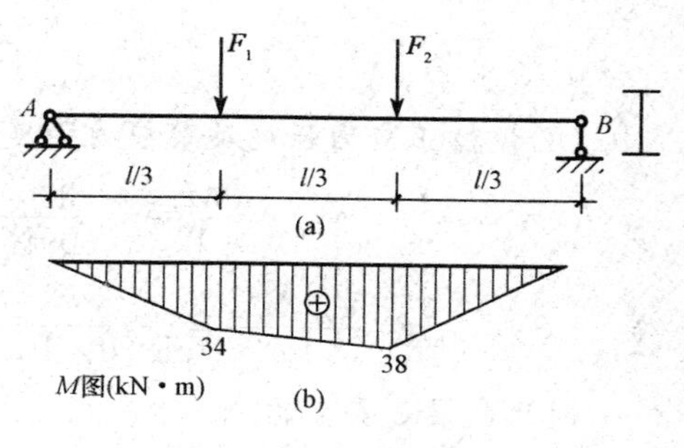

图 7-20 例 7-8 图

解：(1)画弯矩图，确定 M_{max}[图 7-21(b)]。

$$M_{max}=38\ \text{kN}\cdot\text{m}$$

(2)计算工字钢梁所需的抗弯截面系数为

$$W_{z1}\geqslant\frac{M_{max}}{[\sigma]}=\frac{38\times16^6}{170}=223.5\times10^3(\text{mm}^3)=223.5\ \text{cm}^3$$

(3)选择工字钢型号。查型钢表得工字钢符号 20a 工字钢的 W_z 值为 237 cm^3，略大于所需的 W_z，故采用工字钢符号 20a 号工字钢。

【例 7-9】 如图 7-21 所示，工字钢符号 40a 号工字钢简支梁，跨度 $l=8$ m，跨中点受集中力 $\boldsymbol{F}$ 作用。已知$[\sigma]=140$ MPa，考虑自重，求许用荷载$[F]$。

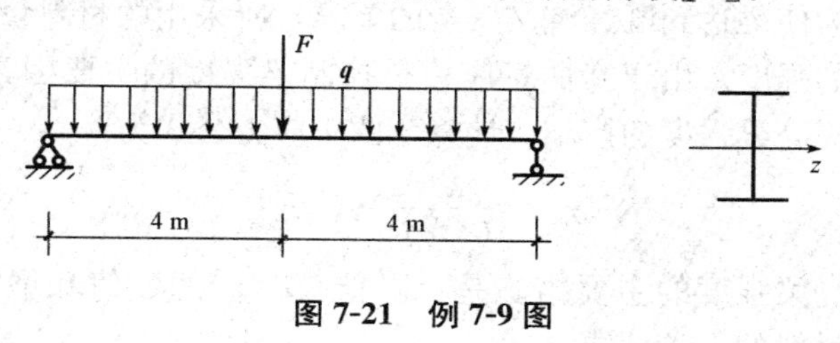

图 7-21 例 7-9 图

解：(1)由型钢表查有关数据，工字钢每米长自重 $q=67.6$ kgf/m(676 N/m)，抗弯截面系数 $W_z=1\ 090$ cm^3。

(2)按强度条件求许用荷载$[F]$。

$$M_{max}=\frac{ql^2}{8}+\frac{Fl}{4}=\frac{1}{8}\times676\times8^2+\frac{1}{4}\times F\times8=(5\ 408+2F)(\text{N}\cdot\text{m})$$

根据强度条件 $[M_{max}]\leqslant W_z[\sigma]$

$$5\ 408+2F\leqslant1\ 090\times10^{-6}\times140\times10^6$$

解得

$$F=73\ 600\ \text{N}=73.6\ \text{kN}$$

【例 7-10】 一外伸工字钢梁，工字钢的型号为工字钢符号 22a，梁上荷载如图 7-22(a)所示。已知 $l=6$ m，$F=30$ kN，$q=6$ kN/m，$[\sigma]=170$ MPa，$[\tau]=100$ MPa，检查此梁是否安全。

解：(1)绘剪力图、弯矩图如图 7-22(b)、(c)所示。

$$M_{max}=39\ \text{kN}\cdot\text{m}$$
$$V_{max}=17\ \text{kN}$$

(2)由型钢表查得有关数据。

$$b=0.75\ \text{cm}$$

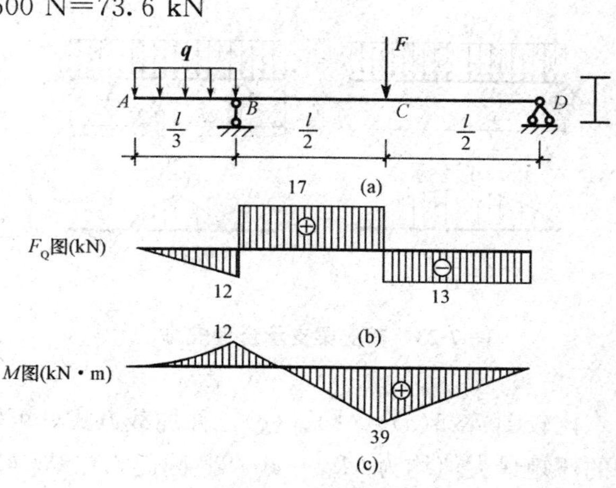

图 7-22 例 7-10 图

$$\frac{I_z}{S^*_{max}}=18.9\ \text{cm}$$

$$W_z=309\ \text{cm}^3$$

(3)校核正应力强度及剪应力强度。

$$\sigma_{max}=\frac{M_{max}}{W_z}=\frac{39\times10^3}{309\times10^{-6}}=126(\text{MPa})<[\sigma]=170\ \text{MPa}$$

$$\tau_{max}=\frac{V_{max}S^*_{max}}{I_z b}=\frac{17\times10^3}{18.9\times10^{-2}\times7.5\times10^{-3}}=12(\text{MPa})<[\tau]=100\ \text{MPa}$$

因此，梁是安全的。

第五节　提高梁强度的措施

在工程实际中，为使梁达到既经济又安全的要求，所采用的材料量应较少且价格便宜，同时梁又要具有较高的强度。由于弯曲正应力是控制梁强度的主要因素，因此主要依据正应力强度条件来讨论提高梁强度的措施。计算弯曲正应力公式为

$$\sigma_{max}=\frac{|M|_{max}}{W_z}\leqslant[\sigma]$$

从式中看出，提高梁强度的主要措施是：降低$|M|_{max}$的数值和增大抗弯截面系数W_z的数值，并充分发挥材料的力学性能。

一、降低$|M|_{max}$的措施

(1)梁支承的合理安排。例如，图 7-23(a)所示的简支梁，其最大弯矩$M_{max}=ql^2/8=0.125ql^2$，若两端支承均向内移动 0.2l[图 7-23(b)]，则最大弯矩$M_{max}=0.025ql^2$，其是前者的 1/5。工程中门式起重机大梁的支座、锅炉筒体的支承，都向内移动一定距离，其原因就在于此。

(2)载荷的合理布置。比较图 7-24(a)、(b)的最大弯矩M_{max}数值，可知，后者大约为前者的 1/3。因此，在结构允许的条件下，应尽可能把载荷安排得靠近支座。

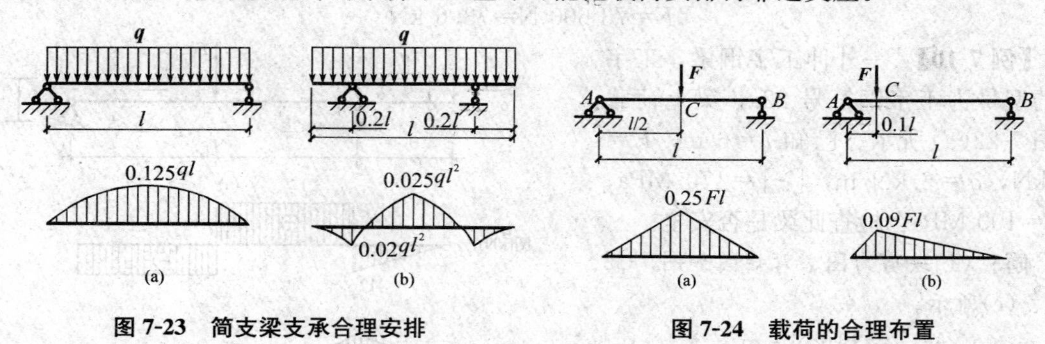

图 7-23　简支梁支承合理安排　　　图 7-24　载荷的合理布置

比较图 7-25(a)、(b)、(c)三种加载方式，可知前一种的弯矩最大值$M_{max}=Fl/4$，后两种的弯矩最大值均为$M_{max}=Fl/8$。因此，在结构条件允许时，应尽可能把集中载荷分散成

较小的多个载荷或者改变为均布载荷。

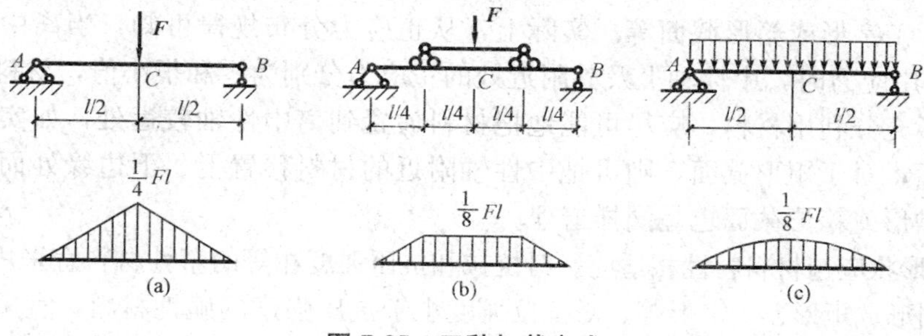

图 7-25 三种加载方式

二、合理选择截面

合理的截面应该是，用最小的截面面积 A(即少用材料)，得到大的抗弯截面系数 W_z。

(1)形状和面积相同的截面放置方式不同，则 W_z 值有可能不同。例如，图 7-26 所示为矩形截面梁($h>b$)，竖放时承载能力大，不易弯曲；而平放时承载能力小，易弯曲。两者抗弯截面系数 W_z 之比为

$$\frac{W_{z竖}}{W_{z平}}=\frac{\frac{1}{6}bh^2}{\frac{1}{6}hb^2}=\frac{h}{b}>1$$

即 $W_{z竖}>W_{z平}$。

因此，对于静载荷作用下的梁的强度而言，矩形截面长边竖放比平放合理。

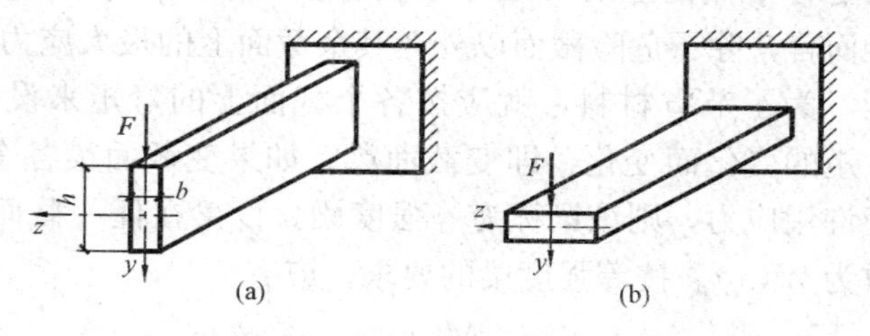

图 7-26 矩形截面梁两种不同放置方式

(2)面积相等而形状不同的截面。为了便于比较各种截面的经济程度，用抗弯截面系数 W_z 与截面面积 A 的比值(W_z/A)来衡量，比值越大，经济性越好。常用截面的比值 W_z/A 已列入表 7-1 中。

表 7-1 常用截面的比值 W_z/A

截面形状	h	h, b	h 内径 d=0.8h	h 内径 d=0.8h	h
$\frac{W_z}{A}$	0.125h	0.167h	0.205h	(0.27～0.31)h	(0.27～0.31)h

由表 7-1 可知，槽钢和工字钢最佳，圆形截面最差。因此，工程结构中抗弯杆件的截面常为槽形、工字形或箱形截面等。实际上，从正应力分布规律可知，当离中性轴最远处的 σ_{max} 达到许用应力时，中性轴上及其附近处的正应力分别为零和很小值，材料没有充分发挥作用。为了充分利用材料，应尽可能地把材料放置到离中性轴较远处，如实心圆截面改成空心圆截面；对于矩形截面，则可把中性轴附近的材料移置上、下边缘处而形成工字形截面；采用槽形或箱形截面也是同样道理。

(3)截面形状应与材料特性相适应。对抗拉和抗压强度相等的塑性材料宜采用中性轴对称的截面，如圆形、矩形、工字形等。对抗拉强度小于抗压强度的脆性材料，宜采用中性轴偏向受拉一侧的截面形状。例如，图 7-27 中的一些截面。如能使 y_1 和 y_2 之比接近下列关系：

$$\frac{\sigma_{max}^{+}}{\sigma_{max}^{-}}=\frac{y_1}{y_2}=\frac{[\sigma^{+}]}{[\sigma^{-}]}$$

则最大拉应力和最大压应力便可同时接近许用应力。

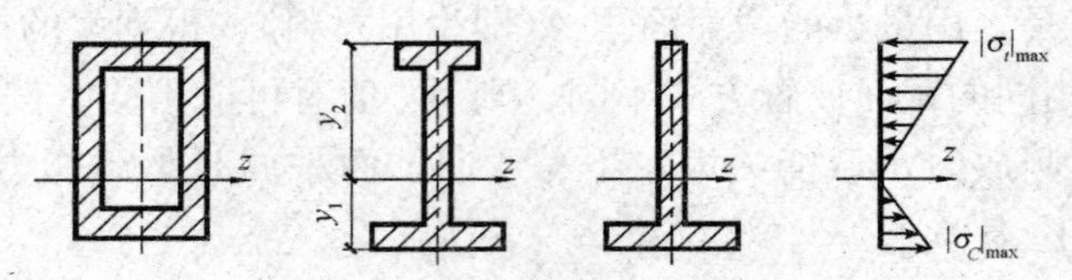

图 7-27　截面形状的选用

三、变截面梁

一般情况下，梁上各个截面上的弯矩并不相等。而截面尺寸是由最大弯矩来确定的。因此，对于等截面梁而言，除了危险截面以外，其余截面上的最大应力都未达到许用应力，材料未得到充分利用。为了节省材料，就应按各个截面上的弯矩来设计各个截面的尺寸，使截面几何尺寸随弯矩的变化而变化，即变截面梁。如果变截面梁各个横截面上的最大正应力都相等，并等于许用应力，则该梁称为等强度梁。设梁在任一截面上的弯矩为 $M(x)$，截面的抗弯截面系数为 $W(x)$。按等强度梁的要求，应有

$$\sigma_{max}=\frac{M(x)}{W(x)}=[\sigma]$$

或

$$W(x)=\frac{M(x)}{[\sigma]}$$

由上式，即可根据弯矩的变化规律确定等强度梁的截面变化规律。

本章小结

弯矩是由梁横截面上的正应力 σ 合成的；剪力是由梁横截面上的剪应力 τ 合成的。对于细长梁正应力是决定其是否发生强度破坏的主要因素。

1. 梁的正应力计算。

(1)基本概念：

纯弯曲：梁段内力只有弯矩而没有剪力。

剪力弯曲：梁段内力既有弯矩又有剪力。

(2)梁的正应力。

$$\sigma=M\cdot y/I_z$$

令 $W_z=I_z/y_{max}$，则

$$\sigma=M/W_z$$

2. 梁的正应力强度计算。

梁的强度条件：

$$\sigma=M_{max}/W_z\leqslant[\sigma]$$

可解决三个问题：(1)校核强度；(2)设计截面尺寸；(3)设计荷载。

习 题

1. 如图 7-28 所示矩形截面木梁，已知 $F=10$ kN，$a=1.2$ m，许用应力$[\sigma]=10$ MPa。设截面的高宽比为 $h/b=2$，试设计梁的尺寸。

2. 如图 7-29 所示梁 AB 由固定铰支座 A 及拉杆 CD 支承。已知圆截面拉杆 CD 的直径 $d=10$ mm，材料许用应力$[\sigma]_{CD}=100$ MPa；矩形截面横梁 AB 的尺寸为 $h=60$ mm，$b=30$ mm，许用应力为$[\sigma]_{AB}=140$ MPa。试确定可允许使用的最大载荷 F_{max}。

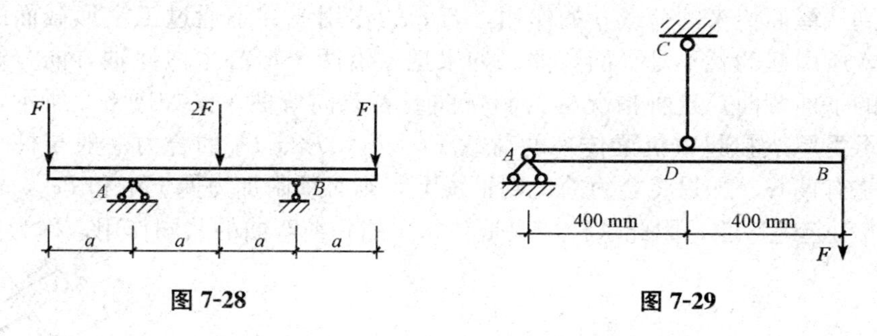

图 7-28　　　　图 7-29

3. 如图 7-30 所示悬臂梁，自由端承受集中载荷 $F=15$ kN 作用。试计算截面 B—B 的最大弯曲拉应力与最大弯曲压应力。

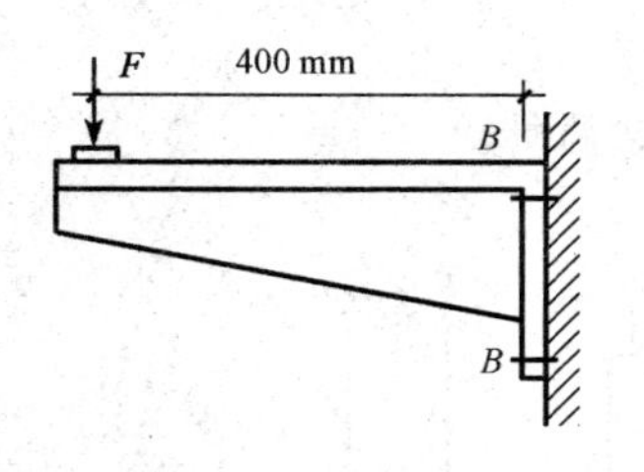

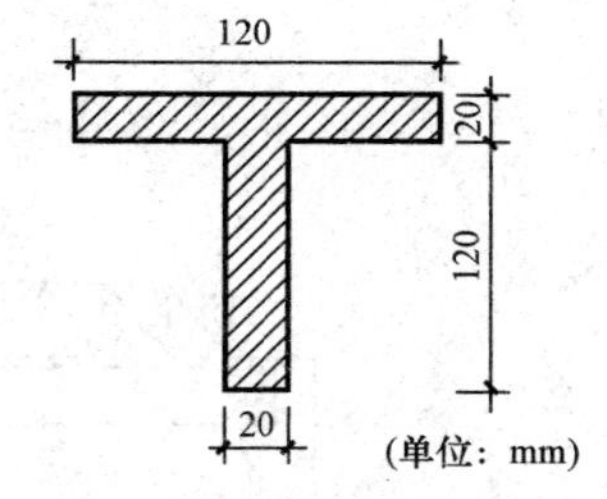

图 7-30

第八章　组合变形

教学目标

1. 组合变形和叠加原理；
2. 拉伸或压缩与弯曲的组合。

第一节　组合变形的概念

在前面几章中，分别研究了杆件在基本变形(拉伸、压缩、剪切、扭转、弯曲)时的强度和刚度。在实际工程中，有许多构件在荷载作用下常常同时发生两种或者两种以上的基本变形，这种情况称为组合变形。例如，图 8-1 所示为屋架上的檩条，可以作为简支梁来计算，它受到从屋面传来的荷载 q 的作用，若 q 的作用线并不通过工字形截面的任一根形心主惯性轴，所引起的就不是平面弯曲。如果把 q 沿两个形心主惯性轴方向分解，则引起沿两个方向的平面弯曲，这种情况称为斜弯曲或者双向弯曲。又如图 8-2 所示，厂房的起重机柱子，承受屋架和起重机梁传来的荷载 F_1、F_2，F_1、F_2 的合力一般与柱子的轴线不相重合，而是有偏心。如果将合力简化到轴线上，则必须附加力偶 Fe_1 和 Fe_2，而附加力偶 Fe_1 和 Fe_2 将引起纯弯曲，因此这种情况是轴向压缩和纯弯曲的共同作用，称为偏心压缩。

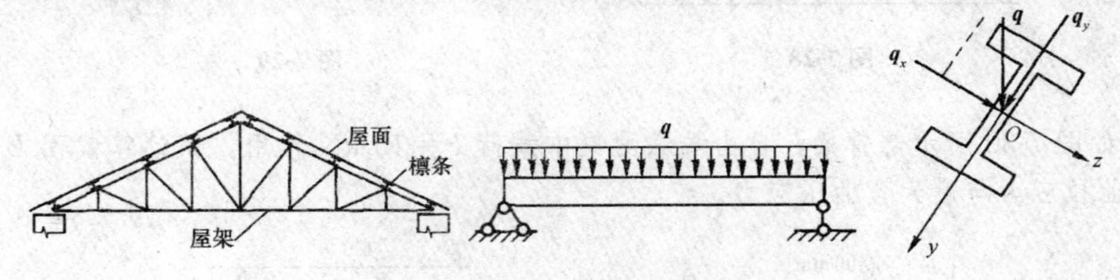

图 8-1　檩条受力简图

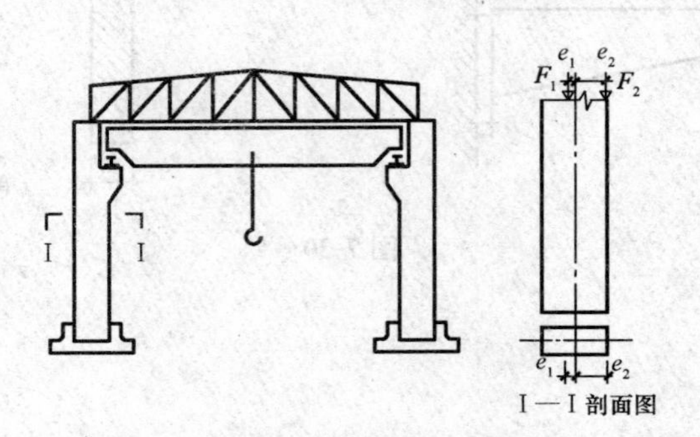

图 8-2　厂房起重机柱受力简图

其他如卷扬机的机轴，同时承受扭转和弯曲的作用，楼梯的斜梁、烟囱、挡土墙等构件都同时承受压缩和平面弯曲的共同作用。对发生组合变形的杆件计算应力和变形时，可先将荷载进行简化或分解，使简化或分解后的静力等效荷载，各自只引起一种简单变形，分别计算，再进行叠加，就得到原来的荷载引起的组合变形时应力和变形。当然，必须满足小变形假设以及力与位移之间成线性关系这两个条件才能应用叠加原理。

组合变形的分类：两个平面弯曲的组合；拉伸或压缩与弯曲的组合；扭转与弯曲。

第二节　拉伸或压缩与弯曲的组合

如果杆件除了在通过其轴线的纵向平面内受到垂直于轴线的荷载以外，还受到轴向拉(压)力，这时杆将发生拉伸(压缩)和弯曲组合变形。例如，如图 8-3 所示的烟囱，在自重作用下引起轴向压缩，在风力作用下引起弯曲，因此它是轴向压缩与弯曲的组合变形。

又如简易起重机架的横梁 AB，当吊钩吊重物 F 时，它除了受到横向集中力 F 的作用外，还由于 B 端斜杆 BC 的拉力而产生轴力 N 的作用。因此，梁 AB(简支梁)受到压缩和弯曲的组合作用，如图 8-4 所示。

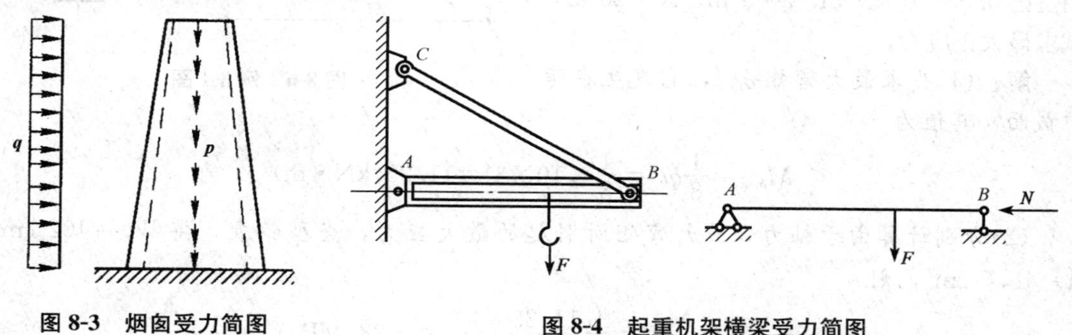

图 8-3　烟囱受力简图　　**图 8-4　起重机架横梁受力简图**

现以图 8-5 所示的矩形截面简支梁受横向力 F 和轴向力 N 的作用为例来说明正应力的计算。

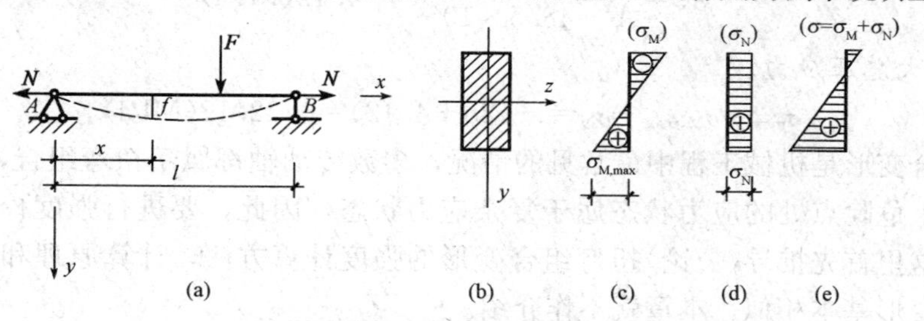

图 8-5　矩形截面简支梁受力情况

梁在横向力作用下发生弯曲，弯曲正应力 σ_M 为

$$\sigma_M = \pm\frac{M}{I_z}y$$

其分布规律如图 8-5(c)所示，最大应力为

$$\sigma_{M,max} = \frac{M_{max}}{W_z}$$

梁在轴力 N 作用 F 下引起轴向拉伸，如图 8-5(d)所示，其值为

$$\sigma_N=\frac{N}{A}$$

总应力为两项应力的叠加

$$\sigma=\sigma_M+\sigma_N=\pm\frac{M}{I_z}y+\frac{N}{A}$$

其分布如图 8-5(e)所示(设 $\sigma_{M,max}>\sigma_N$)，则最大应力为

$$\begin{matrix}\sigma_{max}\\ \sigma_{min}\end{matrix}=\frac{N}{A}\pm\frac{M_{max}}{W_z} \tag{8-1}$$

求得最大应力就可以进行强度计算，强度条件为

$$\sigma_{max}=\left|\frac{N}{A}\pm\frac{M_{max}}{W_z}\right|\leqslant[\sigma] \tag{8-2}$$

若材料的许用拉应力$[\sigma]_t$和许用压应力$[\sigma]_c$不同，则最大拉应力和最大压应力必须分别满足杆件的拉、压强度条件。

【例 8-1】 如图 8-6 所示，简支工字钢梁，型号为 25a，受均布荷载 q 及轴向压力 N 的作用。已知 $q=10$ kN/m，$l=3$ m，$N=20$ kN。试求最大正应力。

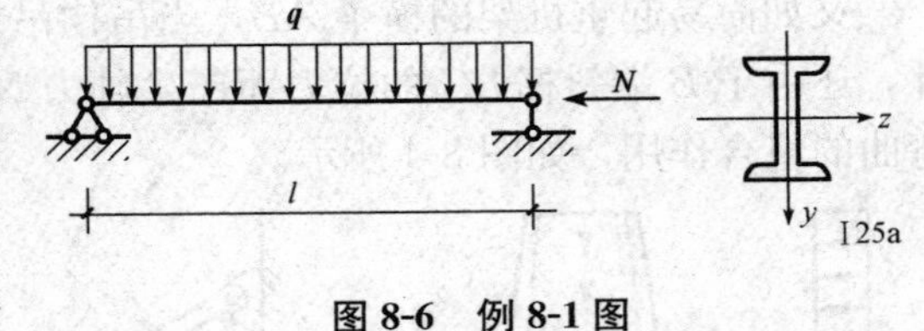

图 8-6 例 8-1 图

解: (1)先求最大弯矩 σ_{max}，它发生在跨中截面，其值为

$$M_{max}=\frac{1}{8}ql^2=\frac{1}{8}\times10\times3^2=11.25(\text{kN}\cdot\text{m})$$

(2)分别计算由于轴力和最大弯矩所引起的最大应力，查型钢表，得 $W_z=402\ \text{cm}^3$，$A=48.5\ \text{cm}^2$，则

$$\sigma_{M,max}=\frac{M_{max}}{W_z}=-\frac{11.25\times10^6}{402\times10^3}=-28(\text{MPa})$$

$$\sigma_N=\frac{N}{A}=\frac{-20\times10^3}{48.5\times10^2}=-4.12(\text{MPa})$$

(3)求最大总压应力。

$$\sigma_{max}=\sigma_{M,max}+\sigma_N=-(28+4.12)=-32.12(\text{MPa})$$

扭弯组合变形是机械工程中最常见的情况，多数传动轴都属于扭弯组合，对扭弯组合，在危险截面上危险点处的应力状态属于复杂应力状态，因此，要进行强度校核，必须采用强度理论。这里首先推导(公论)扭弯组合变形的强度计算方法，计算原理和拉伸或压缩与弯曲的组合变形基本相似，本章就不作介绍。

本章小结

1. 基本概念

组合变形：由两种或两种以上基本变形组合的情况，称为组合变形。

叠加原理：对于线弹性状态的构件，将其组合变形分解为基本变形，考虑在每一种基

本变形下的应力和变形，然后进行叠加。

2. 组合变形计算

(1)组合变形应力叠加计算公式：

$$\sigma=\sigma_M+\sigma_N=\pm\frac{M}{I_z}y+\frac{N}{A}$$

(2)组合变形强度计算公式：

$$\sigma_{max}=\left|\frac{N}{A}\pm\frac{M_{max}}{W_z}\right|\leqslant[\sigma]$$

一、填空题

1. 多数构件在外力作用下，常产生__________或__________以上的基本变形，这类变形形式称为组合变形。常见的组合变形有__________组合变形和__________组合变形。

2. 拉伸(压缩)与弯曲组合变形的危险截面通常是构件上最大__________所在截面，其强度条件的数学表达式是__________。其中__________是危险截面上危险点拉(压)弯组合变形时的最大正应力；式中比值__________是由拉(压)作用产生的正应力；式中比值__________是由弯曲作用产生的最大弯曲正应力；__________是构件材料的许用应力。

3. 如图 8-7 所示构件在外力作用下产生的变形是__________与__________的组合。

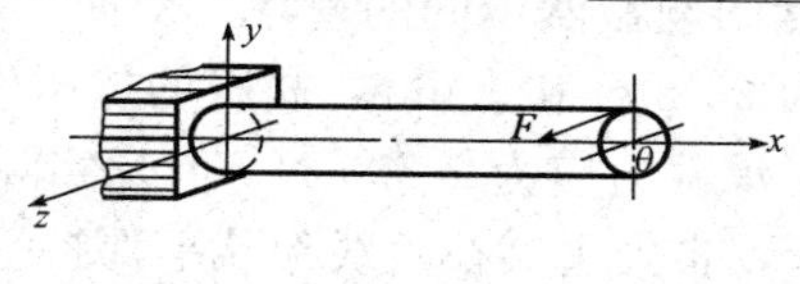

图 8-7

二、计算题

1. 图 8-8 所示空心圆杆，内径 $d=24$ mm，外径 $D=30$ mm，$P_1=600$ N，$[s]=100$ MPa，试校核此杆的强度。

2. 如图 8-9 所示，已知某拖架 AB 为矩形截面梁，宽度 $b=20$ mm，高度 $h=40$ mm，杆 CD 为圆管，其外径 $D=30$ mm，内径 $d=24$ mm，材料的$[\sigma]=160$ MPa。若不考虑 CD 杆的稳定问题，试按强度要求计算结构的许可载荷$[q]$。

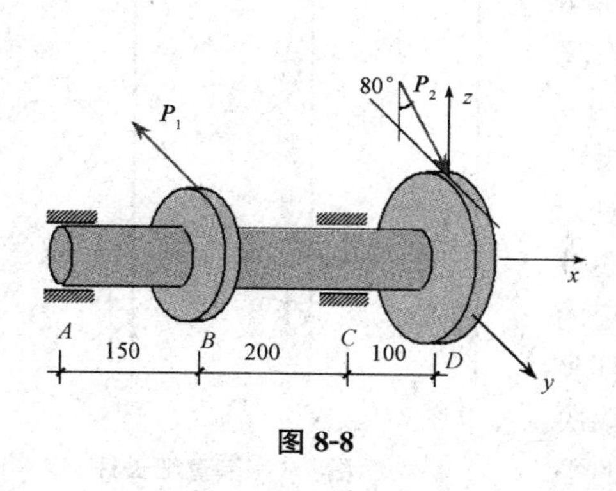

图 8-8

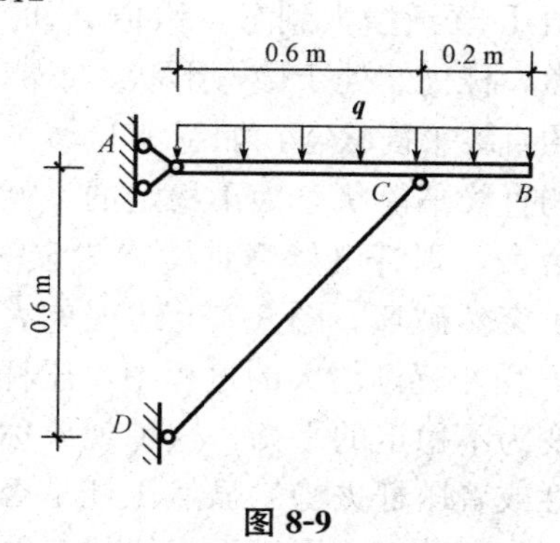

图 8-9

第九章　压杆稳定

教学目标

1. 掌握稳定性的概念；
2. 掌握计算轴向压杆的临界压力的方法；
3. 掌握临界应力总图及稳定性校核的方法。

第一节　概　　述

在前面讨论受压直杆的强度问题时，认为只要满足杆受压时的强度条件，就能保证压杆的正常工作。实验证明，这个结论只适用于短粗压杆，而细长压杆在轴向压力作用下，其破坏的形式却呈现出与强度问题截然不同的现象。例如，一根长 300 mm 的钢制直杆，其横截面的宽度和厚度分别为 20 mm 和 1 mm，材料的抗压许用应力等于 140 MPa，如果按照其抗压强度计算，其抗压承载力应为 2 800 N。但是实际上，在压力尚不到 40 N 时，杆件就发生了明显的弯曲变形，丧失了其在直线形状下保持平衡的能力从而导致破坏。显然，这不属于强度性质的问题，而属于下面即将讨论的压杆稳定的范畴。

为了说明问题，取如图 9-1(a)所示的等直细长杆，在其两端施加轴向压力 F，使杆在直线状态下处于平衡，此时，如果给杆以微小的侧向干扰力，使杆发生微小的弯曲，然后撤去干扰力，则当杆承受的轴向压力数值不同时，其结果也截然不同。当杆承受的轴向压力数值 F 小于某一数值 F_{cr}时，在撤去干扰力以后，杆能自动恢复到原有的直线平衡状态而保持平衡，如图 9-1(a)、(b)所示，这种原有的直线平衡状态称为稳定的平衡；当杆承受的轴向压力数值 F 逐渐增大到某一数值 F_{cr}时，即使撤去干扰力，杆仍然处于微弯形状，不能自动恢复到原有的直线平衡状态，如图 9-1(c)、(d)所示，则原有的直线平衡状态为不稳定的平衡。如果力 F 继续增大，则杆继续弯曲，产生显著的变形，甚至发生突然破坏。图 9-1 上述现象表明，在轴向压力 F 由小逐渐增大的过程中，压杆由稳定的平衡转变为不稳定的平衡，这种现象称为压杆丧失稳定性或者压杆失稳。显然压杆是否失稳取决于轴向压力的数值，压杆由直线状态的稳定的平

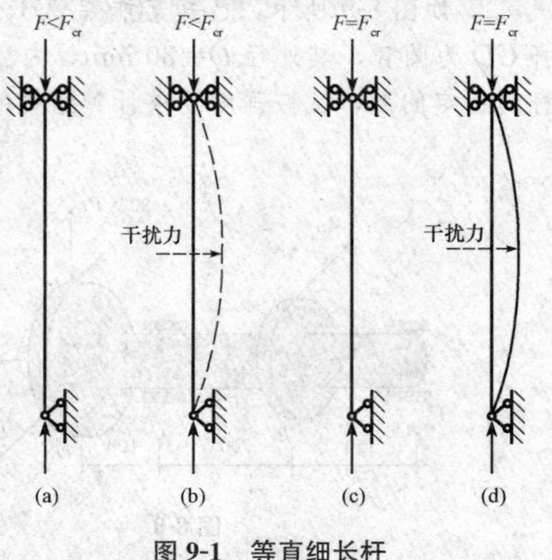

图 9-1　等直细长杆

衡过渡到不稳定的平衡时所对应的轴向压力，称为压杆的临界压力或临界力，用 F_{cr} 表示。当压杆所受的轴向压力 F 小于 F_{cr} 时，杆件就能够保持稳定的平衡，这种性能称为压杆具有稳定性；而当压杆所受的轴向压力 F 等于或者大于 F_{cr} 时，杆件就不能保持稳定的平衡而失稳。

第二节　细长压杆的临界力和临界应力

一、细长压杆临界力计算公式——欧拉公式

从上述讨论可知，压杆在临界力作用下，其直线状态的平衡将由稳定的平衡转变为不稳定的平衡，此时，即使撤去侧向干扰力，压杆仍然将保持在微弯状态下的平衡。当然，如果压力超过这个临界力，弯曲变形将明显增大。因此，使压杆在微弯状态下保持平衡的最小的轴向压力，即为压杆的临界压力。下面介绍不同约束条件下压杆的临界力计算公式。

(1)两端铰支细长杆的临界力计算公式——欧拉公式。

设两端铰支长度为 z 的细长杆，在轴向压力 F_{cr} 的作用下保持微弯平衡状态，如图 9-2 所示。杆在小变形时其挠曲线近似微分方程为

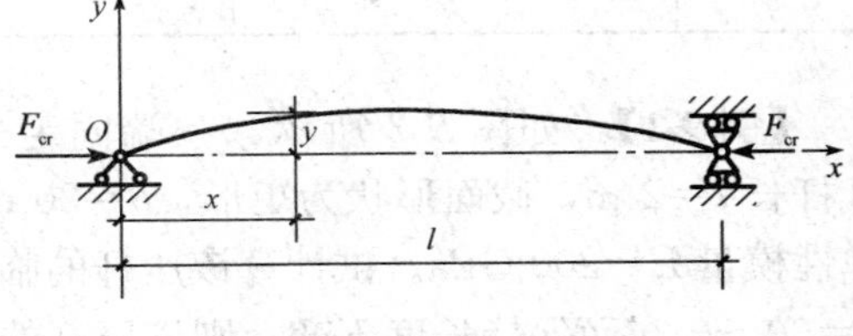

图 9-2　细长杆受力情况

$$EI\frac{d^2y}{dx^2}=-M(x) \qquad \text{(a)}$$

在图 9-2 所示的坐标系中，坐标 x 处横截面上的弯矩为

$$M(x)=-F_{cr}y \qquad \text{(b)}$$

将式(b)代入式(a)，得

$$EI\frac{d^2y}{dx^2}=-F_{cr}y$$

进一步推导(过程从略)，可得临界力为

$$F_{cr}=\frac{\pi^2EI}{l^2} \qquad (9\text{-}1)$$

上式即为两端铰支细长杆的临界压力计算公式，称为欧拉公式。

从欧拉公式可以看出，细长压杆的临界力 F_{cr} 与压杆的弯曲刚度成正比，而与杆长 l 的平方成反比。

(2)其他约束情况下细长压杆的临界力。杆端为其他约束的细长压杆，其临界力计算公式可参考前面的方法导出，也可以采用类比的方法得到。经验表明，具有相同挠曲线形状的压杆，其临界力计算公式也相同。于是，可将两端铰支约束压杆的挠曲线形状取为基本情况，而将其他杆端约束条件下压杆的挠曲线形状与之进行对比，从而得到相应杆端约束条件下压杆临界力的计算公式。为此，可将欧拉公式写成统一的形式：

$$F_{cr}=\frac{\pi^2EI}{(\mu l)^2} \qquad (9\text{-}2)$$

式中 μl 为折算长度，表示将杆端约束条件不同的压杆计算长度 l 折算成两端铰支压杆的长度，μ 为长度系数。几种不同杆端约束情况下的长度系数 μ 值列于表 9-1 中。从表 9-1

可以看出，两端铰支时，压杆在临界力作用下的挠曲线为半波正弦曲线；而一端固定另一端铰支，计算长度为 l 的压杆的挠曲线，其部分挠曲线($0.7l$)与长为 l 的两端铰支的压杆的挠曲线的形状相同，因此，在这种约束条件下，折算长度为 $0.7l$。其他约束条件下的长度系数和折算长度可以依此类推。

表 9-1　压杆长度系数

支承情况	两端铰支	一端固定一端铰支	两端固定	一端固定一端自由
μ	1.0	0.7	0.5	2
挠曲线形状	F_{cr}，l	F_{cr}，$0.7l$，l	F_{cr}，$\frac{l}{4}$，$\frac{l}{2}$，$\frac{l}{4}$	F_{cr}，l

【例 9-1】 如图 9-3 所示，一端固定另一端自由的细长压杆，其杆长 $l=2$ m，截面形状为矩形，$b=20$ mm、$h=45$ mm，材料的弹性模量 $E=200$ GPa。试计算该压杆的临界力。若把截面改为 $b=h=30$ mm，而保持长度不变，则该压杆的临界力又为多大？

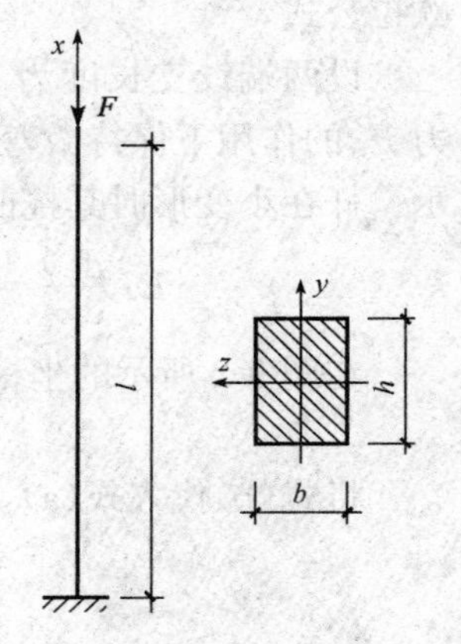

图 9-3　例 9-1 图

解：(1)计算截面的惯性矩。由前述可知，该压杆必在弯曲刚度最小的 xy 平面内失稳，故式(9-2)的惯性矩应以最小惯性矩代入，即

$$I_{\min}=I_y=\frac{hb^3}{12}=\frac{45\times20^3}{12}=3\times10^4(\text{mm}^4)$$

(2)计算临界力。查表 9-1 得 $\mu=2$，因此临界力为

$$F_{cr}=\frac{\pi^2EI}{(\mu l)^2}=\frac{\pi^2\times200\times10^3\times3\times10^4}{(2\times2\times10^3)^2}=3\ 700(\text{N})=3.70\ \text{kN}$$

(3)当截面改为 $b=h=30$ mm 时，压杆的惯性矩为

$$I_y=I_z=\frac{bh^3}{12}=\frac{30^4}{12}=6.75\times10^4(\text{mm}^4)$$

代入欧拉公式，可得

$$F_{cr}=\frac{\pi^2EI}{(\mu l)^2}=\frac{\pi^2\times200\times10^3\times6.75\times10^4}{(2\times2\times10^3)^2}=8\ 319(\text{N})=8.32\ \text{kN}$$

从以上两种情况分析，其横截面面积相等，支承条件也相同，但是，计算得到的临界力后者大于前者。可见在材料用量相同的条件下，选择恰当的截面形式可以提高细长压杆的临界力。

二、临界应力

(1)临界应力和柔度。前面导出了计算压杆临界力的欧拉公式，当压杆在临界力 F_{cr} 作用下处于直线状态的平衡时，其横截面上的压应力等于临界力 F_{cr} 除以横截面面积 A，称为

临界应力，用σ_{cr}表示，即

$$\sigma_{cr}=\frac{F_{cr}}{A}$$

将式(9-2)代入上式，得

$$\sigma_{cr}=\frac{\pi^2 EI}{(\mu l)^2 A}$$

令

$$i=\sqrt{\frac{l}{A}}$$

式中　i——压杆横截面的惯性半径。

于是临界应力可写为

$$\sigma_{cr}=\frac{\pi^2 EI\cdot i^2}{(\mu l)^2}=\frac{\pi^2 E}{\left(\frac{\mu l}{i}\right)^2}$$

令$\lambda=\frac{\mu l}{i}$，则

$$\sigma_{cr}=\frac{\pi^2 E}{\lambda^2} \tag{9-3}$$

上式为计算压杆临界应力的欧拉公式，式中λ称为压杆的柔度(或称长细比)。柔度λ是一个无量纲的量，其大小与压杆的长度系数μ、杆长l及惯性半径i有关。由于压杆的长度系数μ决定于压杆的支承情况，惯性半径i决定于截面的形状与尺寸，因此，从物理意义上看，柔度λ综合地反映了压杆的长度、截面的形状与尺寸以及支承情况对临界力的影响。从式(9-3)还可以看出，压杆的柔度值越大，则其临界应力越小，压杆就越容易失稳。

(2)欧拉公式的适用范围。欧拉公式是根据挠曲线近似微分方程导出的，而应用此微分方程时，材料必须服从虎克定理。因此，欧拉公式的适用范围应当是压杆的临界应力σ_{cr}不超过材料的比例极限σ_P，即

$$\sigma_{cr}=\frac{\pi^2 E}{\lambda^2}\leqslant\sigma_P$$

有

$$\lambda\geqslant\pi\sqrt{\frac{E}{\sigma_P}}$$

若设λ_P为压杆的临界应力达到材料的比例极限σ_P时的柔度值，则

$$\lambda_P\geqslant\pi\sqrt{\frac{E}{\sigma_P}} \tag{9-4}$$

故欧拉公式的适用范围为

$$\lambda\geqslant\lambda_P \tag{9-5}$$

上式表明，当压杆的柔度不小于λ_P时，才可以应用欧拉公式计算临界力或临界应力。这类压杆称为大柔度杆或细长杆，欧拉公式只适用于大柔度杆。从式(9-4)可知，λ_P的值取决于材料性质，不同的材料有不同的E值和σ_P值，因此，不同材料制成的压杆，其λ_P也不同。例如Q235钢，$\sigma_P=200$ MPa，$E=200$ GPa，由式(9-4)即可求得，$\lambda_P=100$。

三、中长杆的临界力计算——经验公式、临界应力总图

(1)中长杆的临界力计算使用经验公式。上面指出，欧拉公式只适用于大柔度杆，即临

界应力不超过材料的比例极限(处于弹性稳定状态)。当临界应力超过比例极限时，材料处于弹塑性阶段，此类压杆的稳定属于弹塑性稳定(非弹性稳定)问题，此时，欧拉公式不再适用。对这类压杆各国大都采用经验公式计算临界力或者临界应力，经验公式是在试验和实践资料的基础上，经过分析、归纳而得到的。各国采用的经验公式多以本国的试验为依据，因此计算不尽相同。我国比较常用的经验公式有直线公式和抛物线公式等，本书只介绍直线公式，其表达式为

$$\sigma_{cr}=a-b\lambda \tag{9-6}$$

式中，a 和 b 为与材料有关的常数，其单位为 MPa。

一些常用材料的 a、b 值可见表 9-2。

表 9-2　几种常用材料的 a、b 值

材料	a/MPa	b/MPa	λ_P	λ_P'
Q235 钢 $\sigma_s=235$ MPa	304	1.12	100	62
硅钢 $\sigma_s=353$ MPa $\sigma_b\geqslant 510$ MPa	577	3.74	100	60
铬钼钢	980	5.29	55	0
硬铝	372	2.14	50	0
铸铁	331.9	1.453		
松木	39.2	0.199	59	0

应当指出，经验公式(9-6)也有其适用范围，它要求临界应力不超过材料的受压极限应力。这是因为当临界应力达到材料的受压极限应力时，压杆已因为强度不足而破坏。因此，对于由塑性材料制成的压杆，其临界应力不允许超过材料的屈服应力 σ_s，即

$$\sigma_{cr}=a-b\lambda\leqslant\sigma_s \tag{9-7}$$

或

$$\lambda\geqslant\frac{a-\sigma_s}{b}$$

令

$$\lambda_s=\frac{a-\sigma_s}{b} \tag{9-8}$$

得

$$\lambda\geqslant\lambda_s$$

式中，λ_s 为临界应力等于材料的屈服点应力时压杆的柔度值。与 λ_P 一样，它也是一个与材料的性质有关的常数。因此，直线经验公式的适用范围为

$$\lambda_s<\lambda<\lambda_P$$

计算时，一般将柔度值介于 λ_s 与 λ_P 之间的压杆称为中长杆或中柔度杆，柔度小于 λ_P' 的压杆称为短粗杆或小柔度杆。对于柔度小于 λ_P' 的短粗杆或小柔度杆，其破坏则是因为材料的抗压强度不足而造成的，如果将这类压杆也按照稳定问题进行处理，则对塑性材料制成的压杆来说，可取临界应力 $\sigma_{cr}=\sigma_s$。

(2)临界应力总图。综上所述，压杆按照其柔度的不同，可以分为三类，并分别由不同的计算公式计算其临界应力。当 $\lambda\geqslant\lambda_P$ 时，压杆为细长杆(大柔度杆)，其临界应力用欧拉公式(9-3)来计算；当 $\lambda_s<\lambda<\lambda_P$ 时，压杆为中长杆(中柔度杆)，其临界应力用经验公式(9-6)来计算；当 $\lambda\leqslant\lambda_s$ 时，压杆为短粗杆(小柔度杆)，其临界应力等于杆受压时的

极限应力。如果把压杆的临界应力根据其柔度不同而分别计算的情况，用一个简图来表示，该图形就称为压杆的临界应力总图。图 9-4 即为某塑性材料的临界应力总图。

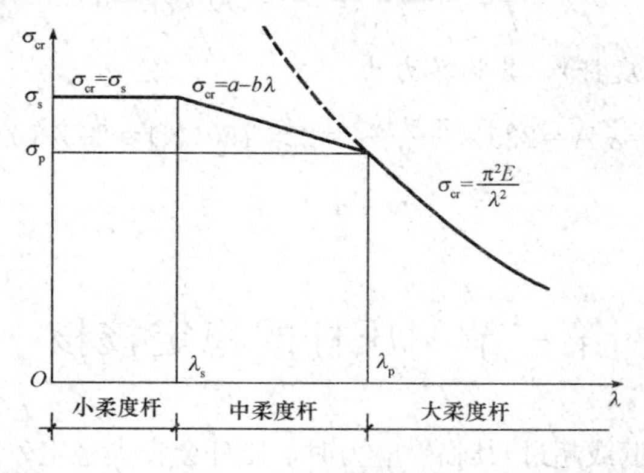

图 9-4　临界应力总图

【例 9-2】　图 9-5 所示为两端铰支的圆形截面受压杆，用 Q235 钢制成，材料的弹性模量 $E=200$ GPa，屈服点应力 $\sigma_s=235$ MPa，直径 $d=40$ mm，试分别计算下面三种情况下压杆的临界力：(1)杆长 $l=1.2$ m；(2)杆长 $l=0.8$ m；(3)杆长 $l=0.5$ m。

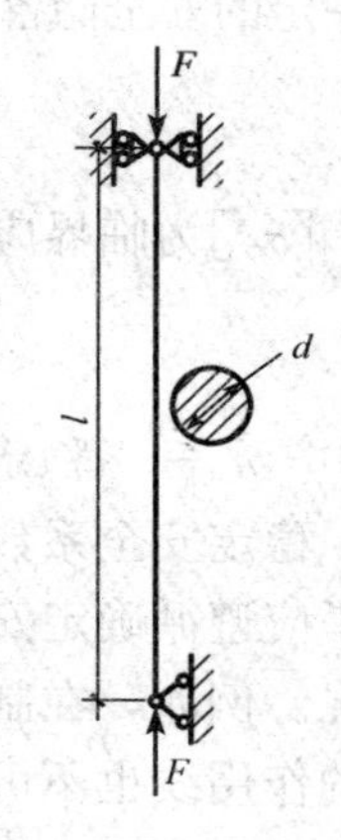

图 9-5　例 9-2 图

解：(1)计算杆长 $l=1.2$ m 时的临界力。两端铰支时 $\mu=1$。

惯性半径

$$i=\sqrt{\frac{l}{A}}=\sqrt{\frac{\frac{\pi d^4}{64}}{\frac{\pi d^2}{4}}}=\frac{d}{4}=\frac{40}{4}=10\ \text{mm}$$

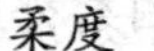
柔度

$$\lambda=\frac{\mu l}{i}=\frac{1\times1.2\times10^3}{10}=120>\lambda_P=100$$

因此受压杆是大柔度杆，应用欧拉公式计算临界力。

$$F_{cr}=\sigma_{cr}A=\frac{\pi^2E}{\lambda^2}\times\frac{\pi D^2}{4}=\frac{\pi^3\times200\times10^3\times10^2}{4\times120^2}=1.075\times10^5\ (\text{N})=107.5\ \text{kN}$$

(2)计算杆长 $l=0.8$ m 时的临界力。

$$\mu=1$$

$$i=10\ \text{mm}$$

$$\lambda=\frac{\mu l}{i}=\frac{1\times0.8\times10^3}{10}=80$$

查表 9-2 可得 $\lambda_P'=62$。

因为 $\lambda_P'<\lambda<\lambda_P$，所以该杆为中长杆，应用直线经验公式来计算临界力。

查表 9-2，Q235 钢 $a=304$ MPa，$b=1.12$ MPa。

$$F_{cr}=\sigma_{cr}A=(a-b\lambda)\frac{\pi D^2}{4}=(304-1.12\times80)\times\frac{\pi\times40^2}{4}=269\ 286.4\times10^3\ (\text{N})=269.3\ \text{kN}$$

(3)计算杆长 $l=0.5$ m 时的临界力。

$$\mu=1$$

$$i=10\text{ mm}$$

$$\lambda=\frac{\mu i}{i}=\frac{1\times 0.5\times 10^{3}}{10}=50<\lambda_{P}'=62$$

压杆为短粗杆(小柔度杆)，其临界力为

$$F_{cr}=\sigma_{s}A=235\times\frac{\pi\times 40^{2}}{4}=295\ 160(\text{N})=295.16\text{ kN}$$

第三节　压杆的稳定校核

当压杆中的应力达到(或超过)其临界应力时，压杆会丧失稳定。因此，正常工作的压杆，其横截面上的应力应小于临界应力。在工程中，为了保证压杆具有足够的稳定性，还必须考虑一定的安全储备，这就要求横截面上的应力不能超过压杆的临界应力的许用值$[\sigma_{cr}]$，即

$$\sigma=\frac{F}{A}\leqslant[\sigma_{cr}] \tag{9-9}$$

$[\sigma_{cr}]$为临界应力的许用值，其值为

$$[\sigma_{cr}]=\frac{\sigma_{cr}}{n_{st}} \tag{9-10}$$

式中　n_{st}——稳定安全系数。

稳定安全系数一般都大于强度计算时的安全系数，这是因为在确定稳定安全系数时，除了应遵循确定安全系数的一般原则以外，还必须考虑实际压杆并非理想的轴向压杆这一情况。例如，在制造过程中，杆件不可避免地存在微小的弯曲(即存在初曲率)；另外，外力的作用线也不可能绝对准确地与杆件的轴线相重合(即存在初偏心)等，这些因素都应在稳定安全系数中加以考虑。

为了计算上的方便，将临界应力的许用值，写成如下形式：

$$\sigma_{cr}=\frac{\sigma_{cr}}{n_{st}}=\varphi[\sigma] \tag{9-11}$$

从上式可知，φ值为

$$\varphi=\frac{\sigma_{cr}}{n_{st}[\sigma]} \tag{9-12}$$

式中　$[\sigma]$——强度计算时的许用应力；

　　φ——折减系数，其值小于l。

由式(9-12)可知，当$[\sigma]$一定时，φ取决于σ_{cr}与n_{st}。由于临界应力σ_{cr}值随压杆的长细比λ而改变，而不同长细比的压杆一般又规定不同的稳定安全系数，所以折减系数φ是长细比λ的函数。当材料一定时，φ值取决于长细比λ的值。表9-3即列出了Q235钢、16锰钢和木材的折减系φ数值。

$[\sigma_{cr}]$与$[\sigma]$虽然都是“许用应力”，但两者却有很大的不同。$[\sigma]$只与材料有关，当材料一定时，其值为定值；而$[\sigma_{cr}]$除了与材料有关以外，还与压杆的长细比有关，因此，相同材料制成的不同(长细比)的压杆，其$[\sigma_{cr}]$值是不同的。

将式(9-9)代入式(9-10)，可得

$$\sigma=\frac{F}{A}\leqslant\varphi[\sigma] \quad 或 \quad \frac{F}{A\varphi}\leqslant[\sigma] \tag{9-13}$$

表 9-3　折减系数表

λ	φ			λ	φ		
	Q235 钢	16 锰钢	木材		Q235 钢	16 锰钢	木材
0	1.000	1.000	1.000	110	0.536	0.386	0.248
10	0.995	0.993	0.971	120	0.446	0.325	0.208
20	0.981	0.973	0.932	130	0.401	0.279	0.178
30	0.958	0.940	0.883	140	0.349	0.242	0.53
40	0.927	0.895	0.822	150	0.306	0.213	0.133
50	0.888	0.840	0.751	160	0.272	0.188	0.117
60	0.842	0.776	0.668	170	0.243	0.168	0.104
70	0.789	0.705	0.575	180	0.218	0.151	0.093
80	0.731	0.627	0.470	190	0.197	0.136	0.083
90	0.669	0.546	0.370	200	0.180	0.124	0.075
100	0.604	0.462	0.300				

上式即为压杆需要满足的稳定条件。由于折减系数 φ 可按 λ 的值直接从表 9-3 中查到，因此，按式(9-13)的稳定条件进行压杆的稳定计算，十分方便。因此，该方法也称为实用计算方法。

应当指出，在稳定计算中，压杆的横截面面积 A 均采用毛截面面积计算，即当压杆在局部有横截面削弱(如钻孔、开口等)时，可不予考虑。因为压杆的稳定性取决于整个杆件的弯曲刚度，而局部的截面削弱对整个杆件的整体刚度来说，影响甚微。但是，对截面的削弱处，则应当进行强度验算。

应用压杆的稳定条件，可以对以下三个方面的问题进行计算：

(1)稳定校核，即已知压杆的几何尺寸、所用材料、支承条件以及承受的压力，验算是否满足式(9-13)的稳定性。

这类问题，一般应首先计算出压杆的长细比 λ，根据 λ 查出相应的折减系数 φ，再按照式(9-13)进行校核。

(2)计算稳定时的许用荷载，即已知压杆的几何尺寸、所用材料及支承条件，按稳定条件计算其能够承受的许用荷载 F 值。

这类问题，一般也要首先计算出压杆的长细比 λ，根据 λ 查出相应的折减系数 φ，再按照下式进行计算。

$$F\leqslant A\varphi[\sigma]$$

(3)进行截面设计，即已知压杆的长度、所用材料、支承条件以及承受的压力 F，按照稳定条件计算压杆所需的截面尺寸。

这类问题，一般采用“试算法”。这是因为在稳定条件[式(9-13)]中，折减系数 φ 是根据压杆的长细比 λ 查表得到的，而在压杆的截面尺寸尚未确定之前，压杆的长细比 λ 不能确定，所以也就不能确定折减系数 φ。因此，只能采用试算法。首先假定一折减系数值 φ(0 与 1 之间)，由稳定条件计算所需要的截面面积 A，然后计算出压杆的长细比 λ，根据压杆的长细比λ查表得到折减系数φ，再按照式(9-8)验算是否满足稳定条件。如果不满足稳定条件，则应重新假定折减系数φ，重复上述过程，直到满足稳定条件为止。

【例 9-3】 如图 9-6 所示，构架由两根直径相同的圆杆构成，杆的材料为 Q235 钢，直径$d=20$ mm，材料的许用应力$[\sigma]=170$ MPa，已知$h=0.4$ m，作用力$F=15$ kN。试在计算平面内校核两杆的稳定性。

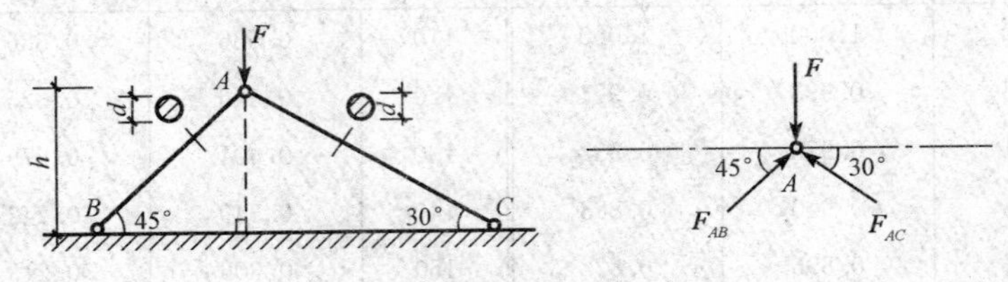

图 9-6 例 9-3 图

解： (1)计算各杆承受的压力。取结点A为研究对象，根据平衡条件列方程

$$\sum x=0, F_{AB}\cdot\cos45^\circ-F_{AC}\cdot\cos30^\circ=0 \tag{a}$$

$$\sum y=0, F_{AB}\cdot\sin45^\circ+F_{AC}\cdot\sin30^\circ-F=0 \tag{b}$$

联立式(a)、式(b)解得两杆承受的压力分别为

$$F_{AB}=0.896F=13.44(\text{kN})$$

$$F_{AC}=0.732F=10.98(\text{kN})$$

(2)计算两杆的长细比。各杆的长度分别为

$$l_{AB}=\sqrt{2}h=\sqrt{2}\times0.4=0.566(\text{m})$$

$$l_{AC}=2h=2\times0.4=0.8(\text{m})$$

则两杆的长细比分别为

$$\lambda_{AB}=\frac{\mu l_{AB}}{i}=\frac{\mu l_{AB}}{\frac{d}{4}}=\frac{1\times0.566\times10^3}{20/4}=113.2$$

$$\lambda_{AC}=\frac{\mu l_{AC}}{i}=\frac{\mu l_{AC}}{\frac{d}{4}}=\frac{1\times0.8\times10^3}{20/4}=160$$

(3)由表 9-3 查得折减系数为

$$\varphi_{AC}=0.272$$

$$\varphi_{AB}=0.536-(0.536-0.466)\times\frac{3}{10}=0.515$$

(4)按照稳定条件进行验算。

AB 杆

$$\frac{F_{AB}}{A_{\varphi_{AB}}}=\frac{13.44\times10^3}{\pi\left(\frac{20}{2}\right)^2\times0.515}=83.1(\text{MPa})<[\sigma]$$

AC 杆

$$\frac{F_{AC}}{A_{\varphi_{AC}}}=\frac{10.98\times10^3}{\pi\left(\frac{20}{2}\right)^2\times0.272}=128.6(\text{MPa})<[\sigma]$$

因此，两杆都满足稳定条件，构架稳定。

【例 9-4】 如图 9-7 所示支架，BD 杆为正方形截面的木杆，其长度 $l=2$ m，截面边长 $a=0.1$ m，木材的许用应力$[\sigma]=10$ MPa，试从满足 BD 杆的稳定条件考虑，计算该支架能承受的最大荷载 F_{max}。

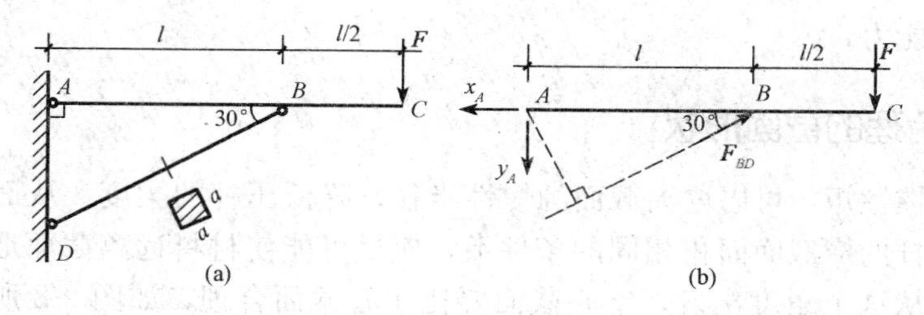

图 9-7 例 9-4 图

解：(1)计算 BD 杆的长细比。

$$l_{BD}=\frac{l}{\cos 30°}=\frac{2}{\frac{\sqrt{3}}{2}}=2.31(\text{m})$$

$$\lambda_{BD}=\frac{\mu l_{BD}}{i}=\frac{\mu l_{BD}}{\sqrt{\frac{I}{A}}}=\frac{\mu l_{BD}}{a\sqrt{\frac{1}{12}}}=\frac{1\times 2.31}{0.1\times\sqrt{\frac{1}{12}}}=80$$

(2)求 BD 杆能承受的最大压力。根据长细比 λ_{BD} 查表 9-3，得 $\varphi_{BD}=0.470$，则 BD 杆能承受的最大压力为

$$F_{BD\max}=A\varphi[\sigma]=0.1^2\times 10^6\times 0.470\times 10=47\times 10^3\text{N}=47(\text{kN})$$

(3)根据外力 F 与 BD 杆所承受压力之间的关系，求出该支架能承受的最大荷载 F_{max}。考虑 AC 的平衡，可得

$$\sum M_A=0, F_{BD}\cdot\frac{l}{2}-F\cdot\frac{3}{2}l=0$$

从而可求得

$$F=\frac{1}{3}F_{BD}$$

因此，该支架能承受的最大荷载 F_{max} 为

$$F_{\max}=\frac{1}{3}F_{BD\max}=\frac{1}{3}\times 47=15.7(\text{kN})$$

第四节　提高压杆承载力的措施

要提高压杆的稳定性，关键在于提高压杆的临界力或临界应力。而压杆的临界力和临界应力，与压杆的长度、横截面形状及大小、支承条件以及压杆所用材料等有关。因此，可以从以下几个方面考虑。

一、合理选择材料

由欧拉公式可知，大柔度杆的临界应力，与材料的弹性模量成正比。因此，选择弹性

模量较高的材料，就可以提高大柔度杆的临界应力，也就提高了其稳定性。但是，对于钢材而言，各种钢的弹性模量大致相同，因此，选用高强度钢并不能明显提高大柔度杆的稳定性。而中、小柔度杆的临界应力则与材料的强度有关，采用高强度钢材，可以提高这类压杆抵抗失稳的能力。

二、选择合理的截面形状

增大截面的惯性矩，可以增大截面的惯性半径，降低压杆的柔度，从而可以提高压杆的稳定性。在压杆的横截面面积相同的条件下，应尽可能使材料远离截面形心轴，以取得较大的惯性矩，从这个角度出发，空心截面要比实心截面合理，如图 9-8 所示。在工程实际中，若压杆的截面是用两根槽钢组成的，则应采用如图 9-9 所示的布置方式，可以取得较大的惯性矩或惯性半径。

另外，由于压杆总是在柔度较大(临界力较小)的纵向平面内首先失稳，因此，应注意尽可能使压杆在各个纵向平面内的柔度都相同，以充分发挥压杆的稳定承载力。

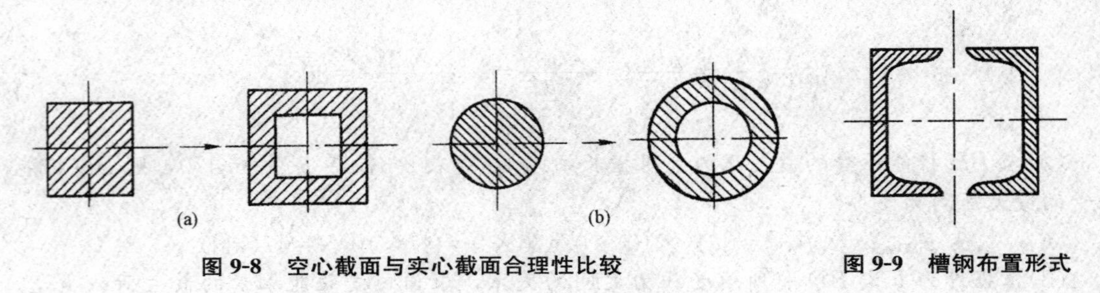

图 9-8　空心截面与实心截面合理性比较　　**图 9-9　槽钢布置形式**

三、改善约束条件、减小压杆长度

由欧拉公式可知，压杆的临界力与其计算长度的平方成反比，而压杆的计算长度又与其约束条件有关。因此，改善约束条件，可以减小压杆的长度系数和计算长度，从而增大临界力。在相同条件下，自由支座最不利，铰支座次之，固定支座最有利。

减小压杆长度的另一方法是在压杆的中间增加支承，把一根变为两根甚至几根。

本章小结

1. 细长压杆的承载能力远低于短粗压杆。

2. 细长压杆的临界力计算的欧拉公式。

$$F_{cr}=\frac{\pi^2 EI}{(\mu l)^2}$$

3. 欧拉临界应力公式。

$$\sigma_{cr}=\frac{\pi^2 E}{\lambda^2}$$

欧拉公式的适用范围是：压杆的应力不超过材料的比例极限。即

$$\sigma_{cr}\leqslant\sigma_P$$

对应于比例极限的长细比为

$$\lambda_P=\pi\sqrt{\frac{E}{\sigma_P}}$$

因此欧拉公式的适用范围可以用压杆的柔度值 λ_P 来表示，即只有当压杆的实际柔度 $\lambda \geqslant \lambda_P$ 时，欧拉公式才适用。这一类压杆称为大柔度杆或细长杆。

4. 提高压杆承载力的措施。

(1)减小压杆的长度。在条件允许的情况下，应尽量使压杆的长度减小，或者在压杆中间增加支撑。

(2)改善支承情况，减小长度系数 μ。在结构条件允许的情况下，应尽可能地使杆端约束牢固些，以使压杆的稳定性得到相应提高。

(3)选择合理的截面形状。增大惯性矩 I，从而达到增大惯性半径 i，减小柔度 λ，提高压杆的临界应力。

(4)合理选择材料。对于大柔度杆，弹性模量 E 值相差不大。因此，选用优质钢材对提高临界应力意义不大。

对于中柔度杆，其临界应力与材料强度有关，强度越高的材料，临界应力越高。因此，对中柔度杆而言，选择优质钢材将有助于提高压杆的稳定性。

习 题

1. 如图 9-10 所示细长压杆 AB，杆长为 L，截面为 $a\times 2a$ 的矩形。判断当 P 力逐渐增大时，压杆将以哪个轴为中性轴失稳？已知材料的弹性模量为 E，求该压杆的临界力 P_{cr}。

2. 截面为圆形、直径为 d、两端固定的细长压杆和截面为正方形、边长为 d、两端铰支的细长压杆，材料及柔度都相同，求两杆的长度之比及临界力之比。

3. 长方形截面细长压杆，$b/h=1/2$；如果将 b 改为 h 后仍为细长杆，临界力 P_{cr}是原来的多少倍？

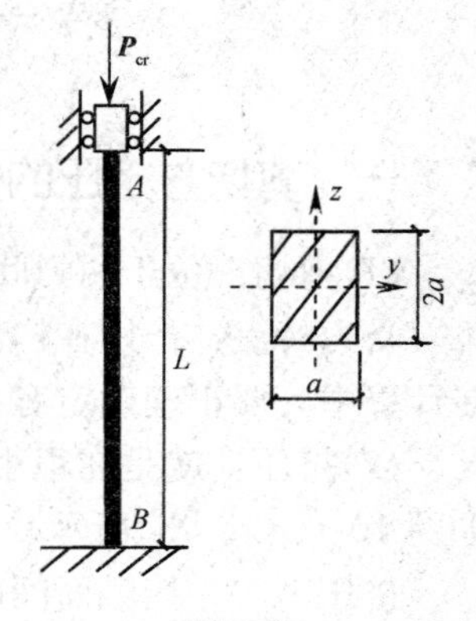

图 9-10

第十章　剪切(挤压)与扭转

教学目标

1. 掌握剪切的实用计算；
2. 掌握挤压的实用计算；
3. 掌握扭转的实用计算。

工程中的一些连接件，如键、销钉、螺栓及铆钉等，都是主要承受剪切作用的构件。受剪构件除了承受剪切外，往往同时伴随着挤压、弯曲和拉伸等作用。

在工程中扭转变形最典型的例子是传动轴。传动轴在转动平衡中将主动轮的输入功率通过轴的扭转变形传输给从动轮。另外，土木结构中带有挑檐的边梁，也会承受扭转力偶矩的作用而发生扭转变形。

第一节　剪切与挤压、扭转的概念

一、剪切与挤压的概念

(1)剪切：位于两力间的截面发生相对错动，如图 10-1(a)～(f)所示。

受力特点：作用在构件两侧面上的外力的合力大小相等、方向相反、作用线相距很近。在计算中，要正确确定有几个剪切面，以及每个剪切面上的剪力。

(2)挤压：就是在很小的面积上传递着很大的压力，使接触处压溃(塑性变形或压碎)，如图 10-1(g)、(h)所示。

挤压力——接触面间的压力，如钉和孔壁间、键和键槽壁间；

挤压面——挤压力作用的接触面，可以是平面或曲面；

挤压破坏——接触处局部塑性变形或压碎。

判断剪切面和挤压面应注意的是：剪切面是构件的两部分有发生相互错动趋势的平面；挤压面是构件相互压紧部分的表面。

二、扭转的概念

扭转变形是杆件的基本变形之一。在垂直于杆件轴线的两个平面内，作用一对大小相等、方向相反的力偶时，杆件就会产生扭转变形。扭转变形的特点是各横截面绕杆的轴线发生相对转动。杆件任意两横截面之间相对转过的角度 φ 称为扭转角，如图 10-2 所示。

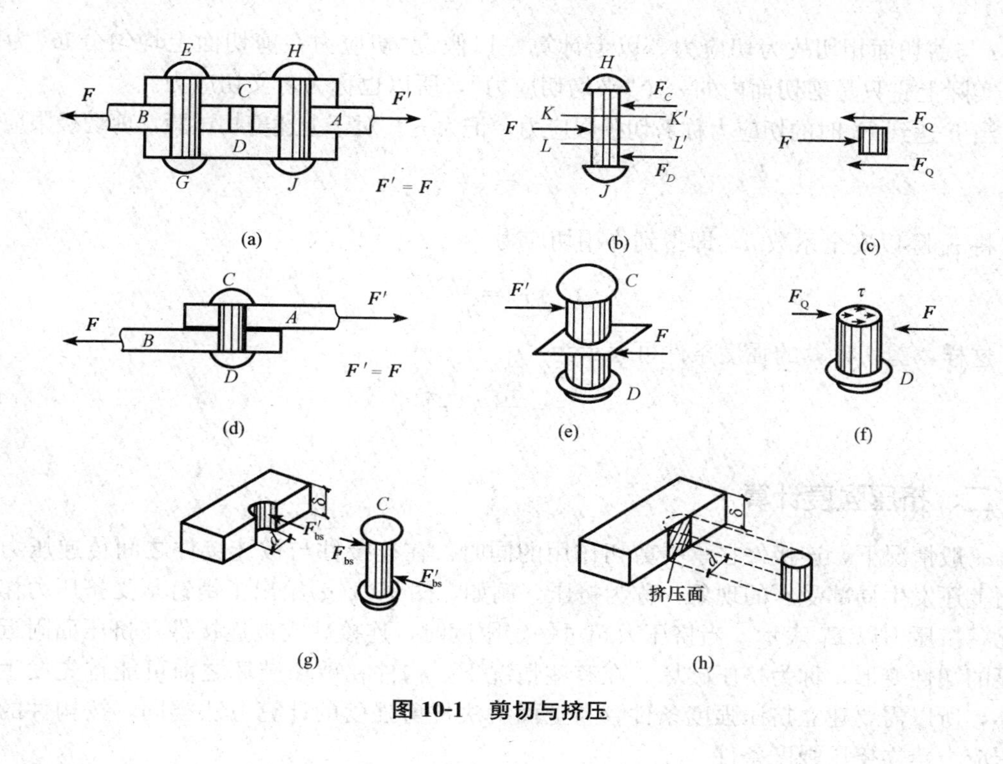

图 10-1　剪切与挤压

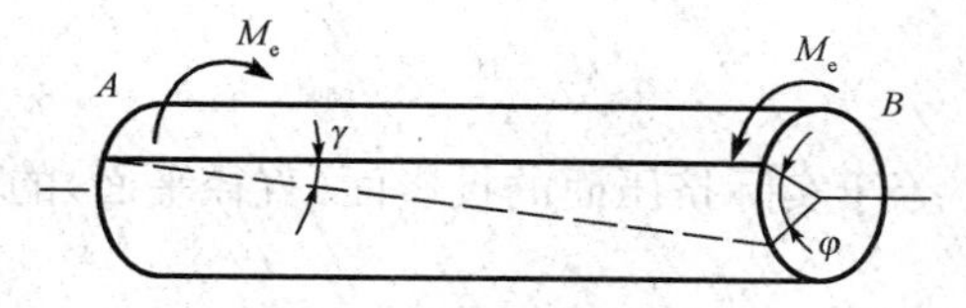

图 10-2　杆件的扭转变形

第二节　剪切与挤压的实用计算

一、剪切强度计算

剪切试验试件的受力情况应模拟零件的实际工作情况进行。图 10-1(a)所示试件的受力情况，是模拟某种销钉连接的工作情形。当载荷 F 增大至破坏载荷 F_b 时，试件在剪切面处被剪断。这种具有两个剪切面的情况，称为双剪切。由图 10-1(c)可求得剪切面上的剪力为

$$F_Q=\frac{F}{2}$$

由于受剪构件的变形及受力比较复杂，剪切面上的应力分布规律很难用理论方法确定，因而工程上一般采用实用计算方法来计算受剪构件的应力。在这种计算方法中，假设应力在剪切面内是均匀分布的。若以 A 表示销钉横截面面积，则应力为

$$\tau=\frac{F_Q}{A} \tag{10-1}$$

τ 与剪切面相切故为切应力。以上计算是以假设"切应力在剪切面上均匀分布"为基础的，实际上它只是剪切面内的一个"平均切应力"，所以也称为名义切应力。

当 F 达到 F_b 时的切应力称剪切极限应力，记为 τ_b。对于上述剪切试验，剪切极限应力为

$$\tau_b=\frac{F_b}{2A}$$

将 τ_b 除以安全系数 n，即得到许用切应力

$$[\tau]=\frac{\tau b}{n}$$

这样，剪切计算的强度条件可表示为

$$\tau=\frac{F_Q}{A}\leqslant[\tau] \tag{10-2}$$

二、挤压强度计算

一般情况下，连接件在承受剪切作用的同时，在连接件与被连接件之间传递压力的接触面上还发生局部受压的现象，称为挤压。例如，图 10-1(g)给出了销钉承受挤压力作用的情况，挤压力以 $\boldsymbol{F}_{bs}$表示。当挤压力超过一定限度时，连接件或被连接件在挤压面附近产生明显的塑性变形，称为挤压破坏。在有些情况下，构件在剪切破坏之前可能首先发生挤压破坏，所以需要建立挤压强度条件。与上面解决抗剪强度的计算方法类同，按构件的名义挤压应力建立挤压强度条件

$$\sigma_{bs}=\frac{F_{bs}}{A_{bs}}\leqslant[\sigma_{bs}] \tag{10-3}$$

式中 A_{bs}——挤压面积，等于实际挤压面的投影面(直径平面)的面积，如图 10-1(h)所示；

σ_{bs}——挤压应力；

$[\sigma_{bs}]$——许用挤压应力。

许用应力值通常可根据材料、连接方式和载荷情况等实际工作条件在有关设计规范中查得。一般地，许用切应力$[\tau]$要比同样材料的许用拉应力$[\sigma]$小，而许用挤压应力则比$[\sigma]$大。

对于塑性材料 $[\tau]=(0.6\sim0.8)[\sigma]$

$[\sigma_{bs}]=(1.5\sim2.5)[\sigma]$

对于脆性材料 $[\tau]=(0.8\sim1.0)[\sigma]$

$[\sigma_{bs}]=(0.9\sim1.5)[\sigma]$

本章所讨论的剪切与挤压的实用计算与其他章节的一般分析方法不同。由于剪切和挤压问题的复杂性，很难得出与实际情况相符的理论分析结果，所以工程中主要是采用以试验为基础而建立起来的实用计算方法。

【例 10-1】 图 10-3 中，已知钢板厚度 $t=10$ mm，其剪切极限应力 $\tau_b=300$ MPa。若用冲床将钢板冲出直径 $d=25$ mm 的孔，问需要多大的冲剪力 F？

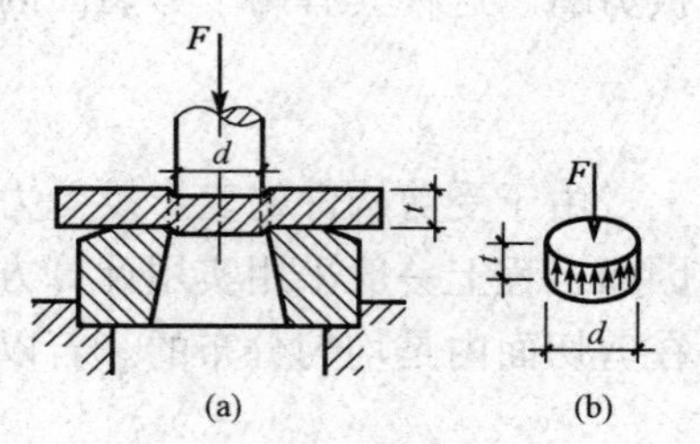

图 10-3 例 10-1 图

解： 剪切面就是钢板内被冲头冲出的圆柱体的侧面，如图 10-3(b)所示。其面积为

$$A=\pi dt=\pi\times25\times10=785(\text{mm}^2)$$

冲孔所需的冲力应为

$$F \geqslant A\tau_b = 785 \times 10^{-6} \times 300 \times 10^6 = 235\ 500(\mathrm{N}) = 235.5\ \mathrm{kN}$$

【例 10-2】 图 10-4(a)表示齿轮用平键与轴连接(图中只画出了轴与键，没有画齿轮)。已知轴的直径 $d=70$ mm，键的尺寸为 $b\times h\times l=20$ mm×12 mm×100 mm，传递的扭转力偶矩 $T_e=2$ kN·m，键的许用应力$[\tau]=60$ MPa，$[\sigma_{bs}]=100$ MPa。试校核键的强度。

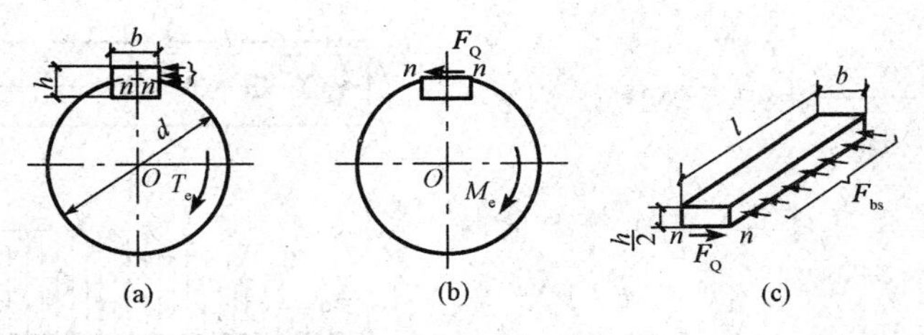

图 10-4 例 10-2 图

解： 首先校核键的剪切强度。将键沿 n—n 截面假想地分成两部分，并把 n—n 截面以下部分和轴作为一个整体来考虑[图 10-4(b)]。因为假设在 n—n 截面上的切应力均匀分布，故 n—n 截面上剪力 F_Q 为

$$F_Q = A\tau = bl\tau$$

对轴心取矩，由平衡条件 $\sum M_O = 0$，得

$$F_Q \frac{d}{2} = bl\tau \frac{d}{2} = T_e$$

故

$$\tau = \frac{2T_e}{bld} = \frac{2\times 2\times 10^3}{20\times 100\times 70\times 10^{-9}} = 28.6(\mathrm{MPa}) < [\tau]$$

可见该键满足剪切强度条件。

其次校核键的挤压强度。考虑键在 n—n 截面以上部分的平衡[图 10-4(c)]，在 n—n 截面上的剪力为 $F_Q=bl\tau$，右侧面上的挤压力为

$$F_{bs} = A_{bs}\sigma_{bs} = \frac{h}{2} l\sigma_{bs}$$

由水平方向的平衡条件得

$$F_Q = F_{bs} \text{或} \ bl\tau = \frac{h}{2} l\sigma_{bs}$$

由此求得

$$\sigma_{bs} = \frac{2b\tau}{h} = \frac{2\times 20\times 28.6}{12} = 95.3(\mathrm{MPa}) < [\sigma_{bs}]$$

故平键也符合挤压强度要求。

【例 10-3】 如图 10-5(a)所示拉杆，用四个直径相同的铆钉固定在另一个板上，拉杆和铆钉的材料相同，试校核铆钉和拉杆的强度。已知 $F=80$ kN，$b=80$ mm，$t=10$ mm，$d=16$ mm，$[\tau]=100$ MPa，$[\sigma_{bs}]=300$ MPa，$[\sigma]=150$ MPa。

解： 根据受力分析，此结构有三种破坏可能，即铆钉被剪断或产生挤压破坏，或拉杆被拉断。

(1)铆钉的抗剪强度计算。当各铆钉的材料和直径均相同，且外力作用线通过铆钉组剪

切面的形心时，可以假设各铆钉剪切面上的剪力相同。所以，对于图 10-5(a)所示铆钉组，各铆钉剪切面上的剪力均为

$$F_Q=\frac{F}{4}=\frac{80}{4}=20(\text{kN})$$

相应的切应力为

$$\tau=\frac{F_Q}{A}=\frac{20\times10^3}{\frac{\pi}{4}\times16^2\times10^{-6}}=99.5(\text{MPa})<[\tau]$$

(2)铆钉的挤压强度计算。四个铆钉受挤压力为 F，每个铆钉所受到的挤压力 F_{bs} 为

$$F_{bs}=\frac{F}{4}=20(\text{kN})$$

由于挤压面为半圆柱面，则挤压面积应为其投影面积，即

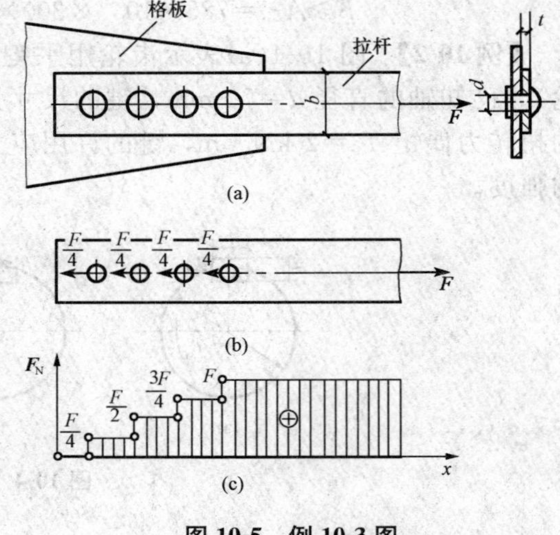

图 10-5　例 10-3 图

$$A_{bs}=td$$

故挤压应力为

$$\sigma_{bs}=\frac{F_{bs}}{A_{bs}}=\frac{20\times10^3}{10\times16\times10^{-6}}=125(\text{MPa})<[\sigma_{bs}]$$

(3)拉杆的强度计算。其危险面为 1—1 截面，所受到的拉力为 F[图 10-5(b)、(c)]，危险截面面积为 $A_1=(b-d)t$，故最大拉应力为

$$\sigma=\frac{F}{A_1}=\frac{80\times10^3}{(80-16)\times10\times10^{-6}}=125(\text{MPa})<[\sigma]$$

根据以上强度计算，铆钉和拉杆均满足强度要求。

第三节　薄壁圆管扭转

一、外力偶矩与扭矩的计算、扭矩图

1. 外力偶矩的计算

轴扭转时的外力，通常用外力偶矩 M_e 表示。但工程上许多受扭构件，如传动轴等，往往并不直接给出其外力偶矩，而是给出轴所传递的功率和转速，这时可用下述方法计算作用于轴上的外力偶矩。

设某轴传递的功率为 P_k，转速为 n，单位 r/min(每分钟转速)，由理论力学可知，该轴的外力偶矩 M_e 为

$$M_e=\frac{P_k}{\omega}$$

式中 ω 为该轴的角速度(rad/s)。

$$\omega=2\pi\times\frac{n}{60}$$

若 P_k 的单位为千瓦(kW)，则

$$M_e \approx 9\ 549\ \frac{P_k}{n}(\mathrm{N \cdot m}) \tag{10-4}$$

若 P_k 的单位为马力(1 hp=735.5 W)，则

$$M_e \approx 7\ 024\ \frac{P_k}{n}(\mathrm{N \cdot m}) \tag{10-5}$$

应当指出，外界输入的主动力矩，其方向与轴的转向一致，而阻力矩的方向与轴的转向相反。

2. 扭矩和扭矩图

作用在轴上的外力偶矩 M_e 确定之后，即可用截面法研究其内力。现以图 10-6(a)所示圆轴为例，假想地将圆轴沿 $n—n$ 截面分成左、右两部分，保留左部分作为研究对象，如图 10-6(b)所示。由于整个轴是平衡的，所以左部分也处于平衡状态，这就要求截面 $n—n$ 上的内力系必须归结为一个内力偶矩 T，且由左部分的平衡方程

$$T-M_e=0$$

得

$$T=M_e$$

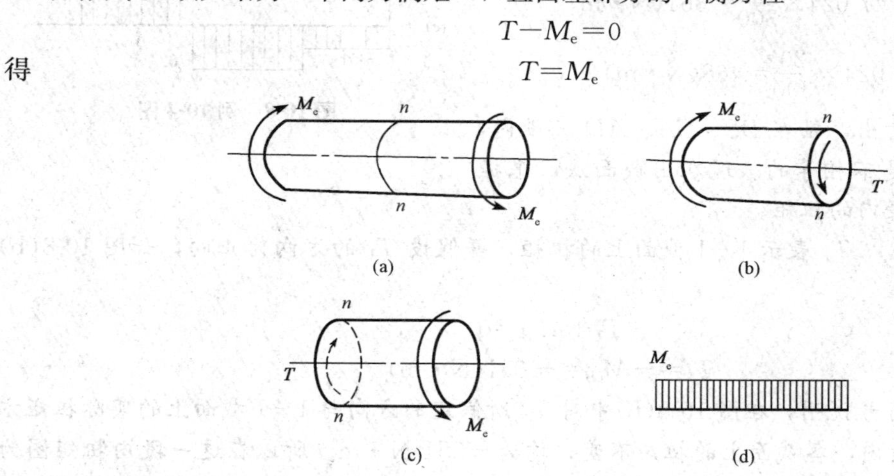

图 10-6　扭矩和扭矩图

力偶矩 T 称为截面 $n—n$ 上的扭矩，是左、右两部分在 $n—n$ 截面上相互作用的分布内力系的合力偶矩。扭矩的符号规定如下：若按右手螺旋法则，把 T 表示为双矢量，当双矢量方向与截面的外法线方向一致时，T 为正，反之为负(图 10-7)。按照这一符号规定，图 10-6(b)所示扭矩 T 的符号为正。当保留右部分时[图 10-6(c)]，所得扭矩的大小、符号将与按保留左部分计算结果相同。

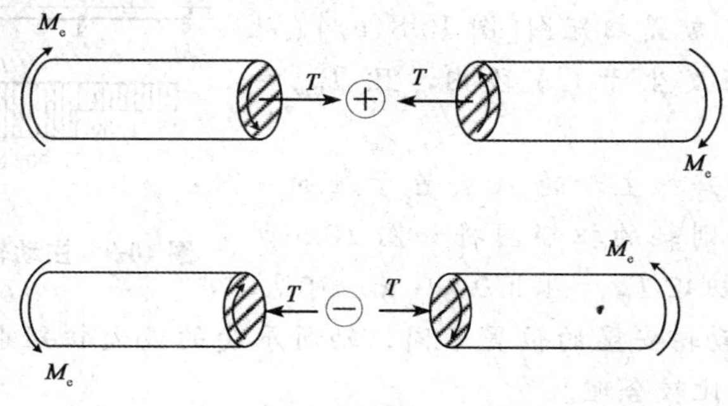

图 10-7　扭矩的正负号规定

若作用于轴上的外力偶多于两个，也与拉伸(压缩)问题中画轴力图一样，往往用图线来表示各横截面上的扭矩沿轴线变化的情况。图中以横轴表示横截面的位置，纵轴表示相应横截面上的扭矩。这种图线称为扭矩图。图 10-6(d)为图 10-6(a)所示受扭圆轴的扭矩图。

【例 10-4】 传动轴如图 10-8(a)所示，主动轮 A 输入功率 $P_A=50$ hp，从动轮 B、C、D 输出功率分别为 $P_B=P_C=15$ hp，$P_D=20$ hp，轴的转速为 $n=300$ r/min，试画出轴的扭矩图。

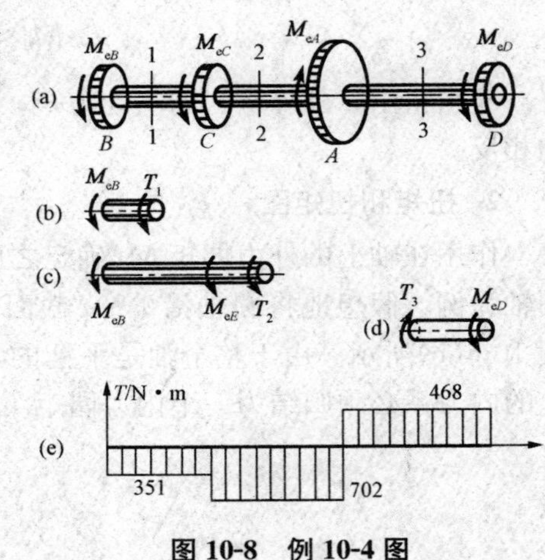

图 10-8　例 10-4 图

解： 按式(10-5)计算出作用于各轮上的外力偶矩

$$M_{eA}=7\ 024\times\frac{50}{300}=1\ 171(\text{N}\cdot\text{m})$$

$$M_{eB}=M_{eC}=7\ 024\times\frac{15}{300}=351(\text{N}\cdot\text{m})$$

$$M_{eD}=7\ 024\times\frac{20}{300}=468(\text{N}\cdot\text{m})$$

从受力情况看出，轴在 BC、CA、AD 三段内，各截面上的扭矩是不相等的。现在用截面法，根据平衡方程计算各段内的扭矩。

在 BC 段内，以 T_1 表示 1—1 截面上的扭矩，并假设 T_1 的方向为正向，如图 10-8(b)所示。由平衡方程

$$T_1+M_{eB}=0$$

得

$$T_1=-M_{eB}=-351(\text{N}\cdot\text{m})$$

等号右边的负号说明，在图 10-8(b)中对 T_1 所假定的方向与 1—1 截面上的实际扭矩方向相反。在 BC 段内，各截面上的扭矩不变，均为 -351 N · m。所以在这一段内扭矩图为一水平线，如图 10-8(e)所示。在 CA 段内，由图 10-8(c)，得

$$T_2+M_{eC}+M_{eB}=0$$

$$T_2=-M_{eC}-M_{eB}=-702(\text{N}\cdot\text{m})$$

在 AD 段内，由图 10-8(d)，得

$$T_3-M_{eD}=0$$

$$T_3=M_{eD}=468(\text{N}\cdot\text{m})$$

根据所得数据，把各截面上的扭矩沿轴线变化的情况，用图表示出来，就是扭矩图[图 10-8(e)]。从图中看出，最大扭矩发生于 CA 段内，且 $T_{max}=702$ N · m。

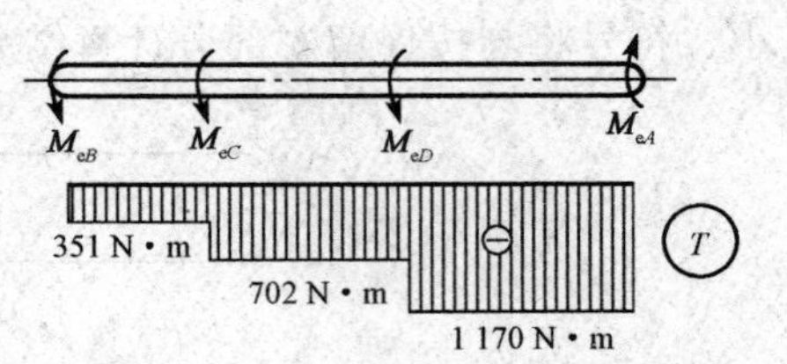

图 10-9　主动轮位置改变后的扭矩图

对于同一根轴，若把主动轮 A 安置于轴的一端，例如放在右端，则轴的扭矩图将如图 10-9 所示。这时，轴的最大扭矩 $T_{max}=1\ 170$ N · m。可见，传动轴上主动轮和从动轮安置的位置不同，轴所承受的最大扭矩也就不同。两者相比，显然图 10-8 所示布局比较合理。

二、薄壁圆筒扭转时的应力

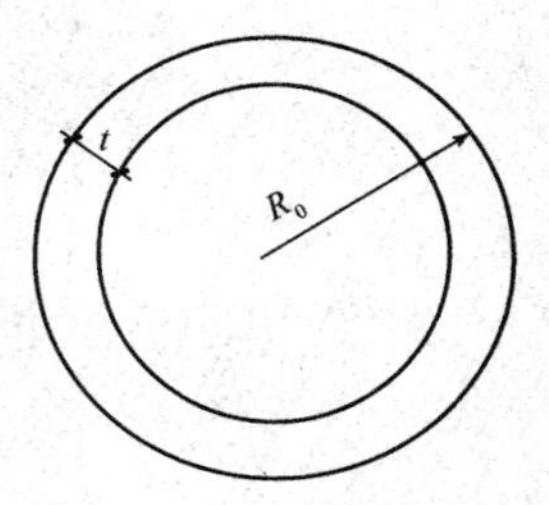

图 10-10　薄壁圆筒

如图 10-10 所示，平均半径为 R_0，壁厚度为 t，当 $R_0 \gg t$ 时的空心圆截面，我们就定义为薄壁圆筒。薄壁圆筒的计算结果是近似的，其误差取决于 R_0 和 t 的比值(理论上 R_0/t 越大，计算精度越高)。

分析薄壁圆筒横截面上的应力时，由于其受力和变形的轴对称性质，首先可以假定横截面上没有正应力。这是因为在扭转变形发生过程中，薄壁圆筒表面没有变化。如果横截面存在正应力，则必使薄壁圆筒面变化。

其次，假定横截面上的剪应力方向与径向垂直，如果横截面上的剪应力与径向不垂直，即有径向剪应力分量。其作用结果必然使变形失去轴对称性质，这与试验结果不相符。

最后，由于 t 很小，可以假定横截面上的剪应力在厚度方向上均匀分布而无变化。

以上三个假定，前两个得到了理论和试验的证明，第三个假定是与实际不相符的，主要是为计算方便，在后面的内容里也讨论了按薄壁圆筒面计算时带来的误差。

如图 10-11 所示，根据以上假定很容易得出

$$\tau=\frac{T}{2\pi R_0^2 t} \tag{10-6}$$

三、剪切虎克定律的试验验证

在薄壁圆筒中取出一单元体，根据剪应力互等定理，其应力情况如图 10-11(a)所示。在剪应力 τ 的作用下，单元体发生了变形，如图 10-11(b)所示，相应的直角也发生了改变，直角的改变量就是单元体的剪应变。

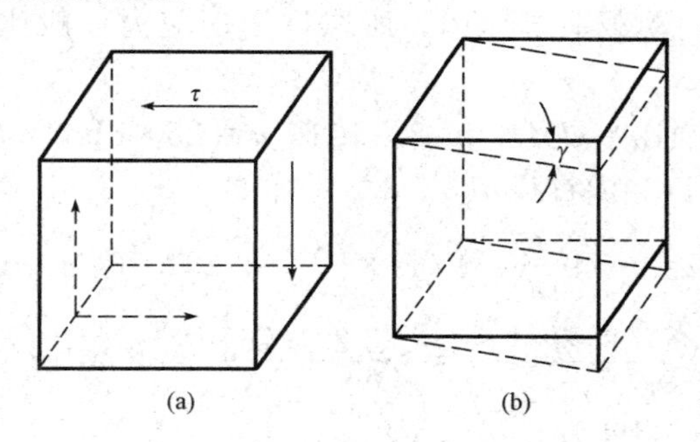

图 10-11　薄壁圆筒单元体应力一应变示意

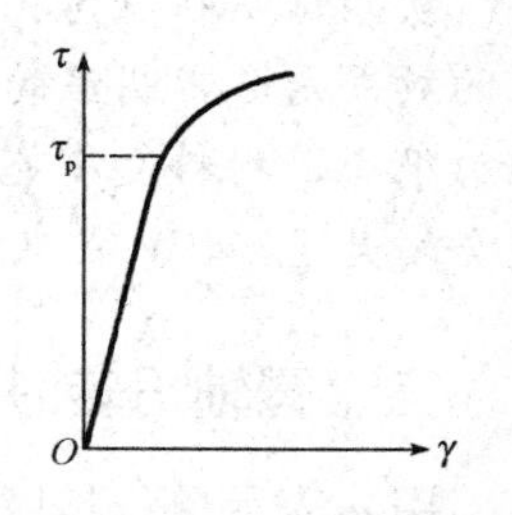

图 10-12　τ-γ 关系曲线

通过薄壁圆筒的扭转试验，我们可以得到各种材料的剪应力 τ 和相应剪应变 γ 方向的关系。τ-γ 的关系曲线如图 10-12 所示，对于大多数材料而言，τ 不是很大时，即 $\tau \leqslant \tau_p$ 时，τ 和 γ 之间是线性的关系，这个极限剪应力 τ_p 叫作剪切比例极限，τ-γ 的线性关系可以写成

$$\tau=G\gamma \tag{10-7}$$

式中，τ 和 γ 的比例常数 G 叫剪切弹性模量。现在我们已经了解了关于材料的 3 个弹性常数，即弹性模量 E、剪切弹性模量 G 和

泊松比μ。可以证明如下结论：

$$G=\frac{E}{2(1+\mu)} \tag{10-8}$$

第四节 圆轴扭转时横截面上应力和强度刚度计算

一、圆轴扭转时的强度条件

圆轴扭转时横截面上的最大工作切应力τ_{max}不得超过材料的许用切应力$[\tau]$，即

$$\tau_{max}\leqslant[\tau] \tag{10-9}$$

式(10-9)称为圆轴扭转时的强度条件。

对于等截面圆轴，从轴的受力情况或由扭矩图可以确定最大扭矩T_{max}，最大切应力τ_{max}发生于T_{max}所在截面的边缘上。因而强度条件可改写为

$$\tau_{max}=\frac{T_{max}}{W_t}\leqslant[\tau] \tag{10-10}$$

对于变截面杆，如阶梯轴、圆锥形杆等，W_t不是常量，τ_{max}并不一定发生在扭矩为极值T_{max}的截面上，这要综合考虑扭矩T和抗扭截面系数W_t两者的变化情况来确定τ_{max}。

在静载荷情况下，扭转许用切应力$[\tau]$与许用拉应力$[\sigma]$之间有如下关系：

钢 $[\tau]=(0.5\sim0.6)[\sigma]$

铸铁 $[\tau]=(0.8\sim1.0)[\sigma]$

轴类零件由于考虑到动载荷等原因，所取许用切应力一般比静载荷的许用切应力还要低。

【例 10-5】 一空心轴$\alpha=d/D=0.8$，转速$n=250$ r/m，功率$N=60$ kW，$[\tau]=40$ MPa，求轴的外直径D和内直径d。

解：

$$m=9\ 549\frac{N}{n}=9\ 549\times\frac{60}{250}=2\ 291.76(\mathrm{N\cdot m})$$

由

$$\frac{m}{\frac{\pi D^3}{16}(1-\alpha^4)}=\frac{2\ 291.76}{\frac{\pi D^3}{16}(1-0.8^4)}=40\times10^6$$

得

$$D=79.1\ \mathrm{mm},\ d=63.3\ \mathrm{mm}$$

实践证明在载荷相同的条件下，空心轴的重量只为实心轴的31%，其减轻重量节约材料的效果是非常明显的。这是因为横截面上的切应力沿半径按线性规律分布，圆心附近的应力很小，材料没有充分发挥作用。若把轴心附近的材料向边缘移置，使其成为空心轴，就会增大I_P和W_t，从而提高轴的强度。

二、圆轴扭转时的刚度条件

用φ表示单位长度扭转角，有

$$\varphi=\frac{d\varphi}{dx}=\frac{T}{GI_P}$$

为保证轴的刚度，通常规定单位长度扭转角的最大值 φ_{max} 不得超过许用单位长度扭转角$[\varphi]$，即

$$\varphi_{max}=\left(\frac{T}{GI_P}\right)_{max}\leqslant[\varphi] \tag{10-11}$$

式(10-11)称为圆轴扭转时的刚度条件。式中 φ 的单位为 rad/m。工程中，$[\varphi]$的单位习惯上用(°)/m 给出。为此将式(10-11)改写为

$$\varphi_{max}=\left(\frac{T}{GI_P}\right)_{max}\times\frac{180°}{\pi}\leqslant[\varphi] \tag{10-12}$$

$[\varphi]$的数值可由有关手册查出。下面给出几个参考数据：

精密机器的轴　　$[\varphi]=(0.25\sim0.50)(°)/m$

一般传动轴　　$[\varphi]=(0.5\sim1.0)(°)/m$

精度要求不高的轴　　$[\varphi]=(1.0\sim2.5)(°)/m$

【例 10-6】 图 10-13(a)所示为某组合机床主轴箱内第 4 轴的示意图。轴上有Ⅱ、Ⅲ、Ⅳ三个齿轮，动力由 5 轴经齿轮Ⅲ输送到 4 轴，再由齿轮Ⅱ和Ⅳ带动 1、2 和 3 轴。1 和 2 轴同时钻孔，共消耗功率 0.756 kW；3 轴扩孔，消耗功率 2.98 kW。若 4 轴的转速为 183.5 r/min，材料为 Q235，$G=80$ GPa。取$[\tau]=40$ MPa，$[\varphi]=1.5(°)/m$，试设计轴的直径。

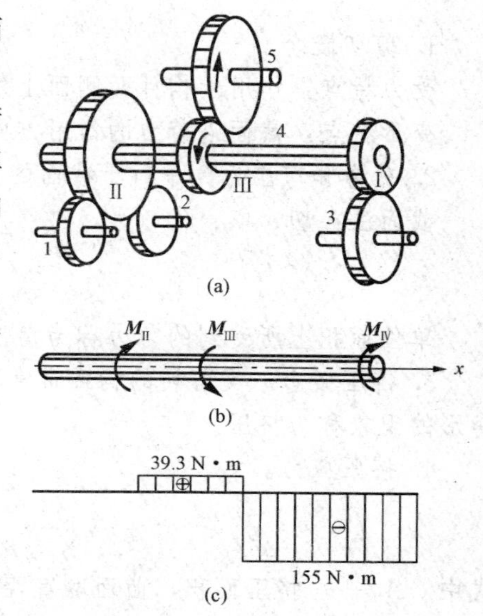

图 10-13　例 10-6 图

解： 为了分析 4 轴的受力情况，先由式(10-5)计算齿轮Ⅱ和Ⅳ上的外力偶矩。

$$M_{Ⅱ}=9\,549\frac{P_{Ⅱ}}{n}=9\,549\times\frac{0.756}{183.5}=39.3(\mathrm{N\cdot m})$$

$$M_{Ⅳ}=9\,549\frac{P_{Ⅳ}}{n}=9\,549\times\frac{2.98}{183.5}=155(\mathrm{N\cdot m})$$

$M_{Ⅱ}$ 和 $M_{Ⅳ}$ 同为阻抗力偶矩，故转向相同。若 5 轴经齿轮Ⅲ传给 4 轴的主动力偶矩为 $M_{Ⅲ}$，则 $M_{Ⅲ}$ 的转向应该与阻抗力偶矩的转向相反，如图 10-13(b)所示。于是由平衡方程 $\sum M_x=0$，得

$$M_{Ⅲ}-M_{Ⅱ}-M_{Ⅳ}=0$$

$$M_{Ⅲ}=M_{Ⅱ}+M_{Ⅳ}=39.3+155=194.3(\mathrm{N\cdot m})$$

根据作用于 4 轴上的 $M_{Ⅱ}$、$M_{Ⅲ}$、$M_{Ⅳ}$ 的数值，作扭矩图如图 10-13(c)所示。从扭矩图看出，在齿轮Ⅲ和Ⅳ之间，轴的任一横截面上的扭矩皆为最大值，且

$$T_{max}=155\ \mathrm{N\cdot m}$$

由强度条件

$$\tau_{max}=\frac{T_{max}}{W_t}=\frac{16T_{max}}{\pi D^3}\leqslant[\tau]$$

得

$$D\geqslant\left(\frac{16T_{max}}{\pi[\tau]}\right)^{\frac{1}{3}}=\left(\frac{16\times155}{\pi\times40\times10^6}\right)^{\frac{1}{3}}=0.027(\mathrm{m})=27\ \mathrm{mm}$$

其次，由刚度条件

$$\varphi_{\max}=\frac{T_{\max}}{GI_{\mathrm{p}}}\times\frac{180}{\pi}=\frac{32T_{\max}\times180}{G\pi^2D^4}\leqslant[\varphi]$$

得

$$D\geqslant\left(\frac{32\times T_{\max}\times180}{G\pi^2[\varphi]}\right)^{\frac{1}{4}}=\left(\frac{32\times155\times180}{80\times10^9\times\pi^2\times1.5}\right)^{\frac{1}{4}}=0.029\,5(\mathrm{m})=29.5\ \mathrm{mm}$$

根据以上计算，为了同时满足强度和刚度要求，选定轴的直径 $D=30$ mm。可见，刚度条件是 4 轴的控制因素。由于刚度是大多数机床的主要矛盾，所以用刚度作为控制因素的轴是相当普遍的。

本章小结

1. 剪切概念。

受力特点：作用于构件两侧面上外力的合力等值反向、作用线相距很近。

变形特点：截面沿着力的作用方向相对错动。

2. 剪力和剪应力。平行于截面的内力称为剪力或切力。

截面法：切、取、代、平。

$$\tau=\frac{Q}{A}$$

单位面积上所受到的剪力称为剪应力。

3. 挤压概念。受剪切的构件常常还承受挤压的作用，在接触表面互相压紧而产生局部变形的现象称为挤压。

4. 挤压应力。

$$\sigma_{\mathrm{bs}}=\frac{F_{\mathrm{bs}}}{A_{\mathrm{bs}}}$$

式中　A_{bs}——挤压面积，曲面取直径投影面积。

5. 扭转：在杆件的两端作用等值，反向且作用面垂直于杆件轴线的一对力偶时，杆的任意两个横截面都发生绕轴线的相对转动，这种变形称为扭转变形。

习　题

一、填空题

1. 在外力作用下构件在两力间发生__________或__________的变形，称为剪切变形。

2. 构件剪切变形时的受力特点是：作用在构件上的两个力大小__________，方向__________，而且两力的__________相距很近。

3. 剪切时的截面应力称为__________，用符号__________表示，其单位是__________。工程上近似认为切应力在剪切面上是__________分布的。

4. 剪切强度条件的数学表达式为__________；运用剪切的强度条件可对构件进行__________校核，确定__________和计算安全工作时所允许的__________。

5. 一般当两构件的挤压接触面是平面时，计算挤压面积按__________计算，若挤压表面为圆柱形表面，进行挤压强度计算时，应以受挤压部分圆柱表面在__________方向上的投影面积为挤压面积。

6. 一圆柱形销钉，直径为 d，挤压高度为 h，则挤压面积 $A_{bs}=$__________。

7. 采用截面法求解圆轴扭转横截面上的内力时，得出的内力是个__________，称为__________，用字母__________表示，其正负可以用__________法则判定。即以右手四指弯曲表示扭矩__________，当大拇指的指向__________横截面时，扭矩为正；反之为负。

8. 圆轴扭转时截面上扭矩的计算规律是：圆轴上任一截面上的扭矩等于__________的代数和。

9. 在扭矩图中，横坐标表示__________，纵坐标表示__________；正扭矩画在__________，负扭矩画在__________。

二、计算题

1. 如图 10-14 所示连接。已知：$F=20$ kN，$\delta_1=10$ mm，$\delta_2=8$ mm，$[\tau]=60$ MPa，$[\sigma_{bs}]=125$ MPa。试选定铆钉的直径。

2. 试画出如图 10-15 所示构件的扭矩图。

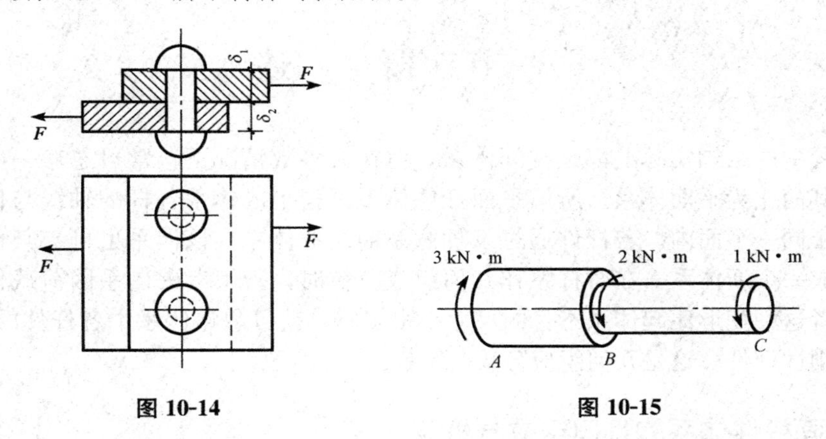

图 10-14　　　　图 10-15

3. 如图 10-16 所示为圆截面空心轴，外径 $D=40$ mm，内径 $d=20$ mm，扭矩 $T=1$ kN·m。试计算 $\rho=15$ mm 的 A 点处的扭转切应力 τ_A 及横截面上的最大和最小扭转切应力。

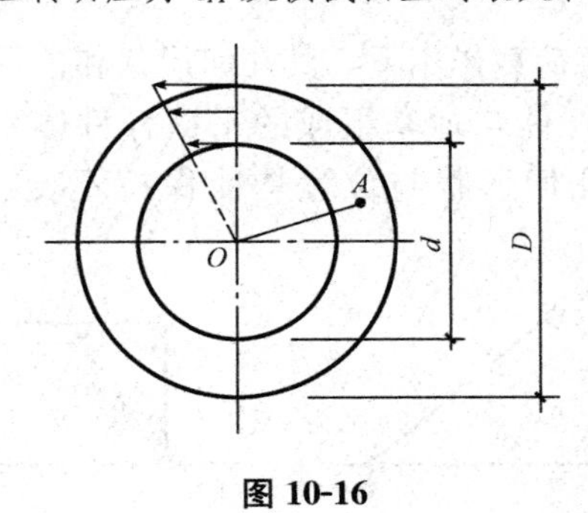

图 10-16

第十一章　平面杆系几何组成分析

教学目标

1. 掌握几何不变体系与几何可变体系的概念；
2. 熟悉自由度和约束的概念；
3. 掌握几何不变体系的组成规则；
4. 熟悉瞬铰与瞬变体系；
5. 掌握静定结构和超静定结构的概念。

第一节　概　　述

建筑工程中的结构实际上都是空间体系，但在大多数情况下，常可忽略一些次要的空间约束而将其简化为平面体系。所谓平面杆件体系是指组成体系各杆的轴线与作用在其上的荷载均位于同一平面内。若杆件通过某种联系而组成体系，该体系也可与其他体系或与地基相连构成一个新体系。在对杆系作几何组成分析时，若不考虑体系因荷载作用而引起的变形，或者这种变形比起体系本身的尺寸小很多时，就可忽略体系中各杆件的弹性变形，把它们视为刚性杆件。这是几何组成分析的前提。

一、平面杆件体系的几何组成分析

在平面杆件体系的几何组成分析中，把所有的构件都假想成不变形的刚性杆件，这种杆件体系可以分为两大类：

(1)几何不变体系。在任意荷载作用下，其几何形状和位置都保持不变的体系。

如图 11-1(a)所示由两根杆件与地基组成的平面杆件体系，在受到任意荷载作用时，若不考虑材料的变形，则其几何形状与位置均能保持不变，这样的体系称为几何不变体系。

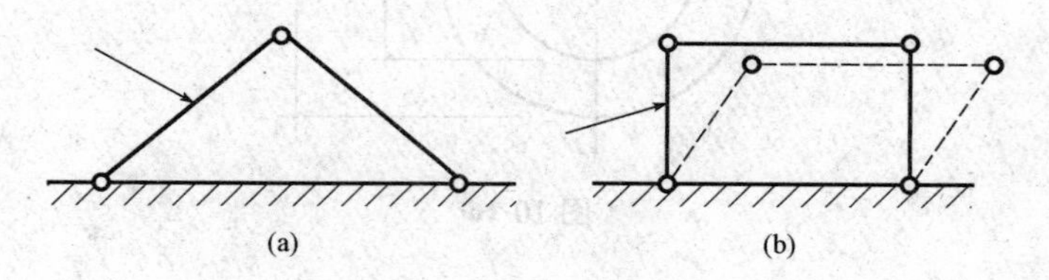

图 11-1　平面杆件体系

(a)几何不变体系；(b)几何可变体系

(2)几何可变体系。在任意荷载作用下，其几何形状和位置发生改变的体系。

如图 11-1(b)所示的平面杆件体系，即便不考虑材料的变形，在很小的荷载作用下，也会发生机械运动，而不能保持原有的几何形状和位置，这样的体系称为几何可变体系。

工程结构在使用过程中应使自身的几何形状和位置保持不变，因而必须是几何不变体系。所以，在结构设计和选取其几何模型时，首先必须判别它是否为几何不变，从而决定能否采用。工程中，将这一过程称为结构的几何组成分析。本章只对平面杆件结构体系进行几何组成分析。

二、平面杆件体系几何组成分析的目的

只有几何不变体系才能作为承担荷载的结构，而且杆件结构的受力性能和计算方法，都与其几何组成有关，所以对杆件体系进行几何组成分析的目的主要是：

(1)判断某一体系是否几何不变，从而确定它能否作为结构，以保证结构的几何不变性。

(2)根据体系的几何组成，确定结构是静定结构还是超静定结构，从而选择相应的计算方法。

(3)通过几何组成分析，明确结构各部分在几何组成上的相互关系，从而选择简便合理的计算顺序。

(4)研究几何不变体系的组成规则，为结构设计提供依据。

第二节　几何组成分析的相关概念

一、刚片

在对结构体系进行几何组成分析时，由于不考虑材料的变形，因此可以把一根杆件或者某个几何不变体系看作一个刚体，在平面体系中又将刚体称为刚片。刚片可大可小，大到一栋楼、一片地基，小到一根杆件，因此，对平面体系的几何组成分析就变成了对体系中各刚片间连接的研究。所以，能否准确、灵活地划分刚片，是能否顺利进行几何组成分析的关键。

二、自由度

所谓体系的自由度，是指该体系运动时，确定其位置所需的独立坐标(或参变量)数目。如果一个体系的自由度大于零，则该体系就是几何可变体系。

(1)点的自由度。平面内一动点 A，其位置需用两个坐标 x 和 y 来确定，如图 11-2(a)所示，所以一个点在平面内有 2 个自由度。

(2)刚片的自由度。一个刚片在平面内运动时，其位置将由其任一点 A 的坐标 x、y 和过点 A 的一直线 AB 的倾角 φ 来确定，如图 11-2(b)所示。因此，一个刚片在平面内有 3 个自由度。

(3)地基的自由度。地基就是一个大的几何不变体系，即为一大刚片，其自由度即为刚片的自由度。但是，通常将地基作为参照物，因此其自由度一般不考虑。

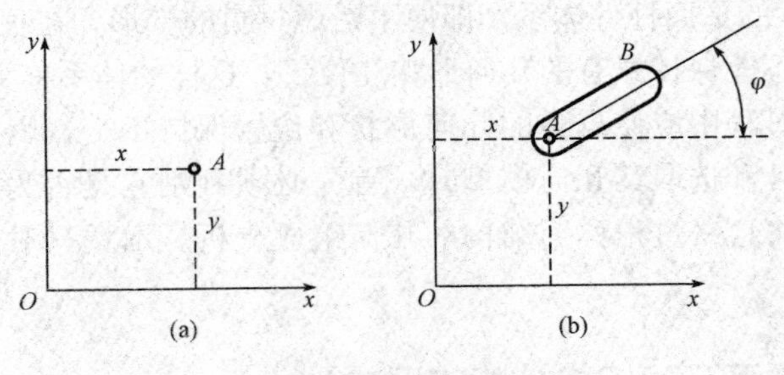

图 11-2　自由度

三、约束

约束又称联系，它是体系中构件之间或者体系与基础之间的连接装置。约束使构件(刚片)之间的相对运动受到限制，因此约束的存在将会使体系的自由度减少。一种约束装置的约束数等于它使体系减少的自由度数。常见的约束类型有链杆、铰、刚性连接。

1. 链杆

链杆是两端用铰与其他两个物体相连接的刚性杆件。如图 11-3 所示的刚片与地基用一个链杆连接之前其自由度是 3，连接之后其位置由图中的两个独立坐标 α、β 就可以确定，即减少了一个自由度。

因此，一个链杆相当于一个约束，能够减少一个自由度。

在进行几何组成分析时，链杆与形状无关，也即刚性杆既可以是直杆，也可以是曲杆。链杆只限制与其连接的刚片沿着链杆两铰连线方向上的运动。

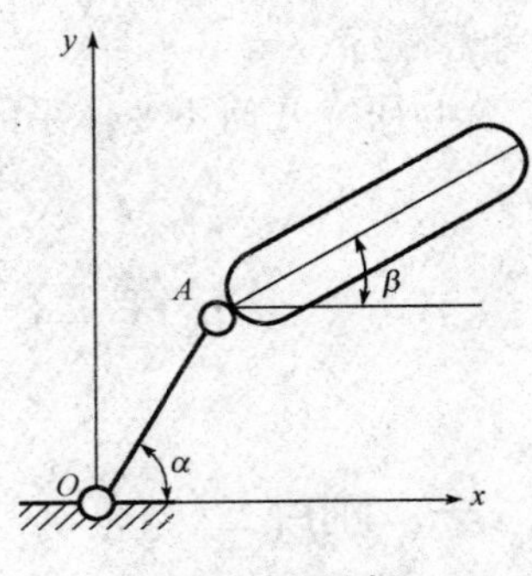

图 11-3　链杆

2. 铰

(1)单铰。连接两个刚片的铰称为单铰。

如图 11-4(a)所示，把基础看成为刚片Ⅰ，其与另外一个刚片Ⅱ由单铰相连。在连接之前，刚片Ⅱ的自由度为 3。用单铰连接后，刚片Ⅱ只能绕 A 点转动，只需要一个独立坐标 α 即可确定刚片Ⅱ的位置，因此，体系的自由度是 1，与原来相比减少了两个自由度。

因此，一个单铰相当于两个约束，能减少两个自由度。

另外，一个单铰相当于两个约束，而一个链杆相当于一个约束，所以一个单铰相当于两个链杆，即如图 11-4(a)、(b)所示的两种情况是等效的。

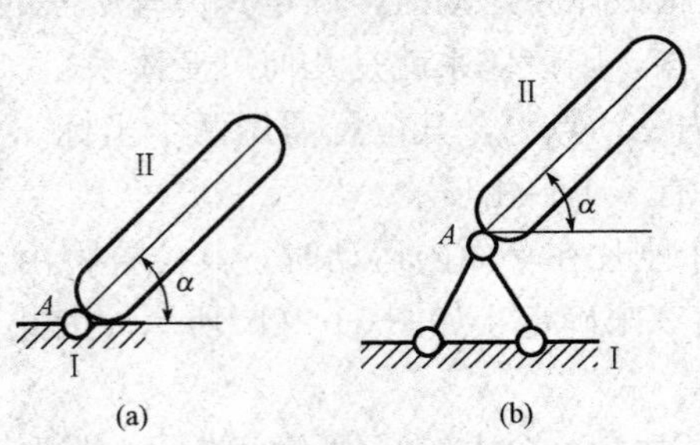

图 11-4　单铰

(2)复铰。把同时连接三个或者三个以上刚片的铰称为复铰。连接 n 个刚片的复铰具有 $2(n-1)$ 个约束。

在进行几何组成分析时，会遇到同一个铰连接多个刚片的情况，如图 11-5 所示的位于 A、D、C 处的铰。复铰的作用可以通过单铰来分析。如图 11-6 所示的复铰 A 连接着三个刚片，它们的连接过程可以理解为：刚片Ⅰ和刚片Ⅱ先用一个单铰连接，然后再用单铰将它们与刚片Ⅲ连接。这样，连接三个刚片的复铰相当于两个单铰的作用。或者说，三个刚片原来共有 9 个自由度，由于复铰 A 起着两个单铰的作用，减少了 4 个自由度(三个刚片仅需要 x、y、α、β、φ 共 5 个独立坐标确定它们的位置)，所以，体系最后为 5 个自由度。一般地，连接 n 个刚片的复铰相当于 $(n-1)$ 个单铰，也即相当于 $2(n-1)$ 个约束。

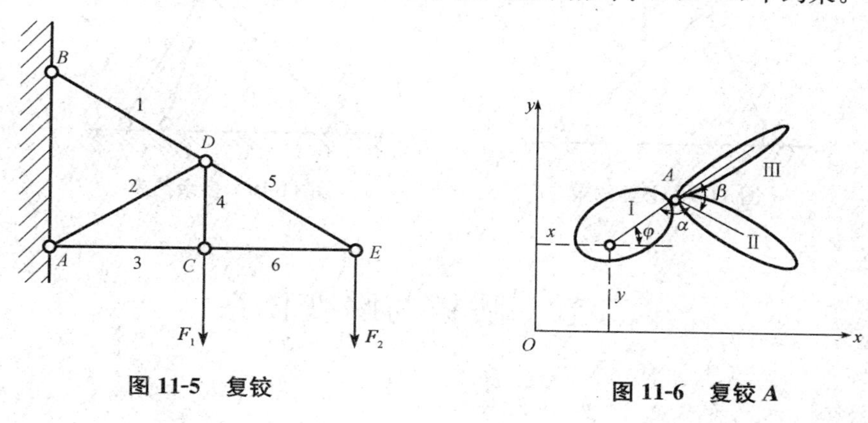

图 11-5　复铰

图 11-6　复铰 A

3. 刚性连接

刚性连接是将两个刚片以整体连接的方式进行连接，两个刚片之间不发生任何相对运动，也即构成了一个更大的刚片。

图 11-7 所示的是刚片Ⅰ和刚片Ⅱ间的刚性连接方式(可以设想两者是用钢铁做成的，现在把它们焊接在一起，即为刚性连接)。当两个刚片单独存在时(即两个刚片未连接前)，每个刚片在平面内的自由度是 3，两个刚片的自由度一共是 3+3=6；当两个刚片通过刚性连接后刚片Ⅰ仍有 3 个自由度，而刚片Ⅱ相对于刚片Ⅰ不发生任何相对运动，构成了一个大的刚片，这时它们的自由度一共是 3。因此，一个刚性连接相当于三个约束，能减少三个自由度。图 11-8 所示的固定端约束也是刚性连接。

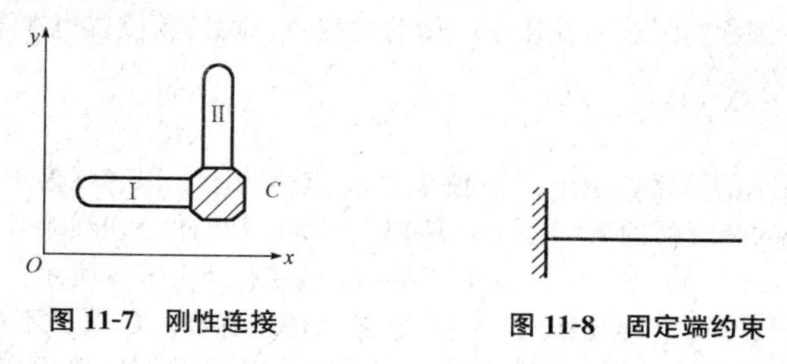

图 11-7　刚性连接

图 11-8　固定端约束

四、必要约束与多余约束

(1)必要约束。为保持体系几何不变必须具有的约束，称为必要约束。

(2)多余约束。如果在一个体系中增加一个约束，而体系的自由度并不因此而减少，则该约束称为多余约束。

如图 11-9 所示平面内的一个动点 A，原来有两个自由度，当用不共线的链杆 AB、AC 将其与地基相连，则点 A 即被固定，体系的自由度为零。这时，链杆 AB、AC 起到了减少两个自由度的作用，故两根链杆都属于必要约束。如果再增加一根链杆 AD(图 11-10)，A 点的自由度仍为零，此时链杆 AD 并没有减少体系的自由度，即它对约束 A 点的运动已经成为多余的，故称链杆 AD 为多余约束。实际上，体系中的三根链杆中的任何一根，都可看作是多余约束。

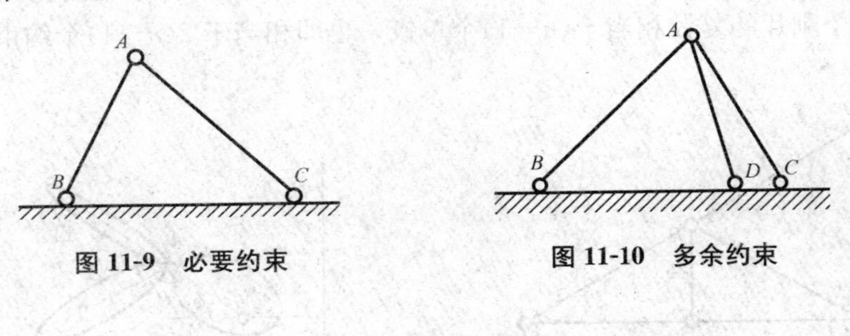

图 11-9　必要约束　　图 11-10　多余约束

第三节　瞬铰与瞬变体系

一、瞬铰

瞬铰(也称虚铰)是一类特殊的约束。如图 11-11 所示体系中，刚片Ⅰ在平面上本来有 3 个自由度，用两根不共线的链杆 1 和 2 把它与基础相连接，则此体系仍有 1 个自由度。现对它的运动特性加以分析。由于链杆的约束作用，A 点的微小位移应与链杆 1 垂直；D 点的微小位移应与链杆 2 垂直。以 O 表示两根链杆轴线的交点，显然，刚片Ⅰ可以发生以 O 为中心的微小转动。O 点称为瞬时运动中心。这时，刚片Ⅰ的瞬时运动情况与它在 O 点用铰与基础相连接时的运动情况完全相同。因此，从瞬时微小运动来看，两根链杆所起的约束作用相当于在链杆交点 O 处的一个铰所起的约束作用。这个铰称为瞬铰。在体系的运动过程中，瞬铰的位置也在不断变化。

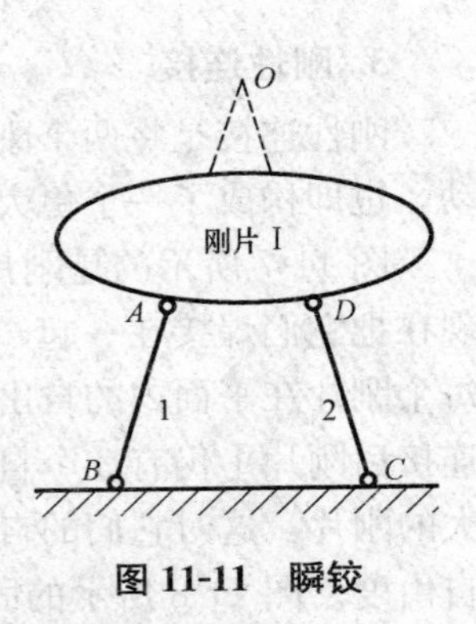

图 11-11　瞬铰

二、瞬变体系

如图 11-12(a)所示的体系，由于铰 C 位于以 A 点为圆心，以 AC 为半径，及以 B 点为圆心，以 BC 为半径的两圆弧的公切线上，所以 C 点可以在此公切线上作微小的运动。但当产生了一微小运动后，A、B、C 三点不再共线，如图 11-12(b)所示。此时，再分别以 A、B 为圆心，以 AC、BC 为半径作两个圆，已无公切线存在，C 点已不可能再发生运动，这时体系变成了几何不变的。该体系原本是几何可变，经过微小位移后变成几何不变，故体系成为瞬变体系。

工程中，瞬变体系不能作为结构使用。

另外，瞬变体系除了上述所介绍的情形外，还有其他两种情况，分别如图 11-13(a)、

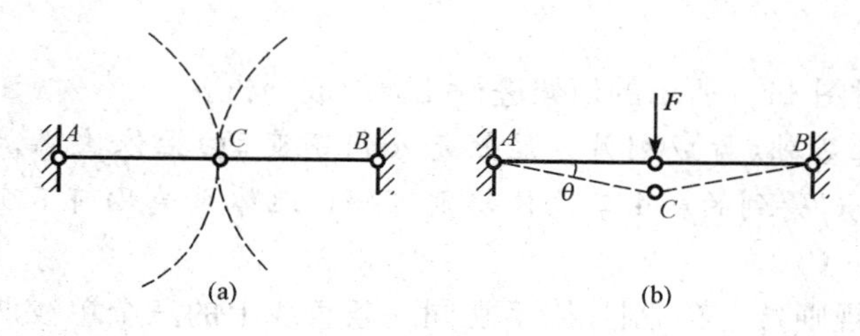

图 11-12　瞬变体系

(b)所示。

图 11-13(a)所示，三根链杆的延长线交于一点 O，这样两刚片可以绕 O 作微小的相对运动。经过微小转动后，三根链杆的延长线不再交于一点，体系成为几何不变的。因此，该体系是瞬变体系。

图 11-13(b)所示，连接刚片Ⅰ与刚片Ⅱ的三根链杆互相平行，但不等长。当刚片Ⅰ上三个被约束点在三链杆的垂直方向产生一个微小位移后，由于三链杆不等长，各链杆的转角也不全相等，使三根链杆不再互相平行，体系就成为几何不变的，因此图 11-13(b)所示体系也为瞬变体系。

特别情形，如图 11-14 所示，连接刚片Ⅰ与刚片Ⅱ的三根链杆互相平行，并且长度相等。则当两个刚片发生一相对位移后，此三链杆仍互相平行，位移可以继续发生，此时的体系为几何可变的，也称为常变体系。

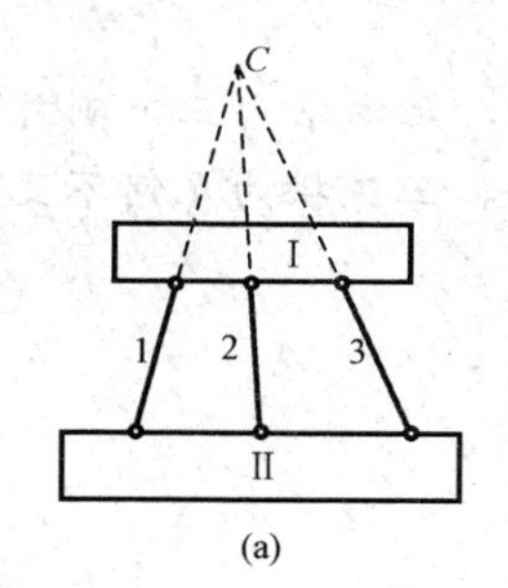

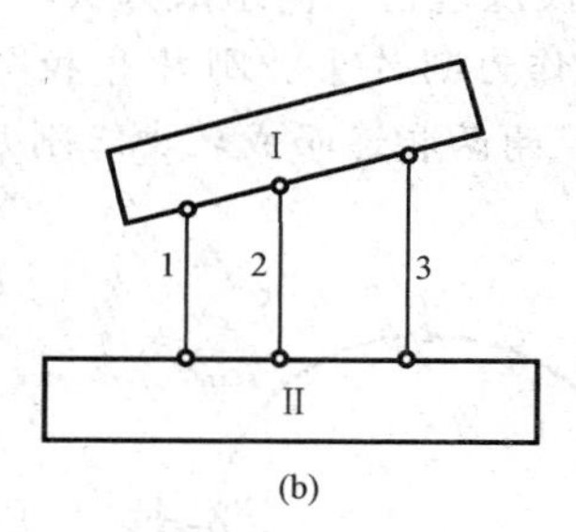

图 11-13　瞬变体系的其他情况

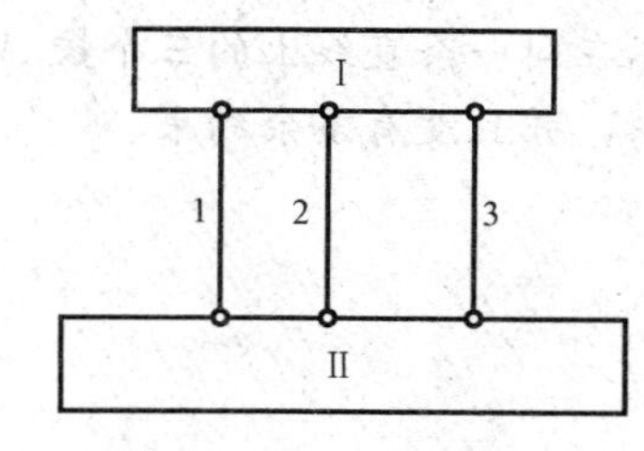

图 11-14　常变体系

第四节　几何不变体系组成规则

平面杆系几何稳定性的总原则有两个：一是刚片本身是几何不变的；二是由刚片所组成的铰接三角形是几何不变的(即三角形的稳定性)。以此为基础，可得到如下三个规则：

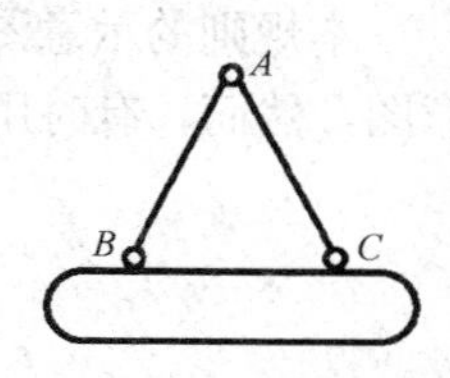

图 11-15　二元体

规则一(二元体规则)：在一个已知体系上增加或者撤去二元体，不影响原体系的几何不变性。

所谓二元体，是指由两根不在同一直线上的链杆构成一个铰结点的装置，如图 11-15 所示 ABC 部分。

利用二元体规则可以使某些体系的几何组成分析得到简化，也可以直接对某些体系进行几何组成分析。

【例 11-1】 试对图 11-5 所示的桁架进行几何组成分析。

解： 该体系是在基础(看成刚片，显然是几何不变的)上依次添加二元体 $B—D—A$、$D—C—A$ 和 $D—E—C$ 得到的。由二元体规则可知，此体系是几何不变体系，并且没有多余约束。

规则二(三刚片规则)：三个刚片用不在同一条直线上的三个单铰两两相连，组成的体系为几何不变体系，并且没有多余约束。

这里两两相连的单铰既可以是实铰也可以是虚铰(瞬铰)，如图 11-16 所示。

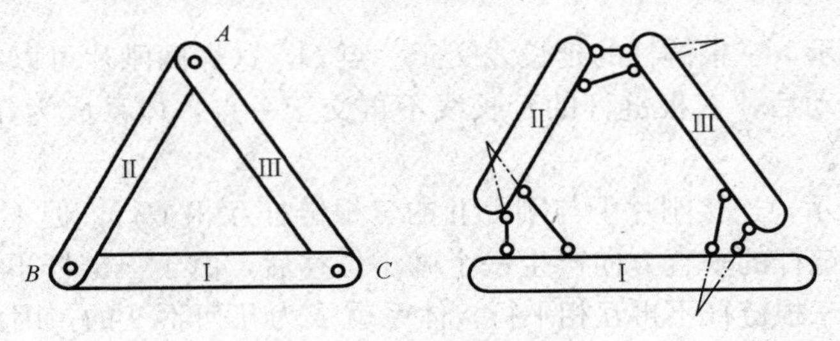

图 11-16 三刚片规则

在本规则中，要求相连三个刚片的三个单铰不能在同一条直线上，其实质是三角形的稳定性。如果三个单铰在同一条直线上，体系将成为如图 11-12(a)所示的瞬变体系。

【例 11-2】 试对图 11-17 所示的三铰拱进行几何组成分析。

解： 把左、右半拱和整个地基分别作为刚片Ⅰ、刚片Ⅱ和刚片Ⅲ，此体系由三个刚片用不在同一条直线上的三个铰 A、B、C 两两相连而成，由三刚片规则，三铰拱为几何不变体系，并且没有多余约束。

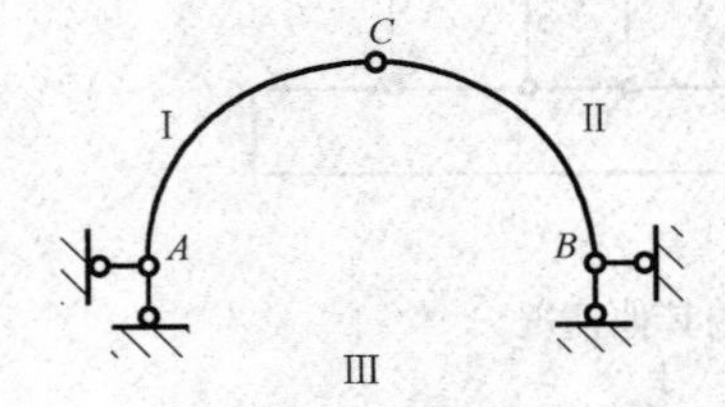

图 11-17 三铰拱

规则三(两刚片规则)：两个刚片用一个铰和一根延长线不通过此铰的链杆相连，则所得到的体系是几何不变体系，并且没有多余约束。

本规则的示意图如图 11-18(a)所示，若把杆件 AC 看成是刚片，显然就是三刚片规则的示意图，然而，有时用“两刚片规则”来分析问题更方便些，故也将它列为单独的一条规则。

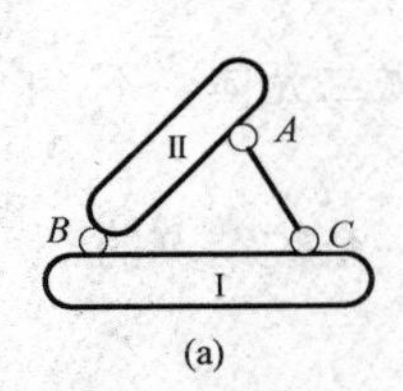

(a)

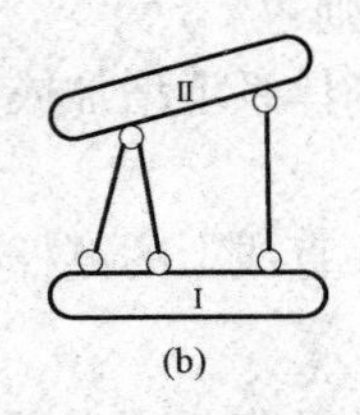

(b)

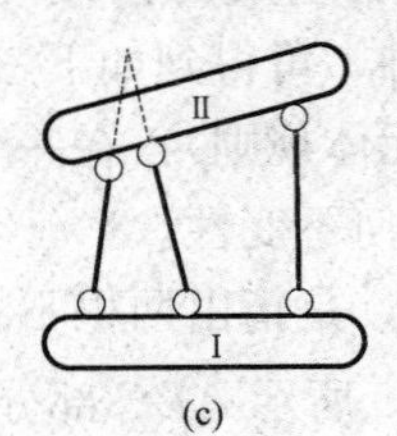

(c)

图 11-18 两刚片规则

因一个单铰相当于两个链杆，图 11-18(a)又可以变成图 11-18(b)、(c)所示的体系。因此，两刚片原则还可以描述为：两个刚片用三根不完全平行也不汇交于一点的链杆相连，则所构成的体系是几何不变体系，并且没有多余约束。

在上述两刚片规则的描述中，也都有附加前提条件："两个刚片用一个铰和一根延长线不通过此铰的链杆相连"或"两个刚片用三根不完全平行也不汇交于一点的链杆相连"，这是因为如前所述如果这些条件不能满足，则体系将是常变体系或者是瞬变体系。

【例 11-3】 试对图 11-19 所示的体系进行几何组成分析。

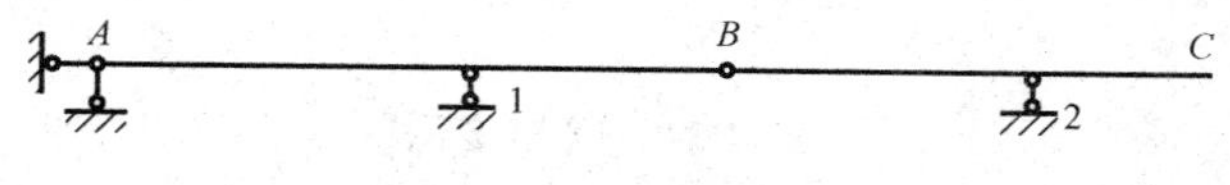

图 11-19 例 11-3 图

解： 在此体系中，首先将基础视为刚片，AB 杆视为另外的一个刚片，两个刚片用铰 A 和链杆 1 相连，根据两刚片规则，此两部分组成几何不变体系，且没有多余约束。然后，将其视为一个更大刚片，它与 BC 杆再用铰 B 和不通过该铰的链杆 2 相连，又组成几何不变体系，且没有多余约束。所以，整个体系为几何不变体系，且没有多余约束。

第五节 平面体系几何组成分析

对一个平面体系进行几何组成分析时，其可能的最终结果共有四种情况：

(1)几何不变体系，且无多余约束；

(2)几何不变体系，且有多余约束；

(3)常变体系；

(4)瞬变体系。

其中，前两种可以作为结构使用，而后两种不能作为结构使用。

在进行平面体系的几何组成分析时，一定要注意每根杆件使用且只能使用一次。

【例 11-4】 试对图 11-20 所示的体系进行几何组成分析。

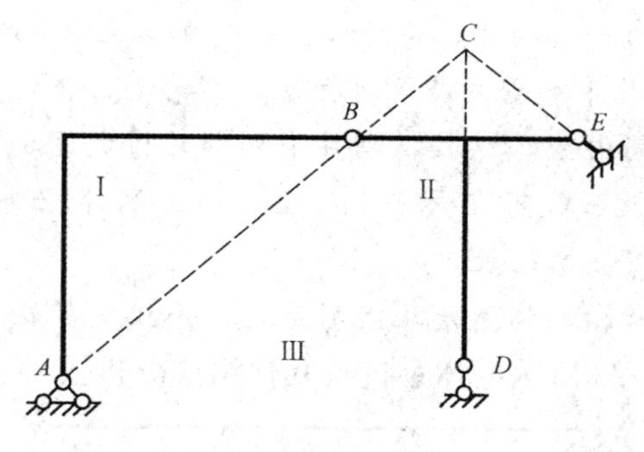

图 11-20 例 11-4 图

解： 将 AB、BED 和基础分别作为刚片Ⅰ、刚片Ⅱ、刚片Ⅲ。刚片Ⅰ和Ⅱ用单铰 B 相连；刚片Ⅰ和刚片Ⅲ用铰 A 相连；刚片Ⅱ和Ⅲ用虚铰 C(D 和 E 两处支座链杆的交点)相连。

因 A、B、C 三铰在同一直线上，故该体系为瞬变体系。

【例 11-5】 试对图 11-21(a)所示的体系进行几何组成分析。

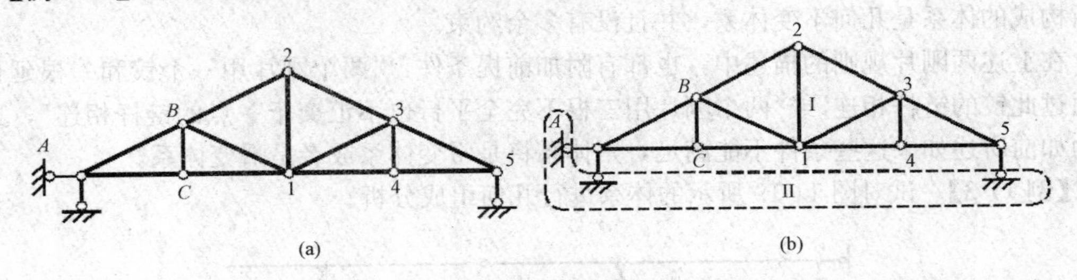

图 11-21　例 11-5 图

解： 根据三角形的稳定性可知，铰接三角形 ABC 是几何不变的，以铰接三角形 ABC 为基础，连续增加二元体 B—C—1、B—1—2、1—2—3、1—3—4、3—4—5。根据二元体规则可知，上部组成无多余约束的几何不变体系，将上部几何不变体系看作一个大的刚片Ⅰ，基础看作刚片Ⅱ[图 11-21(b)]，则根据两刚片规则可知，整个体系组成无多余约束的几何不变体系。

【例 11-6】 试对图 11-22(a)所示的体系进行几何组成分析。

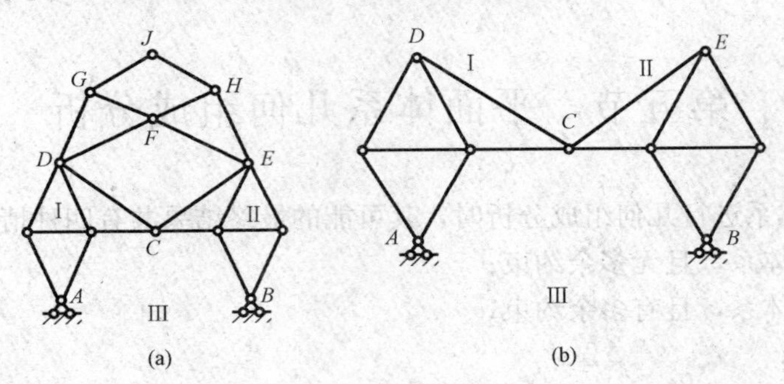

图 11-22　例 11-6 图

解： ①根据二元体规则，先依次撤除二元体 G—J—H、D—G—F、F—H—E 和 D—F—E 使体系简化，得到如图 11-22(b)所示的体系。

②把任何一根杆件作为一个刚片，再通过依次增加二元体的办法，即可得到刚片 ADC 和 CEB，并把它们记为刚片Ⅰ和刚片Ⅱ，再把基础视为刚片Ⅲ，如图 11-22(b)所示。

③刚片Ⅰ和刚片Ⅱ之间由铰 C 连接，刚片Ⅰ和刚片Ⅲ之间由铰 A 相连接，刚片Ⅱ和刚片Ⅲ之间由铰 B 相连接，此三铰不在同一直线上。由三刚片规则可知，它们所组成的体系是几何不变体系，并且没有多余约束。

因此，如图 11-22(a)所示的体系是几何不变的，并且没有多余约束。

【例 11-7】 试对图 11-23 所示的体系进行几何组成分析。

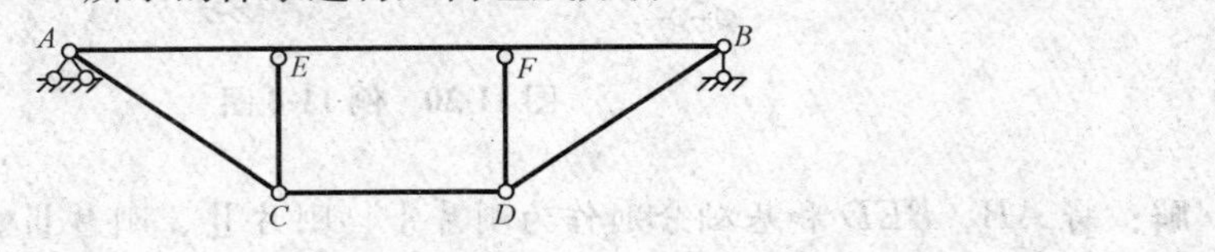

图 11-23　例 11-7 图

解： 杆 AB 与基础通过三根不完全平行也不汇交于一点的链杆相连(或者说杆 AB 与基础通过铰 A 和延长线不通过铰 A 的链杆相连)，组成几何不变体系，再增加 A—C—E 和 B—D—F 两个二元体，组成了一个更大的几何不变体系。在此基础上，又增加了一根链杆 CD，故此体系为具有一个多余约束的几何不变体系。

【例 11-8】 试对图 11-24(a)所示的体系进行几何组成分析。

解： ①首先，把地基及位于 A 处的小二元体(即固定铰支座)视为刚片Ⅰ，把铰接三角形 BCE 视为刚片Ⅱ，再把杆件 DF 视为刚片Ⅲ，如图 11-24(b)所示。

②刚片Ⅱ通过链杆①和链杆 AB(形成虚铰，位于 C 处)与刚片Ⅰ相连接；刚片Ⅲ通过链杆②和链杆 AD(形成虚铰，位于 F 处)与刚片Ⅰ相连接；刚片Ⅱ由链杆 DB 和链杆 FE(形成虚铰，位于 G 处)与刚片Ⅲ相连接。由于连接三刚片的三个单铰位于同一直线上，因此，图 11-24(a)所示的体系为瞬变体系。

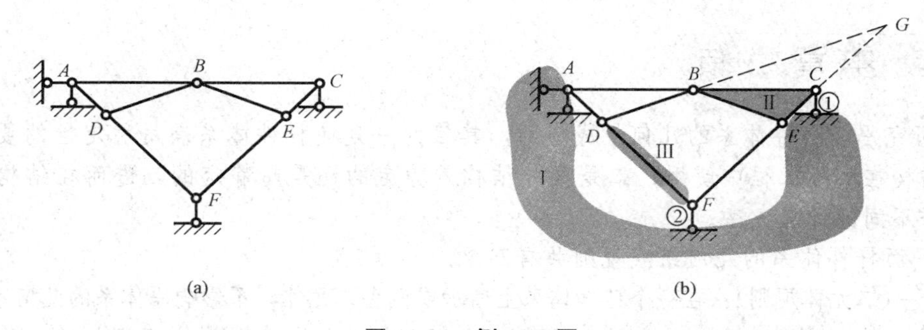

图 11-24　例 11-8 图

从本题的分析过程中可以看到，刚片的选择至关重要，它是对结构的组成进行顺利分析的关键。

第六节　静定结构和超静定结构

用来作为结构的杆件体系，必须是几何不变的，而几何不变体系又可分为无多余约束的和有多余约束的。因此，结构也可以分为无多余约束的结构和有多余约束的结构两类。

一、静定结构

无多余约束的几何不变体系是静定结构。其静力特性为：在任意荷载作用下，支座反力和所有内力均可由平衡条件求出，且其值是唯一的和有限的。

图 11-25 所示的简支梁是无多余约束的几何不变体系，其支座反力和杆件的内力均可由平衡方程全部求解出来，因此简支梁是静定的。

二、超静定结构

有多余约束的几何不变体系是超静定结构，结构的超静定次数等于几何不变体系的多余约束个数。其静力特性是：仅由平衡条件不能求出其全部内力及支座反力。即部分支座反力或内力可能由平衡条件求出，但仅由平衡条件求不出全部。

图 11-26 所示的连续梁是有一个多余约束的几何不变体系，其四个支座反力不能利用三个平衡方程全部求解出来，更无法计算全部内力，所以是超静定结构。

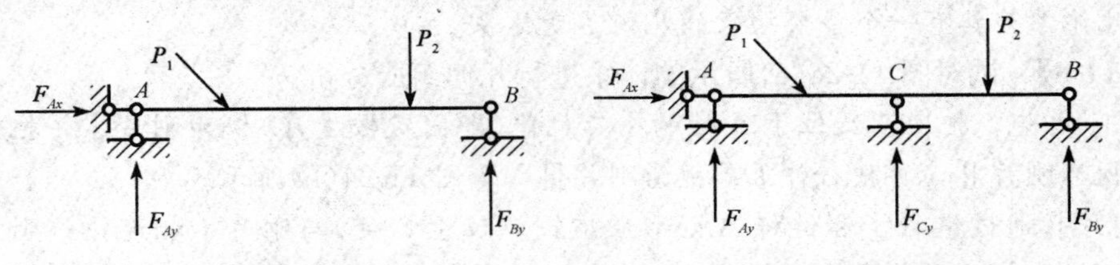

图 11-25　静定结构　　　　**图 11-26　超静定结构**

本章小结

1. 研究平面杆件体系的几何组成规则，其目的一是使杆件体系满足稳定性的要求，以便作为结构在实际工程中使用；二是区分结构是静定的还是超静定的，进而在结构分析时为其选择不同的计算方法。

2. 平面杆件体系的几何组成规则共有三个：

规则一(二元体规则)：在一个已知体系上增加或撤去二元体，不影响原体系的几何不变性。

规则二(三刚片规则)：三个刚片用不在同一条直线上的三个单铰两两相连，组成的体系为几何不变体系，且无多余约束。

规则三(二刚片规则)：两个刚片用一个铰和一根延长线不通过此铰的链杆相连，则所得到的体系是几何不变体系，且无多余约束。

利用上述平面杆件体系的三个几何组成规则对体系进行分析后的最终结论，有下列四种可能的情况：

(1)几何不变体系，且无多余约束(静定结构)；

(2)几何不变体系，且有多余约束(超静定结构)；

(3)常变体系；

(4)瞬变体系。

其中，前两种可作为结构使用，而后两种不得作为结构使用。

3. 静定与超静定概念。

无多余约束的几何不变体系是静定结构。

有多余约束的几何不变体系是超静定结构，结构的超静定次数等于几何不变体系的多余约束个数。

习　题

对图 11-27～图 11-34 所示体系进行几何组成分析。

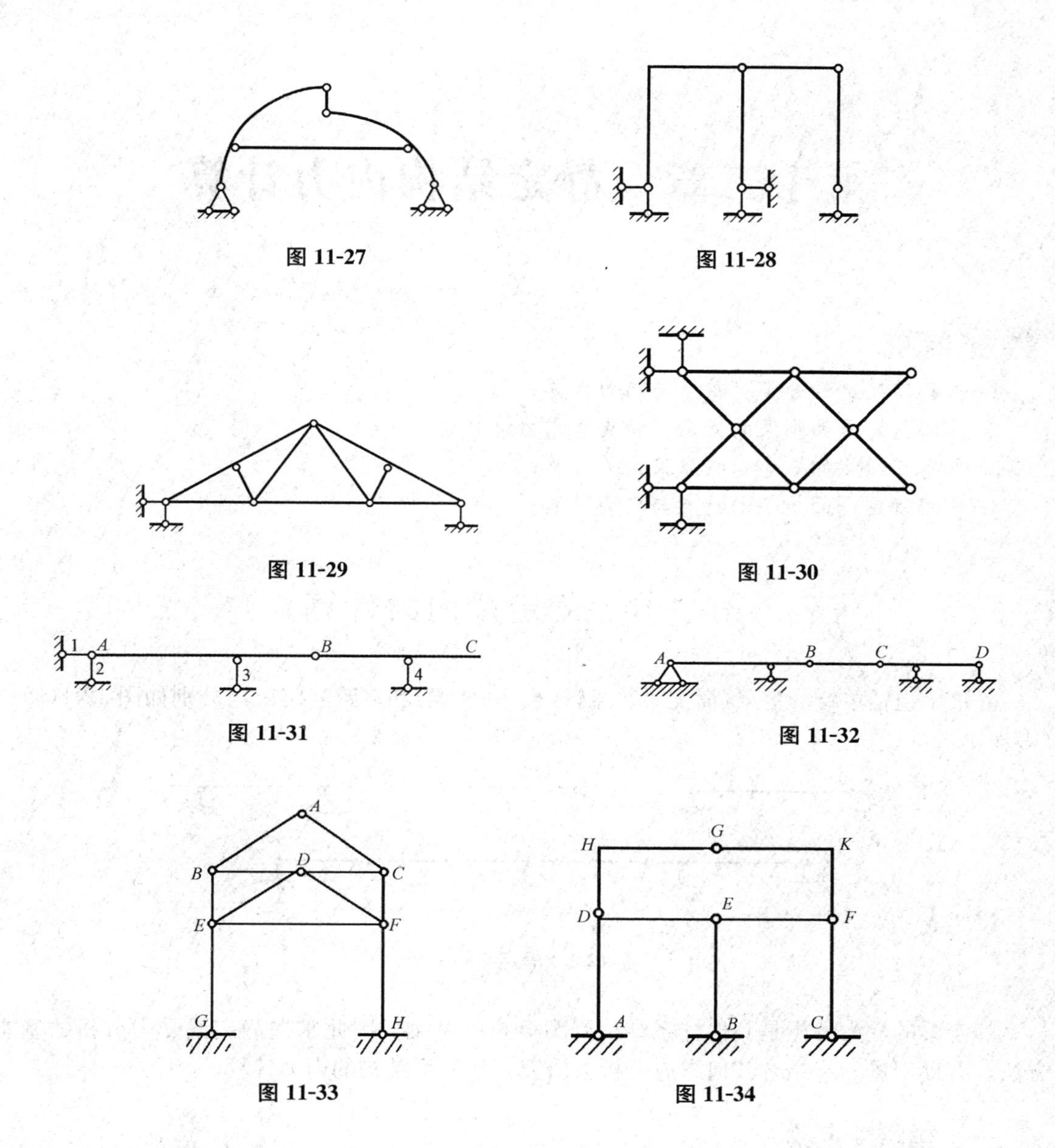

图 11-27

图 11-28

图 11-29

图 11-30

图 11-31

图 11-32

图 11-33

图 11-34

第十二章　静定结构内力计算

教学目标

1. 掌握静定梁的分类、特点与内力计算；
2. 掌握静定平面刚架的概念、特点及内力计算；
3. 熟悉三铰拱的概念、特点及内力计算；
4. 掌握静定平面桁架的特点与内力计算。

第一节　静定梁内力计算

静定梁包括单跨静定梁(简支梁、悬臂梁、外伸梁)和多跨静定梁，分别如图 12-1(a)～(d)所示。

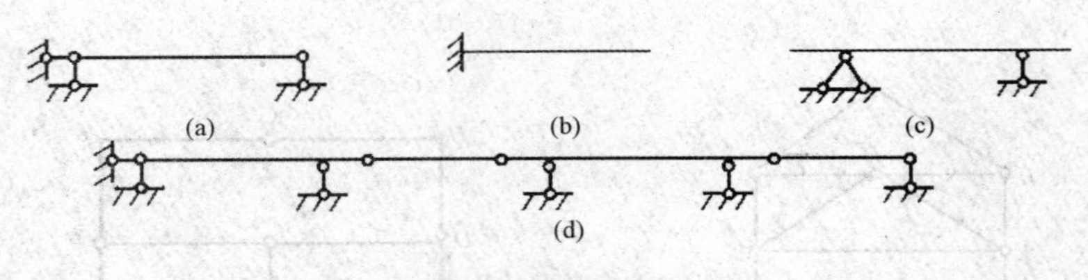

图 12-1　静定梁的类型

静定梁的受力分析是其他杆系结构受力分析的基础，因此掌握静定梁受力分析的基本方法，有助于进一步结合几何组成分析去研究其他杆系结构的内力计算。

一、单跨静定梁

单跨静定梁在实际工程中应用较多，例如一般钢筋混凝土过梁、起重机梁等，其内力分析方法已在第六章中作了详细介绍。但是，由于对它进行分析是各种结构内力分析的基础，因此在本章中作以简要的复习和介绍。

1. 梁内任一截面上的内力

在任意荷载作用下，平面杆件的任意截面上一般有三个内力：轴力 N、剪力 V 和弯矩 M(图 12-2)。

轴力：截面一侧所有外力沿杆轴线切线方向的投影代数和。轴力以拉力为正，压力为负。

剪力：截面一侧所有外力沿杆轴线法线方向的合力。剪力以绕隔离体顺时针转动者为正。

弯矩：截面一侧所有外力对截面形心力矩的代数和。在水平杆件中，当弯矩使杆件下部受拉时弯矩为正。

作内力图时，轴力图、剪力图要注明正负号，弯矩图规定画在杆件受拉的一侧，不用注明正负号。

对于水平放置的直梁，当所有外力垂直于梁轴线时，横截面上只有剪力、弯矩，没有轴力。

2. 叠加法作弯矩图

用叠加法作弯矩图可使弯矩图的绘制工作得到简化，这种绘制弯矩图的方法应熟练掌握。

(1)叠加原理。几个力对杆件的作用效果，等于每一个力单独作用效果的总和。

如图 12-3(a)所示的简支梁，其承受均布荷载 q 和力偶 M_A、M_B 的作用。作弯矩图时，可分别绘出两端弯矩 M_A、M_B 和均布荷载 q 作用时的弯矩图[图 12-3(e)、(f)]，然后将两个弯矩图相应的竖标叠加，即得总的弯矩图，如图 12-3(d)所示。

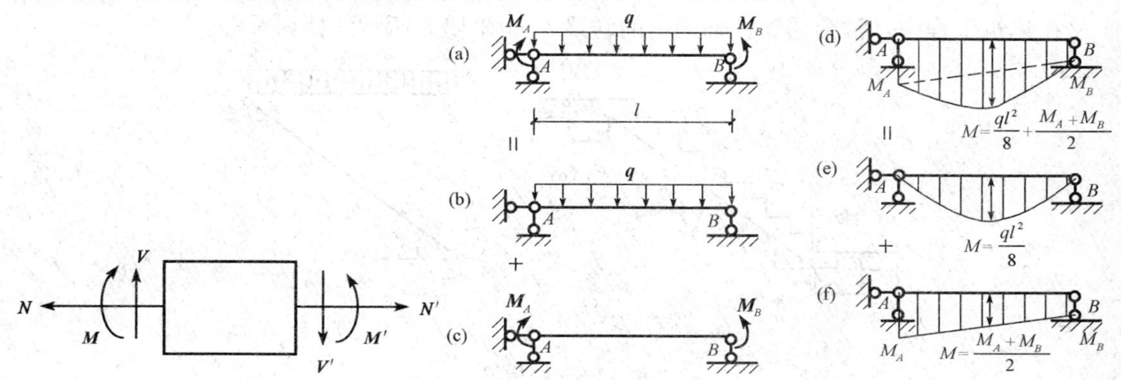

图 12-2　梁内任一截面上的内力

图 12-3　弯矩图的叠加原理

注意：弯矩图的叠加，是指各个截面对应的弯矩竖标的代数和，而不是弯矩图的简单拼合，竖标应垂直于杆轴，凸向与荷载指向一致。如图 12-3(f)跨中弯矩与图 12-3(e)跨中弯矩叠加时，竖标应垂直于杆轴线 AB。叠加后，跨中的实际弯矩为 $M=\frac{ql^2}{8}+\frac{M_A+M_B}{2}$。

(2)分段叠加原理。上述叠加法绘弯矩图，可以应用于结构中任意直杆段的弯矩图。

如要作图 12-4(a)直杆中 AB 段的弯矩图，可截取 AB 段为隔离体，如图 12-4(b)所示，隔离体上除作用有均布荷载 q 外，在杆端还作用有弯矩 M_A、M_B 和剪力 V_A、V_B。将图 12-4(b)和图 12-4(c)的简支梁比较，受力情况相同，并由平衡条件知 $F_A=V_A$、$F_B=V_B$，可见两者完全相同。即 AB 段的弯矩图与图 12-4(c)简支梁的弯矩图完全相同，这样，做任意直杆段的弯矩图的问题，就归结为相应简支梁弯矩图的问题。

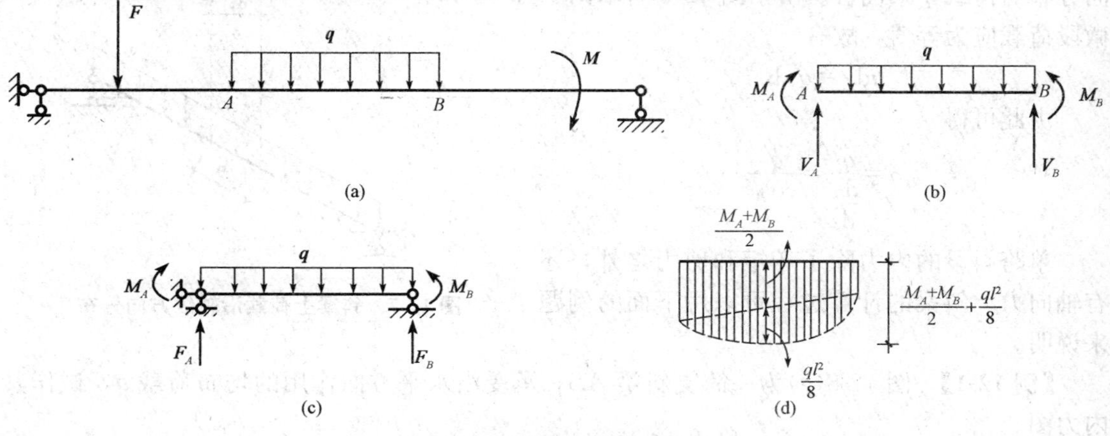

图 12-4　弯矩图分段叠加原理

由叠加法作出 AB 段的弯矩图，如图 12-4(d)所示。

现将分段叠加法作弯矩图的步骤归纳如下：

①选择外荷载的不连续点(如集中力作用点、集中力偶作用点、分布荷载的起点和终点及支座结点等)为控制截面，求出控制截面的弯矩值。

②分段绘制弯矩图。当控制截面间无荷载时，用直线连接两控制截面的弯矩值，即得该段的弯矩图；当控制截面间有荷载时，先用虚线连接两控制截面的弯矩值，然后依此虚线为基线，再叠加这段相应简支梁的弯矩图，从而绘制出最后的弯矩图。

3. 斜梁的内力计算与内力图的绘制

在建筑工程中，常会遇到杆轴倾斜的斜梁，如图 12-5 所示的楼梯梁等。

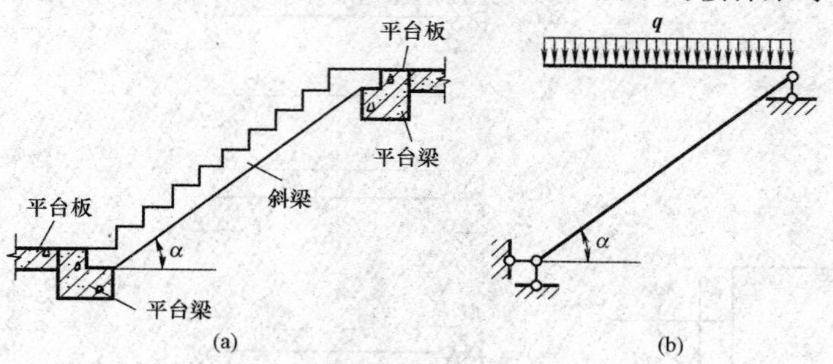

图 12-5　楼梯梁

当斜梁承受竖向均布荷载时，按荷载分布情况的不同，可有两种表示方式。一种如图 12-6 所示，斜梁上的均布荷载 q 按照沿水平方向分布的方式表示，如楼梯受到的人群荷载的情况就是这样；另一种如图 12-7 所示，斜梁上的均布荷载 q'按照沿杆轴线方向分布的方式表示，如楼梯梁的自重就是这种情况。

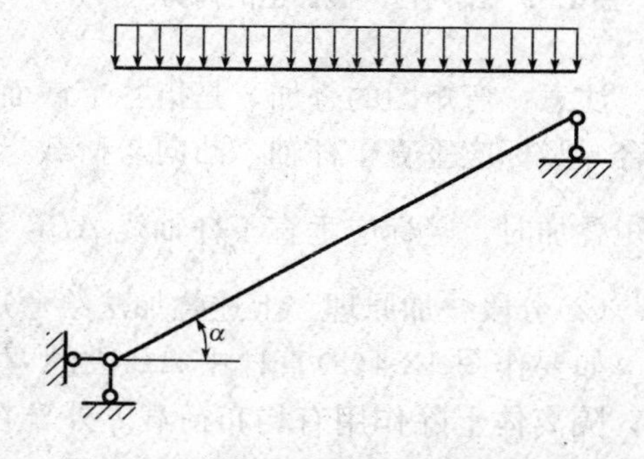

图 12-6　斜梁上荷载沿水平方向分布

由于按水平距离计算时，以图 12-6 所示方式较方便，故通常将后者[图 12-7(b)]也改为前者的分布方式，而以图 12-7(a)所示的沿水平方向分布的荷载 q 来代替。由于图 12-7 所示两个微段荷载应为等值，故有

$$q\mathrm{d}x = q'\mathrm{d}s$$

由此可得

$$q = \frac{q'}{\frac{\mathrm{d}x}{\mathrm{d}s}} = \frac{q'}{\cos\alpha}$$

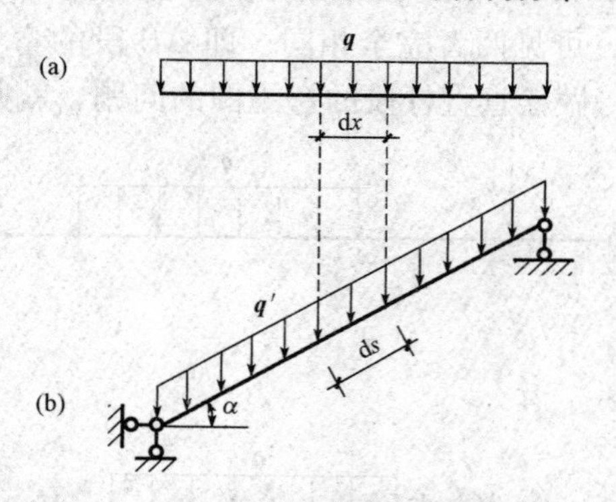

图 12-7　斜梁上荷载沿轴线方向分布

单跨斜梁的内力除了弯矩和剪力之外，还有轴向力。斜梁的计算过程可以用下面的例题来说明。

【例 12-1】　图 12-8(a)为一简支斜梁 AB，承受沿水平方向作用的均布荷载 $\boldsymbol{q}$，试作其内力图。

解：由平衡条件求出支座反力：

$$\sum M_A = 0, F_B = \frac{ql}{2}$$

$$\sum M_B = 0, F_{Ay} = \frac{ql}{2}$$

$$\sum F_x = 0, F_{Ax} = 0$$

求内力时，可求距离 A 为 x 的任一截面 C 的内力，将 C 截面切开，取 AC 段为隔离体，如图 12-8(b)所示，C 截面上内力有 N、V、M，根据平衡条件列出 C 截面各内力方程：

$$\sum t = 0, N =- F_{Ay}\sin\alpha + qx\sin\alpha =- q\left(\frac{l}{2} - x\right)\sin\alpha$$

$$\sum n = 0, V = F_{Ay}\cos\alpha - qx\cos\alpha = q\left(\frac{l}{2} - x\right)\cos\alpha$$

$$\sum M_C = 0, M = F_{Ay}x - qx\,\frac{x}{2} = \frac{1}{2}qlx - \frac{l}{2}qlx - \frac{l}{2}qx^2$$

由内力方程可绘出斜梁的 N、V、M 图，如图 12-8(c)、(d)、(e)所示。

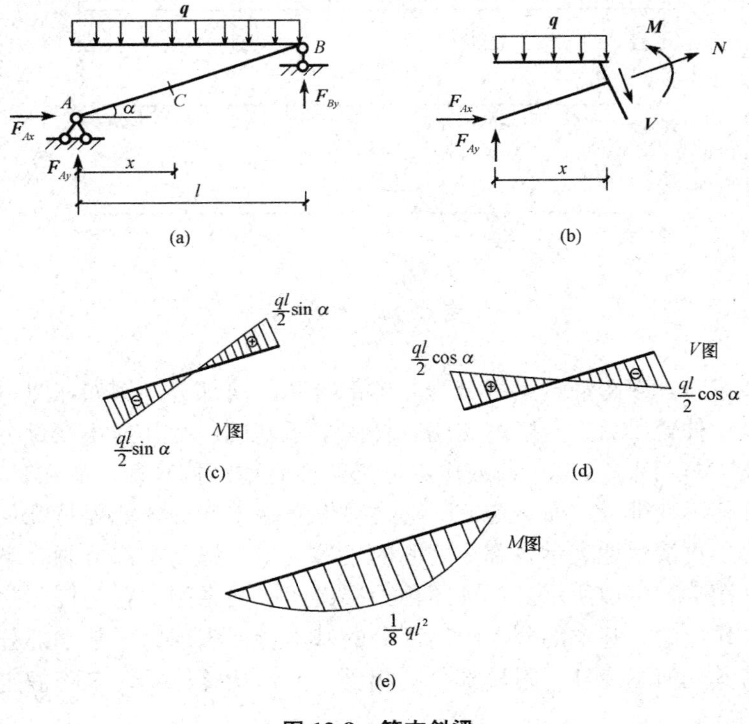

图 12-8　简支斜梁

二、多跨静定梁

1. 多跨静定梁的几何组成

多跨静定梁是由若干根伸臂梁和简支梁用铰连接而成，并用来跨越几个相连跨度的静定梁。在实际的建筑工程中，多跨静定梁常用来跨越几个相连的跨度。图 12-9(a)所示为桥梁中常采用的多跨静定梁结构形式之一，梁的接头处采用企口结合的形式，可以看作铰接，其计算简图如图 12-9(b)所示。

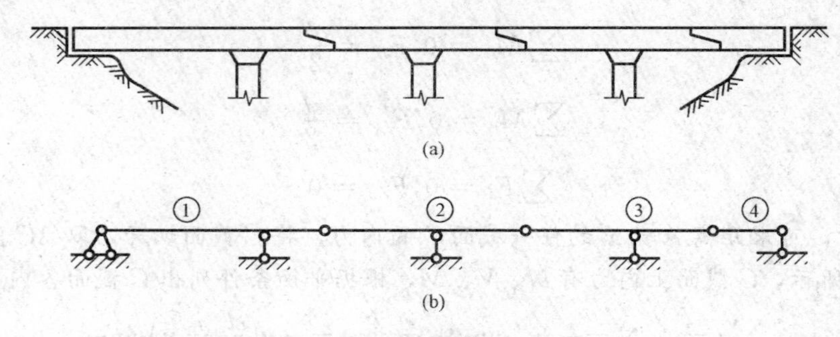

图 12-9　桥梁

在房屋建筑结构中的木檩条[图 12-10(a)]，也是多跨静定梁的结构形式。在檩条接头处采用斜搭接的形式，中间用一个螺栓系紧，这种接头不能抵抗弯矩，可防止所连构件在横向或者纵向的相对移动，故也可看作铰接，其计算简图如图 12-10(b)所示。

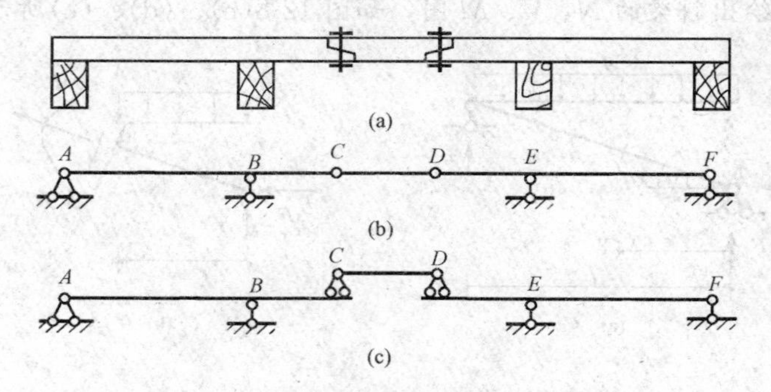

图 12-10　木檩条

从几何组成来看，多跨静定梁可分为基本部分和附属部分。例如，图 12-10(b)所示的多跨静定梁，其中伸臂梁 AC 直接由支座链杆固定于基础，是几何不变部分，称为基本部分；对于伸臂梁 DF，因它在竖向荷载作用下仍能独立地维持平衡，故在竖向荷载作用下，也可把它当作几何不变部分；而悬跨 CD 则必须依靠基本部分才能保持几何不变性，故称为附属部分。为了更清楚地表示各部分之间的支撑关系，把基本部分画在下层，将附属部分画在上层，如图 12-10(c)所示。这种图称为层次图或关系图，它是按照附属部分支承于基本部分之上来作出的。基本部分和附属部分的基本特征表现为：基本部分可不依靠于附属部分而能保持其几何不变性，附属部分则相反。但是从整体看，多跨静定梁是几何不变的，也是静定的。

多跨静定梁按其几何组成特点，可有两种基本形式：第一种基本形式如图 12-11(a)所示，其中第一、三、五跨为基本部分，第二、四跨为附属部分，它通过铰与两侧相邻的基本部分相连，其层次图如图 12-11(b)所示；第二种基本形式如图 12-11(c)所示，第一跨为基本部分，而第二、三、四跨分别为左边各跨的附属部分，即各附属部分的附属程度由左至右逐渐增高，其层次图如图 12-11(d)所示。

2. 多跨静定梁的内力计算

由层次图可见，基本部分能独立承受荷载并保持平衡，作用在基本部分上的荷载不会

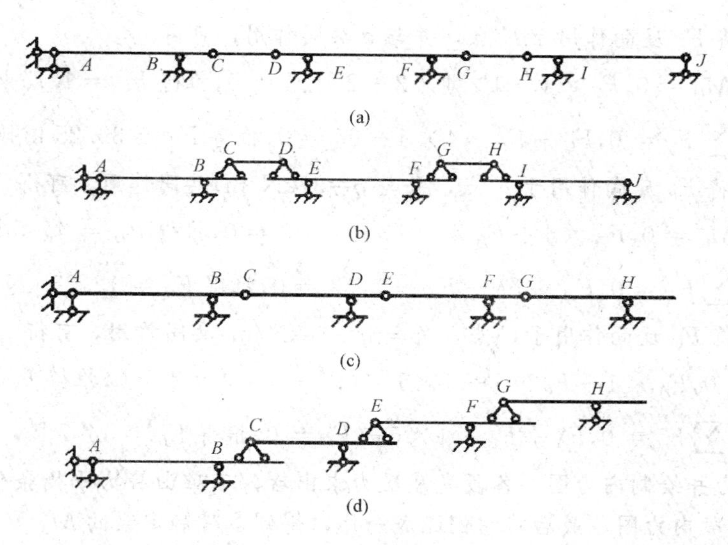

图 12-11 多跨静定梁的受力层次图

影响到附属部分；而附属部分只有依靠基本部分才能承受荷载并保持平衡，作用在附属部分上的荷载，会以支座反力的形式传至基本部分。

因此，多跨静定梁的计算，应先计算高层次的附属部分，后计算低层次的附属部分；然后，将附属部分的支座反力反方向加于基本部分，计算其内力；最后，将各单跨梁的内力图连成一体，即为多跨梁静定梁的内力图。

【例 12-2】 试作出如图 12-12(a)所示的四跨静定梁的弯矩图和剪力图。

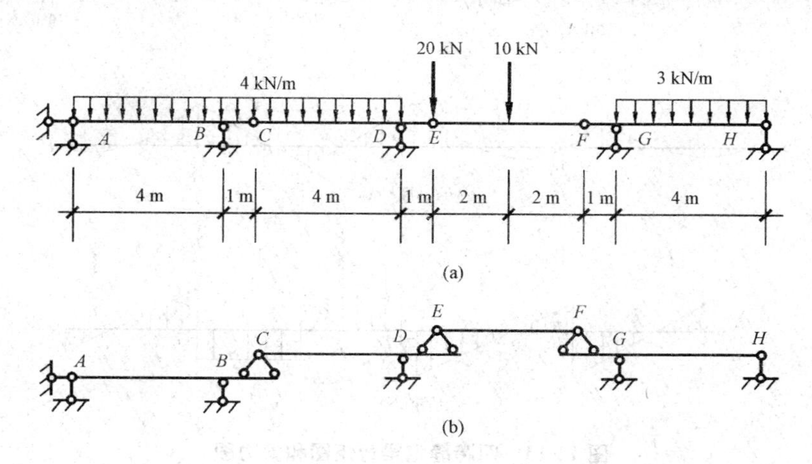

图 12-12 例 12-2 图

解：(1)绘制层次图，如图 12-12(b)所示。

(2)计算支座反力，先从高层次的附属部分开始，逐层向下计算。

①EF 段：由静力平衡条件得

$$\sum M_E = 0, F_F \times 4 - 10 \times 2 = 0, \text{推得 } F_F = 5(\text{kN})$$

$$\sum F_y = 0, F_E = 20 + 10 - F_F = 25(\text{kN})$$

②CE 段：将 F_E 反向作用于 E 点，并与 $\boldsymbol{q}$ 共同作用，可得

$$\sum M_D = 0, F_C \times 4 - 4 \times 4 \times 2 + 25 \times 1 = 0, \text{推得 } F_C = 1.75 \text{ kN}$$

$$\sum F_y = 0, F_C + F_D - 4 \times 4 - 25 = 0, \text{推得 } F_D = 39.25 \text{ kN}$$

③FH 段：将 F_F 反向作用于 F 点，并与 $q=3(\text{kN/m})$ 共同作用，可得

$$\sum M_G = 0, F_H \times 4 + F_F \times 1 - 3 \times 4 \times 2 = 0, \text{推得 } F_H = 4.75 \text{ kN}$$

$$\sum F_y = 0, F_H + F_G - F_F - 3 \times 4 = 0, \text{推得 } F_G = 12.25 \text{ kN}$$

④AC 段：将 F_C 反向作用于 C 点，并与 $q=4(\text{kN/m})$ 共同作用，可得

$$\sum M_B = 0, F_A \times 4 + F_C \times 1 + 4 \times 1 \times 0.5 - 4 \times 4 \times 2 = 0, \text{推得 } F_A = 7 \text{ kN}$$

$$\sum F_y = 0, F_A + F_B - 4 \times 5 - F_C = 0, \text{推得 } F_B = 14.7 \text{ kN}$$

(3)计算内力并绘制内力图。各段支座反力求出后，不难由静力平衡条件求出各截面内力，然后绘制各段内力图，最后将它们连成一体，得到多跨静定梁的 M、V 图，如图 12-13 所示。

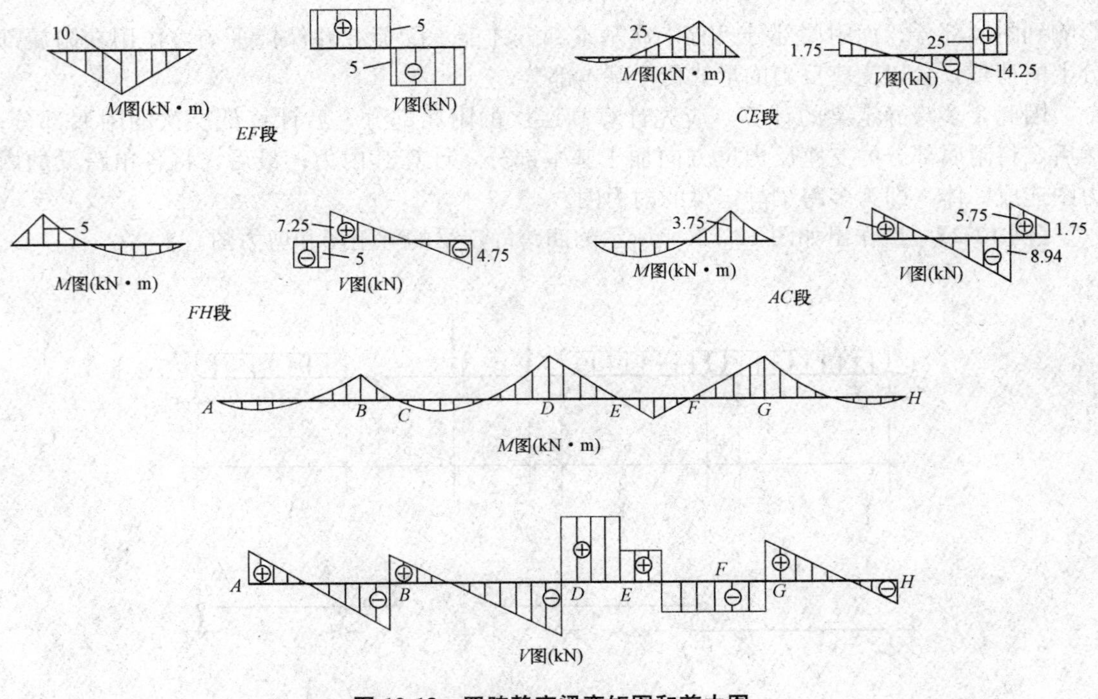

图 12-13　四跨静定梁弯矩图和剪力图

在设计多跨静定梁时，可适当地选择铰的位置，以减小弯矩图的峰值，从而节省材料。如图 12-14(a)所示的三跨静定梁，当伸臂长度 $a=0.017\ 16\ l$ 时，就可以使梁上最大正、负弯矩的绝对值相等。图 12-14(b)为弯矩图，支座 C、D 处弯矩的绝对值等于 DF 段的最大弯矩的绝对值。我们将此梁的弯矩图与相应多跨简支梁的弯矩 M' 图[图 12-14(c)]比较，可知前者的最大弯矩要比后者小 31.3%。

多跨静定梁是由伸臂梁和短梁组合而成。因此，一般来说，多跨静定梁的弯矩比一列简支梁的弯矩小，所用材料较为节省。但是，多跨静定梁的构造较为复杂。

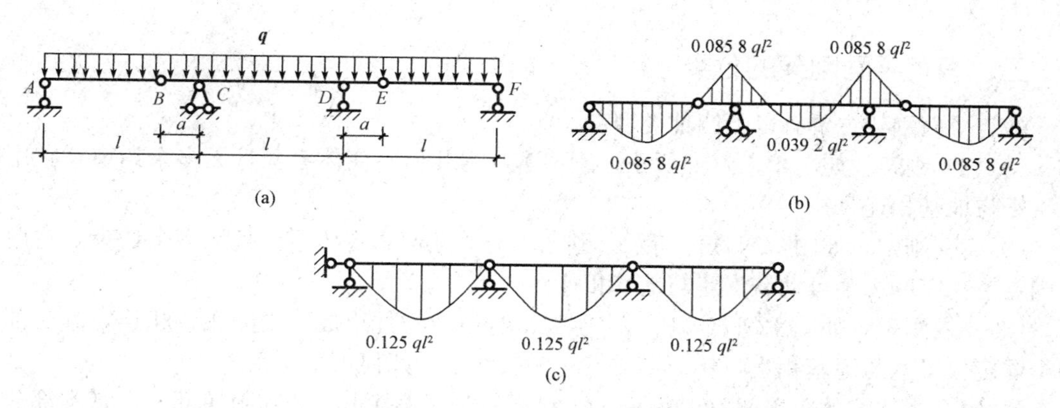

图 12-14　多跨静定梁与简支梁的受力比较

(a)多跨静定梁及荷载；(b)多跨静定梁的弯矩图；(c)简支梁的弯矩图

第二节　静定平面刚架

一、刚架的概念及特点

刚架是由若干根梁和柱主要用刚结点组成的结构。当刚架的各杆轴线都在同一平面内且外荷载也可简化到这个平面内时，这样的刚架称为平面刚架。如图 12-15 所示为一门式刚架的计算简图。其结点 B 和 C 都是刚结点，在荷载作用下各杆端不能发生相对移动和转动，即刚架受力变形时，结点 B、C 处虽有线位移和转动，但是各杆端在结点 B、C 处仍然连接在一起，并且保持与变形前相同的角度，如图中虚线所示。

由于刚结点能约束杆端之间的相对移动和转动，故能承受和传递弯矩，从而使结构中的内力分布比较均匀、合理，并能消减弯矩的峰值，从而可以节省材料。如图 12-16 所示，由于图 12-16(b)中 C、D 为刚结点，横梁的弯矩可以通过刚结点传递到柱子上，因而图 12-16(b)所示结构中横梁跨中弯矩峰值要比图 12-16(a)所示结构中横梁跨中弯矩小得多。

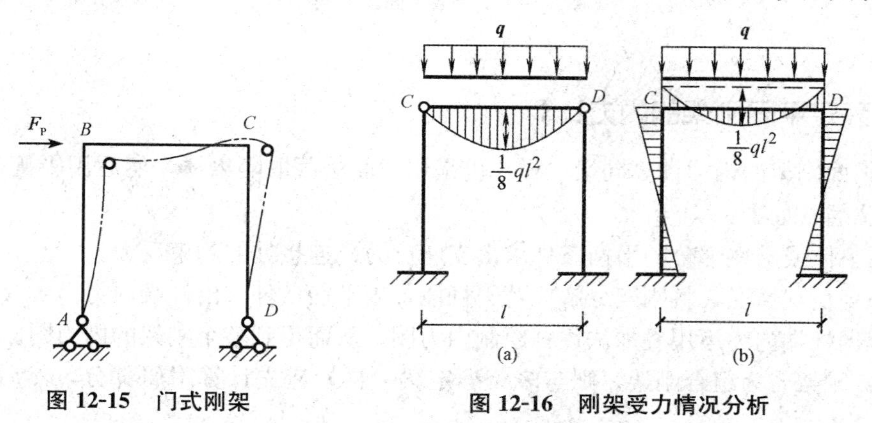

图 12-15　门式刚架　　**图 12-16　刚架受力情况分析**

此外，由于刚架具有杆件较少、内部空间大、使用方便且多数由直杆组成及制作方便等优点，所以在工业与民用建筑、水利工程、桥梁工程中都得到了广泛的应用。

二、静定平面刚架的分类

静定平面刚架主要有以下四种类型：

(1)悬臂刚架，如图 12-17(a)所示。刚架本身为几何不变体系，且无多余约束，它用固定支座与地基相连。

(2)简支刚架，如图 12-17(b)所示。刚架本身为几何不变体系，且无多余约束，它用一个固定铰支座和一个可动铰支座与地基相连。

(3)三铰刚架，如图 12-17(c)所示。刚架本身由两构件组成，中间用铰相连，其底部用两个固定铰支座与地基相连，从而形成没有多余约束的几何不变体系。

(4)组合刚架，如图 12-17(d)所示。此刚架一般分为基本部分和附属部分，基本部分一般由前述三种刚架的一种构成，附属部分则是根据几何不变体系的组成规则连接上去的。就整体结构而言，它仍是一个无多余约束的几何不变体系。

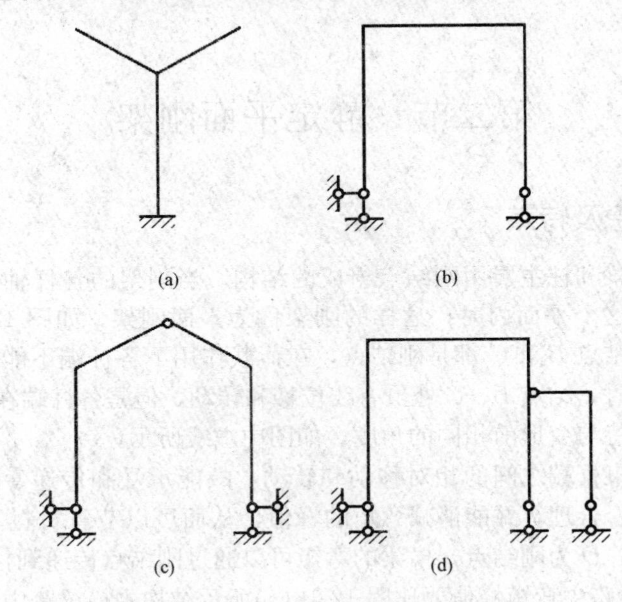

图 12-17　静定平面刚架类型

三、静定平面刚架的内力计算

静定平面刚架的内力计算同梁一样，仍是用截面法截取隔离体，然后用平衡条件求解。其解题步骤通常如下：

(1)由整体或某些部分的平衡条件求出支座反力或连接处的约束反力。

(2)根据荷载情况，将刚架分解成若干杆段，由平衡条件求出杆端内力。

(3)根据杆端内力运用叠加法逐杆绘制内力图，从而得到整个刚架的内力图。

注意：刚架若为组合刚架，则与多跨静定梁一样，应先计算附属部分，然后再计算基本部分。

在计算内力时，为了使内力的符号不致发生混淆，在内力符号的右下方加用两个下标来表明内力所属的杆及杆端截面，其中两个下标一起共同表示内力所属的杆，而第一个下标又表示该内力所属的杆端截面。以弯矩为例，以 M_{AB} 和 M_{BA} 分别表示 AB 杆的 A 端和 B 端的弯矩。

在刚架中，弯矩图纵坐标规定画在杆件受拉纤维一边，不用注明正负号。剪力以使隔离体有顺时针转动趋势为正，反之为负，剪力图可画在杆件的任一侧，但要注明正负号。轴力以拉力为正，压力为负，轴力图也可画在杆件的任一侧，也要注明正负号。

【例 12-3】 试求图 12-18 刚架的支座反力，并作出刚架的内力图。

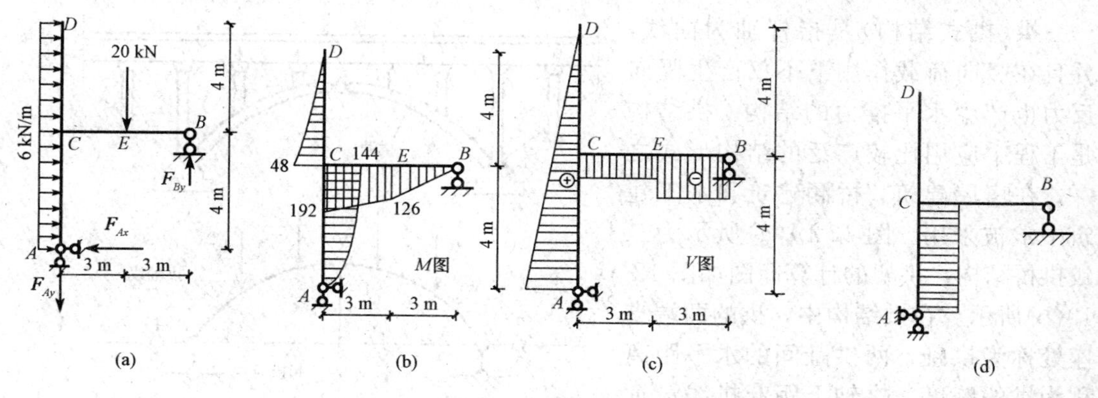

图 12-18　例 12-3 图

解：(1)计算支座反力。此为一简支刚架，反力只有三个，考虑刚架的整体平衡，有

$$F_{Ax}=6\times8=48(\text{kN})(\text{水平向左})$$

$$\sum M_A=0, F_{By}=\frac{6\times8\times4+20\times3}{6}=42(\text{kN})\quad(\text{竖直向上})$$

$$\sum F_y=0, F_{Ay}=42-20=22(\text{kN})\quad(\text{竖直向下})$$

(2)绘制内力图。作弯矩图时需要逐杆考虑。

首先，考虑 CD 杆，该杆为一悬臂梁，故其弯矩图可以直接绘出。其 C 端弯矩为

$$M_{CD}=\frac{6\times4\times4}{2}=48(\text{kN}\cdot\text{m})\quad(\text{左侧受拉})$$

其次，考虑 CB 杆。该杆上作用有一集中荷载，可以分为 CE 和 EB 两个无荷载区段，用截面法求出下列控制截面的弯矩：

$$M_{BE}=0$$

$$M_{EB}=M_{EC}=42\times3=126(\text{kN}\cdot\text{m})\quad(\text{下侧受拉})$$

$$M_{CB}=42\times6-20\times3=192(\text{kN}\cdot\text{m})\quad(\text{下侧受拉})$$

便可以绘制出该杆弯矩图。

最后，考虑 AC 杆件。该杆受均布荷载，可以用叠加法来绘制其弯矩图。先求出该杆两端弯矩：

$$M_{AC}=0$$

$$M_{CA}=48\times4-6\times4\times2=144(\text{kN}\cdot\text{m})\quad(\text{右侧受拉})$$

最后，可得整个刚架的弯矩图，如图 12-18(b)所示。

在绘制剪力图和轴力图时同样逐杆考虑。根据荷载和已经求出的反力，可以用截面法求出杆件各个控制截面的剪力和轴力，从而绘制出整个钢架的剪力图和轴力图，如图 12-18(c)、(d)所示。

第三节　三铰拱(选修内容)

一、概述

拱(拱式结构)是指杆轴为曲线，并且在竖向荷载作用下不仅产生竖向反力也产生水平推力的结构。拱结构是工程中应用比较广泛的结构形式之一，在房屋建筑、桥涵建筑和水工建筑中常被采用。图 12-19(a)所示为三铰拱桥结构，拱架的计算简图如图 12-19(b)所示。在拱结构中，拱的两端支座处称为拱趾，两拱趾间的水平距离称为拱的跨度，拱轴上距起拱线最远处称为拱顶，拱顶至起拱线之间的竖直距离称为拱高，拱高 f 与跨度 l 之比称为高跨比，是控制拱的受力的重要数据。

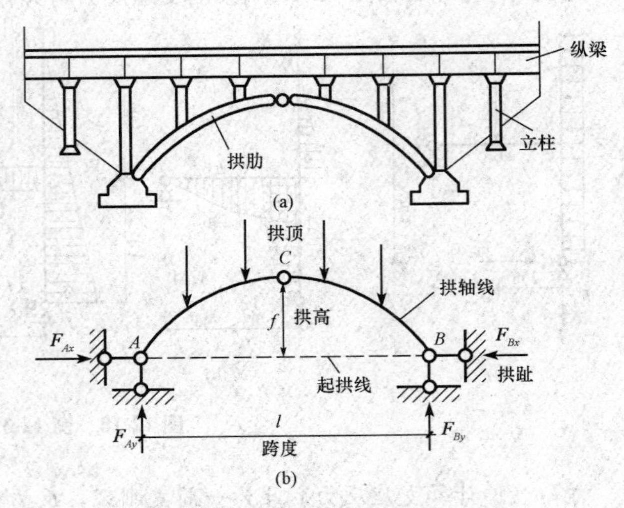

图 12-19　三铰拱桥结构

(a)三铰拱桥示意图；(b)计算简图

拱的基本特点是在竖向荷载作用下会产生水平推力 F_{Ax}。水平推力的存在与否，是区别拱与梁的主要标志。如图 12-20(a)所示结构，其杆轴虽为曲线，但在竖向荷载作用下支座并不产生水平推力，它的弯矩与相应简支梁的相同，故称为曲梁；但如图 12-20(b)所示结构，由于其两端都有水平支座链杆，在竖向荷载作用下支座将产生水平推力，故属于拱式结构。由于水平推力的存在，对拱趾处基础的要求较高。

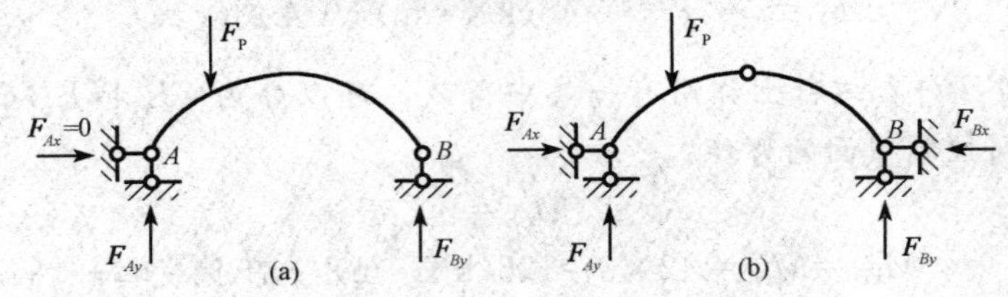

图 12-20　拱与梁的区分

(a)曲梁；(b)三铰拱

按计算特点拱结构分为“静定拱”和“超静定拱”两种形式。

按单跨拱中所包含铰的个数，可以把拱分为三铰拱、两铰拱和无铰拱三种。

(1)三铰拱。如图 12-21(a)所示，两曲杆之间用铰连接，另两端用固定铰支座与基础相连。三铰拱可以制作成带拉杆的三铰拱，如图 12-21(b)所示。三铰拱是静定结构，其反力和内力均可由平衡条件求出。

(2)两铰拱。如图 12-21(c)所示，拱中只有两个拱趾铰，称为两铰拱。两铰拱是一次超静定结构。

(3)无铰拱。如图 12-21(d)所示，中间无铰，两端是固定支座，称为无铰拱。无铰拱是三次超静定结构。

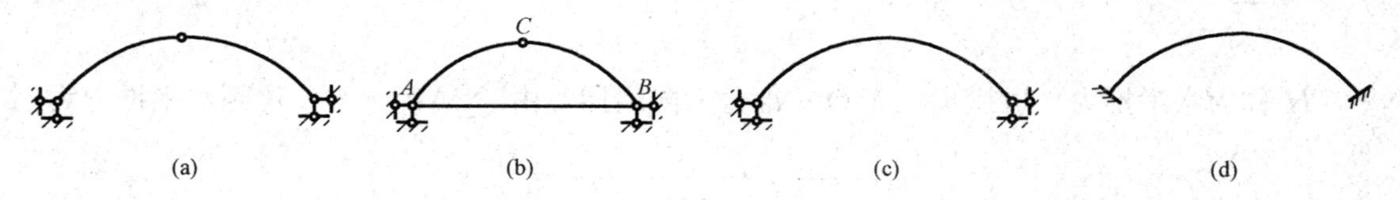

图 12-21　拱的类型

(a)三铰拱；(b)带拉杆的三铰拱；(c)两铰拱；(d)无铰拱

二、竖向荷载作用下三铰拱的内力计算

三铰拱为静定结构，其全部支座反力和内力都可由平衡条件确定。现以图 12-22(a)所示在竖向荷载作用下的三铰拱为例，来说明它的支座反力和内力的计算方法。为了便于比较，同时给出了同跨度、同荷载的相应简支梁相对照，如图 12-22(b)所示。

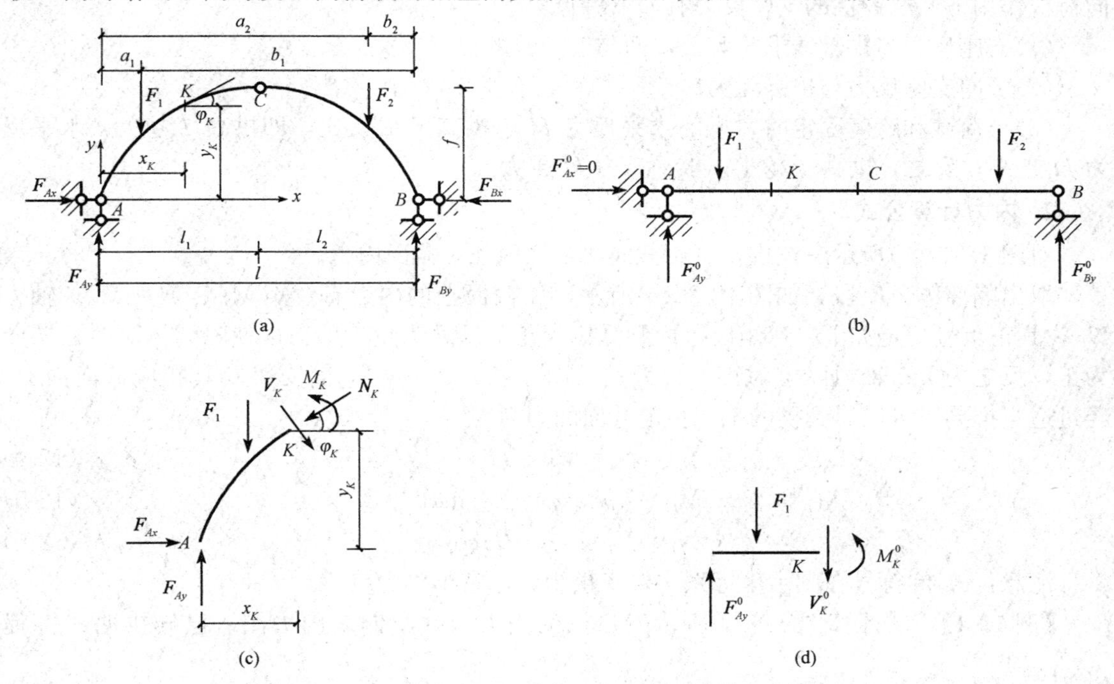

图 12-22　竖向荷载作用下的三铰拱内力计算

1. 支座反力的计算

三铰拱有四个支座反力。根据整体平衡条件 $\sum M_A = 0, \sum M_B = 0$，可以求出拱的竖向反力。

$$F_{Ay} = \frac{\sum F_i b_i}{l} = F_{Ay}^0$$

$$F_{By} = \frac{\sum F_i a_i}{l} = F_{By}^0$$

即拱的竖向反力与相应简支梁的竖向反力相同。

由 $\sum F_x = 0$ 得到

$$F_{Ax} = F_{Bx} = H$$

H 称为水平推力。取拱顶铰 C 以左部分为隔离体，由 $\sum M_C = 0$，得到水平推力为

$$H = \frac{F_{Ay} l_1 - F_1 (l_1 - a_1)}{f} = \frac{M_C^0}{f}$$

M_C^0 表示相应简支梁截面 C 处的弯矩，据此可以得到三铰拱支座反力的计算公式：

$$F_{Ay} = F_{Ay}^0 \tag{12-1}$$

$$F_{By} = F_{By}^0 \tag{12-2}$$

$$H = \frac{M_C^0}{f} \tag{12-3}$$

由上述三式可知，求解三铰拱竖向反力 F_{Ay}、F_{By}，可以通过求相应简支梁的支座反力 F_{Ay}^0、F_{By}^0 而求得。而水平推力 H 等于相应简支梁截面 C 的弯矩 M_C^0 除以拱高 f 而得。在竖向荷载作用下，三铰拱的支座反力有如下特点：

(1)支座反力与拱轴线形状无关，而与三个铰的位置有关。

(2)竖向支座反力与拱高无关。

(3)当荷载和跨度固定时，拱的水平反力 H 与拱高 f 成反比，即拱高 f 越大，水平反力 H 越小；反之，拱高 f 越小，水平反力 H 越大。

2. 内力计算公式

对图 12-22(a)所示三铰拱，可用截面法求拱内任一截面内力。

取出隔离体 AK 段，如图 12-22(c)所示，K 截面上的内力有弯矩 M_K、剪力 V_K、轴力 N_K，其正负号规定如下：弯矩以拱内侧受拉为正，反之为负；剪力以使隔离体顺时针转向为正，反之为负；轴力以压为正，拉为负。图 12-22(d)为相应简支梁及其相应截面内力。经过适当推导，可以得到拱的某一指定截面的内力为

$$M_K = M_K^0 - H_{yK} \tag{12-4}$$

$$V_K = V_K^0 \cos\varphi_K - H \sin\varphi_K \tag{12-5}$$

$$N_K = V_K^0 \sin\varphi_K + H \cos\varphi_K \tag{12-6}$$

注意：φ_K 的符号在图示坐标系中左半拱为正，右半拱为负。

【例 12-4】 试计算图 12-23 所示三铰拱的内力，并绘制其内力图。已知拱曲线方程 $y(x) = \frac{4f}{l^2} x(l-x)$。

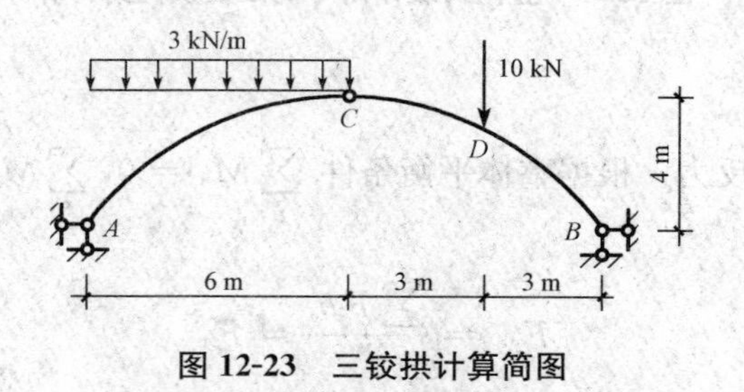

图 12-23　三铰拱计算简图

解：(1)求支座反力。

$$F_{Ay}=F_{Ay}^{0}=\frac{10\times3+3\times6\times9}{12}=16(\text{kN})\quad(\uparrow)$$

$$F_{By}=F_{By}^{0}=\frac{3\times6\times3+10\times9}{12}=12(\text{kN})\quad(\uparrow)$$

$$H=\frac{M_{C}^{0}}{f}=\frac{16\times6-3\times6\times3}{4}10.5(\text{kN})$$

(2)截面的内力计算。在计算截面内力时，可以将拱跨分为 8 等份，按照式(12-4)至式(12-6)计算出各等分点截面的弯矩、剪力和轴力。计算时，为了清楚和便于检查，可以列表进行(略)。然后，根据计算结果绘出 M、V、N 图。

为了说明计算过程，现以集中力作用点 D 截面为例，计算如下：

$$x_D=9\ \text{m}$$

$$y_D=\frac{4f}{l^2}x(l-x)=\frac{4\times4}{12^2}\times9\times(12-9)=3(\text{m})$$

$$\tan\varphi_D=\frac{\text{d}y}{\text{d}x}=\frac{4f}{l^2}(l-2x)=\frac{4\times4}{12^2}\times(12-2\times9)=-0.667$$

故 $\varphi_D=-33.7°$，$\sin\varphi_D=-0.555$，$\cos\varphi_D=0.832$。

根据式(12-4)至式(12-6)，可得

$$M_D=M_D^0-H_{yD}=12\times3-10.5\times3=4.5(\text{kN}\cdot\text{m})$$

$$V_{D左}=V_{D左}^0\cos\varphi_D-H\sin\varphi_D=(-2)\times0.832-10.5\times(-0.555)=4.17(\text{kN})$$

$$N_{D左}=V_{D左}^0\sin\varphi_D-H\cos\varphi_D=(-2)\times(-0.555)+10.5\times0.832=9.85(\text{kN})$$

$$V_{D右}=V_{D右}^0\cos\varphi_D-H\sin\varphi_D=(-12)\times0.832-10.5\times(-0.555)=4.15(\text{kN})$$

$$N_{D右}=V_{D右}^0\sin\varphi_D-H\cos\varphi_D=(-12)\times(-0.555)+10.5\times0.832=15.4(\text{kN})$$

重复上述步骤，可求出各等分截面的内力，作出内力图，如图 12-24(a)、(b)、(c)所示。

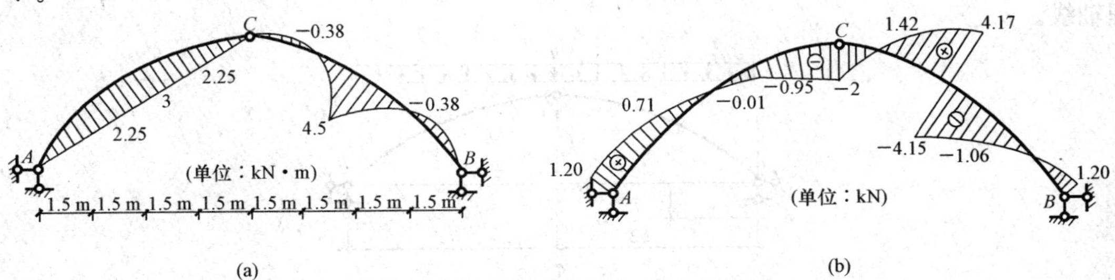

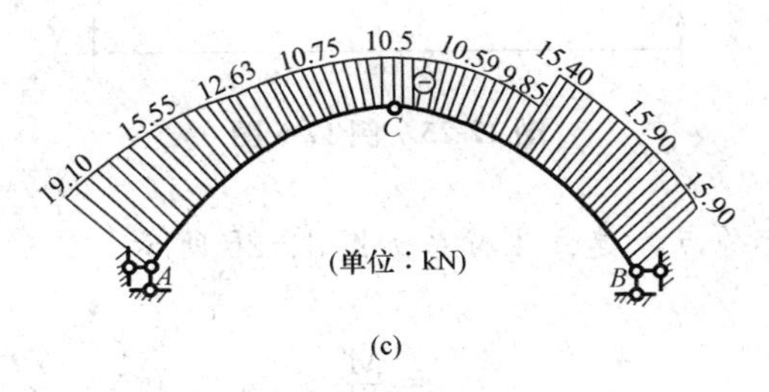

图 12-24　三铰拱内力图

(a)弯矩图；(b)剪力图；(c)轴力图

三、三铰拱的受力特点

通过三铰拱的内力分析及与相应水平简支梁的比较，得知三铰拱的受力特点有以下几点：

(1)在竖向荷载作用下，梁没有水平反力，而拱则有水平推力(三铰拱的基础比简支梁的基础要坚固)。

(2)由于水平推力的存在，三铰拱截面上的弯矩比简支梁的弯矩小，这使拱更能充分发挥材料的作用，适用于较大的跨度和较重的荷载。

(3)在竖向荷载作用下，梁的截面内没有轴力，而拱的截面内轴力较大，且一般为压力，便于使用抗压性能好而抗拉性能差的材料，如砖、石、混凝土等，同时可以减轻自重和减少用料。

四、三铰拱的合理轴线

一般情况下，三铰拱的截面上有弯矩、剪力和轴力三个内力分量，拱是偏心受压构件，截面上的法向应力呈不均匀分布。

由弯矩方程 $M=M^0-Hy=0$ 可以看出，当三铰拱的跨度和荷载一定时，拱的截面弯矩 M 将随 Hy 变化而改变，即与拱轴方程有关，所以可以选择一条适当的拱轴线，使得拱的任一截面上的弯矩为零而只承受轴向压力。此时，拱截面上的法向应力均匀分布，从而使拱的材料得到最充分的利用。在一定荷载作用下，使拱处于均匀受压状态(即无弯矩状态)的拱轴线，称为合理轴线。

令三铰拱的弯矩方程 $M=M^0-Hy=0$，从而求出合理拱轴线方程：

$$y=\frac{M^0}{H}$$

【例 12-5】 设图 12-25 所示三铰拱承受沿水平线均匀分布的竖向荷载 q 的作用，求其合理轴线。

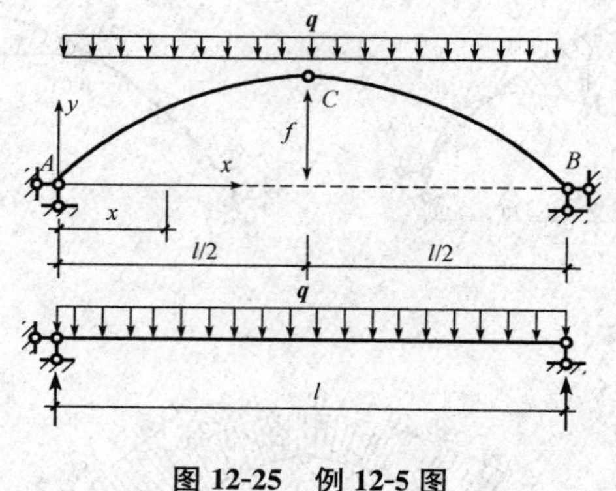

图 12-25　例 12-5 图

解：取支座 A 为坐标原点，建立坐标系如图 12-25 所示。

拱的合理轴线方程：

$$y=\frac{M^0}{H}$$

相应简支梁的弯矩方程：

$$M^0=\frac{1}{2}qlx-\frac{1}{2}qx^2=\frac{qx}{2}(l-x)$$

水平推力方程：

$$H=\frac{M_C^0}{f}=\frac{ql^2}{8f}$$

故拱的合理轴线方程：

$$y=\frac{\frac{qx}{2}(l-x)}{\frac{ql^2}{8f}}=\frac{4f}{l^2}x(l-x)$$

由此可见，在竖向均布荷载作用下三铰拱的合理轴线为抛物线。

在合理拱轴线方程中，拱高 f 没有确定，可见具有不同高跨比的一组抛物线，都是合理轴线。

第四节　静定平面桁架

一、概述

桁架是由若干直杆在两端以铰连接而成的一种结构，在土木工程中应用广泛。例如，屋架、跨度和吨位较大的起重机梁、桥梁、水工闸门构架、输电塔架及其他大跨度结构，都可采用桁架结构。图 12-26(a)所示为某工业厂房木屋架构造示意图，其计算简图如图 12-26(b)所示；图 12-27(a)所示为某钢桁架桥示意图，其计算简图如图 12-27(b)所示。

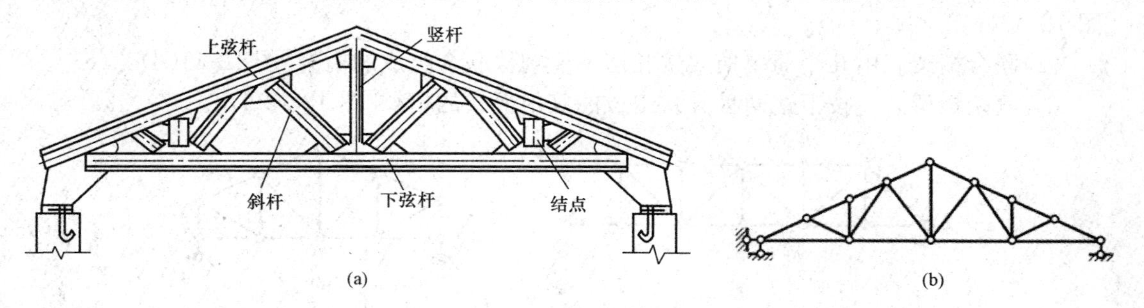

图 12-26　某工业厂房木屋架

(a)构造示意；(b)计算简图

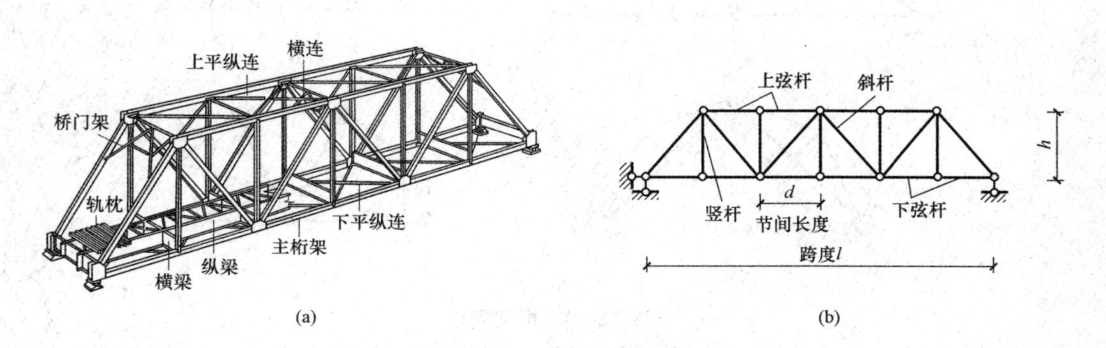

图 12-27　某钢桁架桥

(a)构造示意；(b)计算简图

桁架的杆件，依其所在位置的不同，可分为弦杆和腹杆两大类。弦杆是指桁架上下外围的杆件，上边的杆件称为上弦杆，下边的杆件称为下弦杆。桁架上弦杆和下弦杆之间的杆件称为腹杆。腹杆又分为竖杆和斜杆。弦杆上两相邻结点之间的区间称为节间，其间距 d 称为节间长度。两支座间的水平距离为跨度。支座连线至桁架最高点的距离 h 称为桁高，如图 12-27(b)所示。

桁架可分为平面桁架和空间桁架。凡各杆轴线和荷载作用线位于同一平面内的桁架称为平面桁架。实际工程中的桁架一般都是空间桁架，但有很多一般可以简化为平面桁架来分析。实际桁架受力复杂，为了简化计算，通常对桁架内力计算采用下列假设：

(1)桁架的结点都是光滑的铰结点；

(2)桁架各杆轴线都是直线并通过铰的中心；

(3)荷载和支座反力都作用在结点上。

根据以上假设，桁架的各杆为二力杆，只承受轴力。图 12-26(b)是根据以上假设所得出的图 12-26(a)的计算简图，屋盖及各杆的重量转化为集中荷载作用在结点上。实际桁架与上述假定并不完全相同。首先，在杆的连接处，不同的材料有不同的连接方式。钢桁架采用焊接或铆接，钢筋混凝土采用整体浇筑，而木结构为螺栓连接，因而各杆轴线不一定准确交于结点上；其次，桁架荷载也不是只承受结点荷载作用。但工程实践证明，以上因素对桁架计算的影响是次要的。我们将按上述桁架假定计算的内力称为主内力，而与上述假定不同而产生的附加内力称为次内力，这里只研究主内力的计算问题。

根据桁架的几何组成特点，桁架可以分为三类：

(1)简单桁架。由基础或一个基本铰接三角形开始，依次增加二元体而组成的桁架[图 12-28(a)、(b)、(c)]。

(2)联合桁架。由几个简单桁架按几何不变规律联合组成的桁架[图 12-28(d)、(e)]。

(3)复杂桁架。不按上述两种方式组成的其他形式的桁架[图 12-28(f)]。

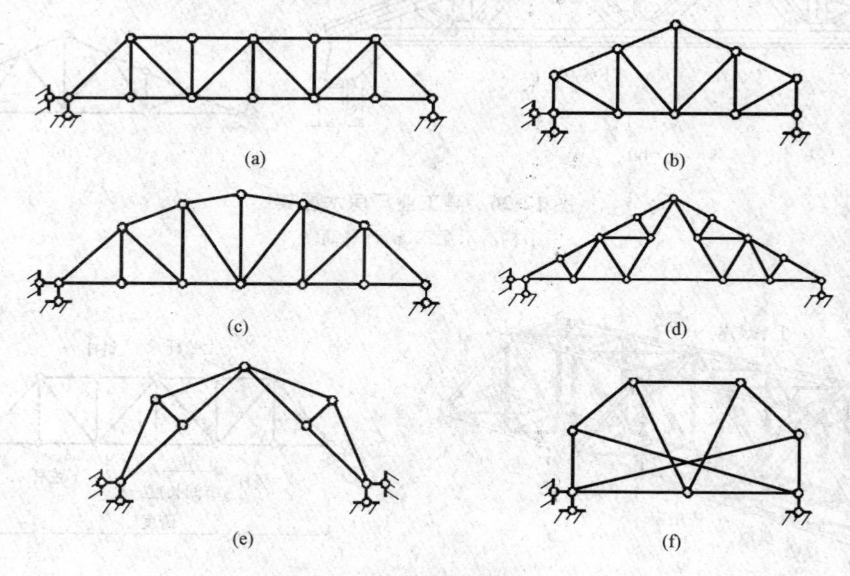

图 12-28　桁架类型

(a)、(b)、(c)简单桁架；(d)、(e)联合桁架；(f)复杂桁架

二、静定平面桁架内力计算

(1)结点法。所谓结点法就是取桁架的结点为隔离体，利用结点的静力平衡条件来计算杆件内力的方法。

因为桁架各杆件都只承受轴力，作用于任一结点的各力(包括荷载、反力和杆件轴力)组成一个平面汇交力系。平面汇交力系可以建立两个独立的平衡方程，解算两个未知量。用这种方法分析桁架内力时，可首先由整体平衡条件求出它的反力，然后再以不超过两个未知力的结点分析，依次考虑各结点的平衡，直接求出各杆的内力。

计算时，通常都先假定杆件内力为拉力，若所得结果为负，则为压力。

【例 12-6】 试用结点法求图 12-29(a)所示桁架各杆的内力。

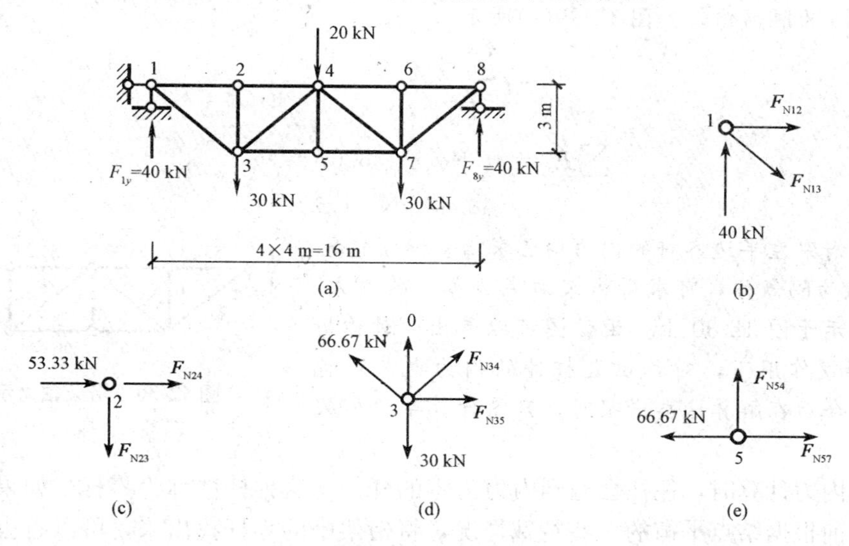

图 12-29 例 12-6 图

解：(1)计算支座反力。由于结构和荷载均对称，故

$$F_{1y}=F_{8y}=40\ \text{kN}\quad(\uparrow)$$

$$F_{1x}=0$$

(2)计算各杆的内力。求出反力后，可截取结点解算各杆的内力。从只含两个未知力的结点开始，这里有 1、8 两个结点，现在计算左半桁架，从结点 1 开始，然后依次分析其相邻结点。

取结点 1 为隔离体，如图 12-29(b)所示。

$$\sum F_y=0-F_{N13}\times\frac{3}{5}+40=0$$

得
$$F_{N13}=66.67\ \text{kN}\quad(拉)$$

$$\sum F_x=0,F_{N12}+F_{N13}\times\frac{4}{5}=0$$

得
$$F_{N12}=-53.33\ \text{kN}\quad(压)$$

取结点 2 为隔离体，如图 12-29(c)所示。

$$\sum F_1=0,F_{N24}+53.33=0$$

得 $$F_{N24}=-53.33\ \text{kN}\quad(压)$$

$$\sum F_y=0$$

得 $$F_{N23}=0$$

取结点 3 为隔离体，如图 12-29(d)所示。

$$\sum F_y=0, F_{N34}\times\frac{3}{5}+66.67\times\frac{3}{5}-30=0$$

得 $$F_{N34}=-16.67\ \text{kN}\quad(压)$$

$$\sum F_x=0, F_{N35}+\frac{4}{5}\times F_{N34}-\frac{4}{5}\times 66.67=0$$

得 $$F_{N35}=66.67\ \text{kN}\quad(拉)$$

取结点 5 为隔离体，如图 12-29(e)所示。

$$\sum F_y=0$$

得 $$F_{N54}=0$$

$$\sum F_x=0, F_{N57}-66.67=0$$

得 $$F_{N57}=66.67\ \text{kN}\quad(拉)$$

至此，桁架左半边各杆的内力均已求出。继续取 8、6、7 等结点为隔离体，可求得桁架右半边各杆的内力。各杆的轴力示于图 12-30 上。由该图可以看出，对称桁架在对称荷载作用下，对称位置杆件的内力也是对称的。因此，今后在解算这类桁架时，只需计算半边桁架的内力即可。

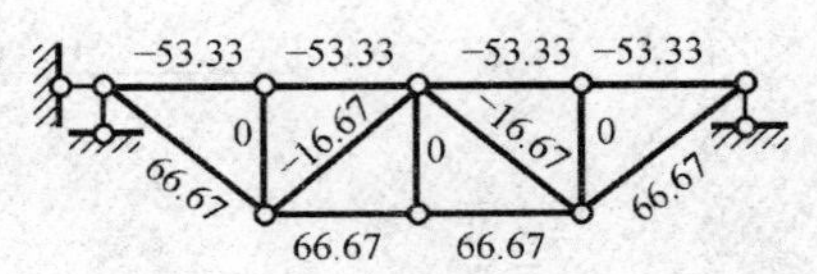

图 12-30 桁架轴力示意

在桁架内力计算时，往往会遇到内力为零的杆件，这种杆件称为零杆。如果我们在进行内力计算前根据结点平衡的一些特殊情况，将桁架中的零杆找出来，可以省去部分计算工作量。现将几种主要的特殊情况列举如下：

①不共线的两杆结点，当结点上无荷载作用时，两杆内力为零[图 12-31(a)]，即 $F_1=F_2=0$。

②由三杆构成的结点，当有两杆共线且结点上无荷载作用时[图 12-31(b)]，则不共线的第三杆内力必为零，共线的两杆内力相等，符号相同，即 $F_1=F_2$，$F_3=0$。

③由四根杆件构成的“K”形结点，其中两杆共线，另两杆在此直线的同侧且夹角相同[图 12-31(c)]，当结点上无荷载作用时，则不共线的两杆内力相等，符号相反，即 $F_3=-F_4$。

④由四根杆件构成的“X”形结点，各杆两两共线[图 12-31(d)]，当结点上无荷载作用时，则共线杆件的内力相等，且符号相同，即 $F_1=F_2$，$F_3=F_4$。

⑤对称桁架在对称荷载作用下，对称杆件的轴力是相等的，即大小相等，拉压相同；在反对称荷载作用下，对称杆件的轴力是反对称的，即大小相等，拉压相反。

计算桁架的内力宜从几何分析入手，以便选择适当的计算方法，灵活地选取隔离体和平衡方程。如有零杆，先将零杆判断出来，再计算其余杆件的内力，以减少运算工作量，简化计算。

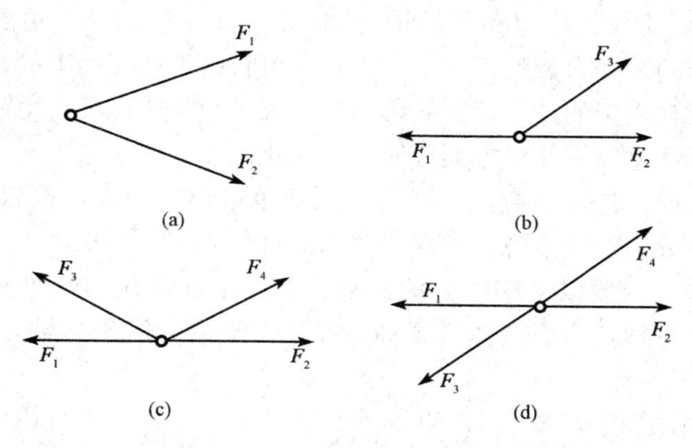

图 12-31　桁架内力计算的特殊情况

【例 12-7】 求图 12-32 所示桁架中 a 杆的内力(a 杆与水平杆的夹角为 45°)。

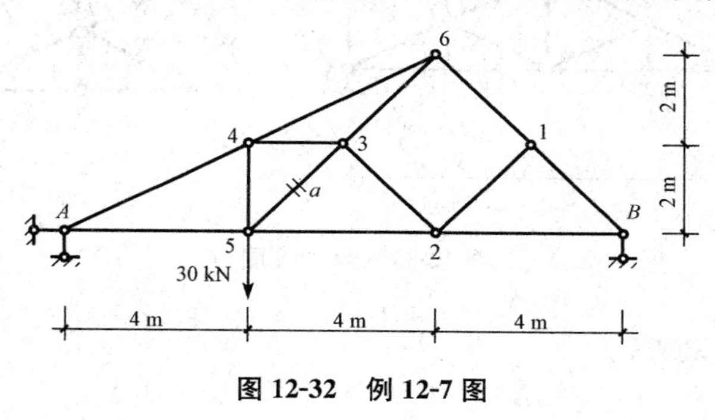

图 12-32　例 12-7 图

解: 求 a 杆的轴力 N_a 时，不必求出支座反力。可以利用上述结点平衡的特殊情况，先找出零杆，然后由结点 5 的平衡条件直接求出该杆的轴力。

依次由结点 1、2、3 和 4 可知

$$N_{12}=N_{23}=N_{34}=N_{45}=0$$

取结点 5 为隔离体

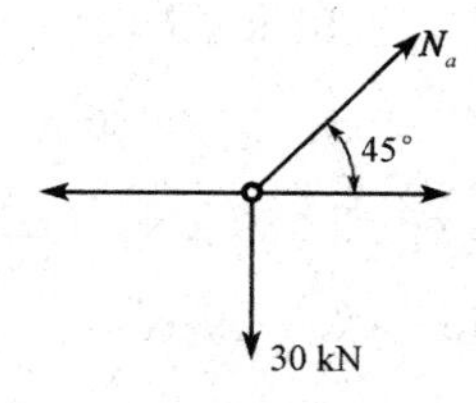

由 $\sum F_y=0$，得

$$N_a\sin45°-30=0$$

$$N_a=\frac{30}{\sin45°}=42.4(\text{kN})\quad(拉力)$$

(2)截面法。除结点法外，计算桁架内力的另一基本方法是截面法。所谓截面法，是通过需求内力的杆件做一适当的截面，将桁架截为两部分，然后任取一部分为隔离体(隔离体至少包含两个结点)，根据平衡条件来计算所截杆件的内力的方法。在一般情况下，作用于隔离体上的诸力(包括荷载、反力和杆件轴力)构成平面一般力系，可建立三个平衡方程。因此，只要隔离体上的未知力数目不多于三个，则可直接把此截面上的全部未知力求出。

截面法适用于联合桁架的计算以及简单桁架中求少数指定杆件内力的情况。

应用截面法时，注意以下几个方面可使计算简化。

①适当地选取截面，选取的截面可以为平面，也可以为曲面，或者为闭合截面，但一定要将桁架分成两部分。一般来说，截面所截断的杆件不多于三根。

②适当选取矩心，一般以未知内力的交点作为矩心，应用力矩方程求解内力较方便。同时，注意使用投影方程，适当选择投影轴，并将未知内力沿坐标轴分解，再利用比例关系求得内力。

【例 12-8】 试用截面法计算图 12-33(a)所示桁架中 a、b、c 三杆内力。

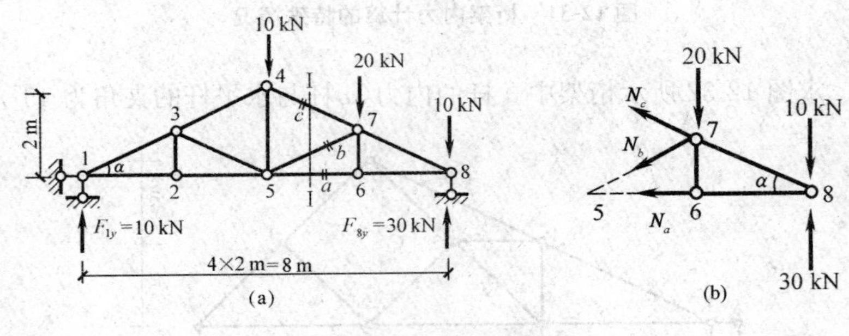

图 12-33　例 12-8 图

解：(1)计算支座反力。

$$F_{1y}=10\ \text{kN},F_{8y}=30\ \text{kN}\quad(\text{方向向上})$$

(2)求指定杆件内力。用截面Ⅰ—Ⅰ假想将 a、b、c 三杆截断，取截面右边部分为隔离体，如图 12-33(b)所示，其中只有 N_a、N_b、N_c 三个未知量，从而可利用隔离体的三个平衡方程求解。应用平衡方程求内力时，应注意避免解联立方程，尽量做到一个方程求解一个未知量。

$$\sum M_7=0,-N_a\times1-10\times2+30\times2=0$$

得
$$N_a=40\ \text{kN}\quad(\text{拉})$$

$$\sum M_5=0,N_c\sin\alpha\times2+N_c\cos\alpha\times1+30\times4-20\times2-10\times4=0$$

得
$$N_c=-22.36\text{kN}\quad(\text{压})$$

$$\sum M_8=0,N_b\sin\alpha\times2+N_b\cos\alpha\times1+20\times2=0$$

得
$$N_b=-22.36\ \text{kN}\quad(\text{压})$$

(3)结点法与截面法的联合应用。计算桁架时，有时联合应用结点法和截面法更为方便。关键是如何选取截面和结点。

【例 12-9】 试求图 12-34(a)所示桁架中①、②杆的内力。

解：这是一简单桁架，用结点法可以求出全部杆件的内力，但现在只求杆①、②的内力，而用一次截面法也不能求出①、②杆的内力，所以联合应用结点法和截面法求解更为方便。

(1)求支座反力。

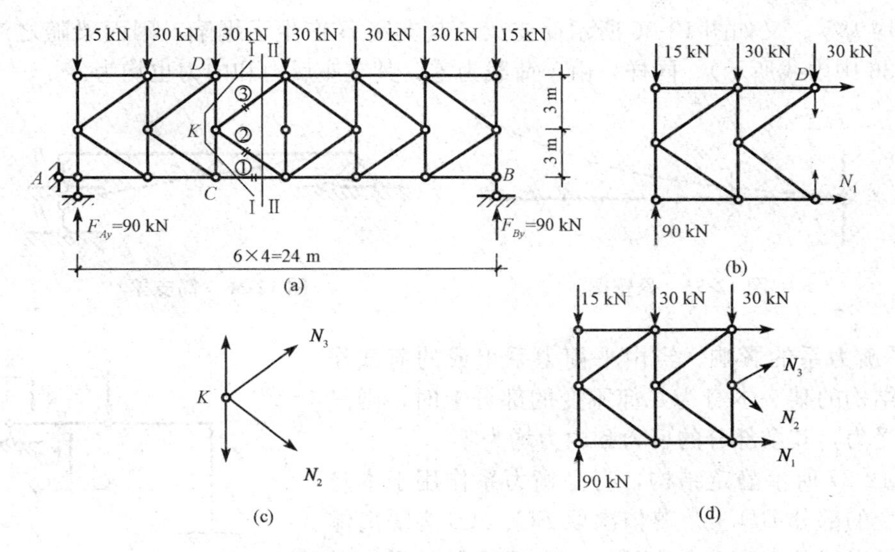

图 12-34 例 12-9 图

$$F_{Ay}=F_{By}=90\ \mathrm{kN}$$

(2)求杆①、②的内力。

假想用Ⅰ—Ⅰ截面将桁架截开，取左边为隔离体，如图 12-34(b)所示。由于除了 N_1 外，其余三杆未知内力都通过 D 点，故用力矩方程可求得 N_1。

$$\sum M_D=0,6N_1+30\times4+15\times8-90\times8=0$$

得

$$N_1=80\ \mathrm{kN}\quad(\text{拉})$$

取结点 K 为隔离体，如图 12-34(c)所示，该结点正好是 K 形结点，所以 $N_2=-N_3$。

再用Ⅱ—Ⅱ截面假想将桁架截开，以左边为隔离体，如图 12-34(d)所示。

$$\sum F_y=0,-N_2\times\frac{3}{5}+N_3\times\frac{3}{5}-30-30-15+90=0$$

得

$$N_2=12.5\ \mathrm{kN}\quad(\text{拉})$$

第五节　静定结构的特性

静定梁、静定刚架、静定桁架和三铰拱都属于静定结构，虽然这些结构形式各异，但都具有共同的特性：

(1)静定结构解的唯一性。静定结构是无多余约束的几何不变体系。由于没有多余约束，其所有的支座反力和内力都可以由静力平衡方程完全确定，并且解答只与荷载及结构的几何形状、尺寸有关，而与构件所用的材料、构件截面的形状和尺寸无关。

(2)静定结构只在荷载作用下产生内力。其他因素作用时(如支座移动、温度变化、制造误差等)，只引起位移和变形，不产生内力。

如图 12-35 所示悬臂梁，若其上、下侧温度分别升高 t_1 和 t_2(假设 $t_1<t_2$)，则变形产生伸长和弯曲(如图 12-35 中虚线所示)。但因没有荷载作用，由平衡条件可知，梁的支座反

力和内力均为零。又如图 12-36 所示简支梁，其支座 B 产生了塌陷，因而梁随之产生位移（如图 12-36 中虚线所示）。同样，由于荷载为零，其支座反力和内力也均为零。

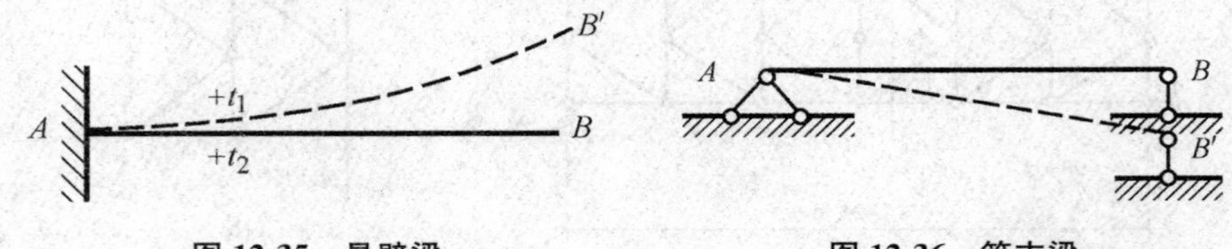

图 12-35　悬臂梁　　　图 12-36　简支梁

（3）平衡力系的影响。当由平衡力系组成的荷载作用于静定结构的某一本身为几何不变的部分上时，则只有此部分受力，其余部分的反力和内力均为零。

如图 12-37 所示静定结构，有平衡力系作用于本身为几何不变的部分 BD 上。若依次取 BC、AB 为隔离体计算，则可以得到支座 C 处的反力、支座 A 处的反力以及铰 B 处的约束力均为零，由此可知，除了 BD 部分外，其余部分的内力均为零。

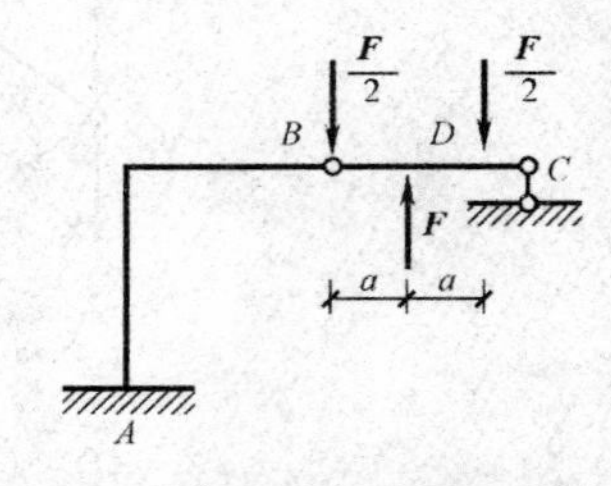

图 12-37　静定结构平衡力系的影响

（4）静定结构的荷载等效性。如果两组荷载的合力相同，则称为等效荷载。把一组荷载变换成另一组与之等效的荷载，称为荷载的等效变换。

静定结构上某一几何不变部分上的外力，当用一等效力系替换时，仅等效替换作用区段的内力发生变化，其余部分内力不变。

（5）静定结构的构造变换特性。当静定结构的一个内部几何不变部分，用其他几何不变的结构去替换时，仅被替换部分内力发生变化，其他部分的内力不变。

如图 12-38(a)所示桁架中，设将上弦杆 CD 改为一个小桁架，如图 12-38(b)所示，因两个结构的支座反力没有改变，所以除了 CD 杆外，其余各杆的内力均不变。

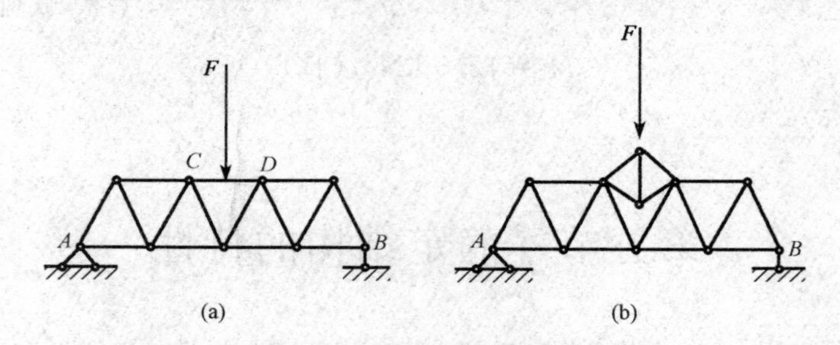

图 12-38　静定结构构造变换特性

本章小结

1. 静定结构内力分析的基本方法是截面法。计算内力时，先计算支座反力，然后利用截面法求出控制截面上的内力值，再利用内力变化规律或者根据叠加法绘制出结构的内力图，最后进行校核。

对于主从结构的约束反力，如多跨静定梁，应先计算附属部分的约束反力，后计算基本部分的约束反力。

对于桁架的内力计算，是通过截面法、结点法或者联合法，取出隔离体，根据平衡条件列出平衡方程求解。

2. 利用分段叠加法绘制弯矩图时，应以控制截面将杆件分为若干段。无载段的弯矩图即相邻控制截面弯矩纵坐标之间所连直线；有载段，以相邻控制截面弯矩纵坐标所连虚直线为基线，叠加以该段长度为跨度的相应简支梁在跨间荷载作用下的弯矩图，得最后弯矩图。剪力图和轴力图则将相邻控制截面内力纵坐标连以直线即得。内力图的纵坐标垂直于杆轴画。弯矩图画在杆件受拉侧，不注明正负号；剪力图和轴力图可画在杆件的任一侧，但需注明正负号。

1. 求图 12-39 所示单跨静定梁的内力图。

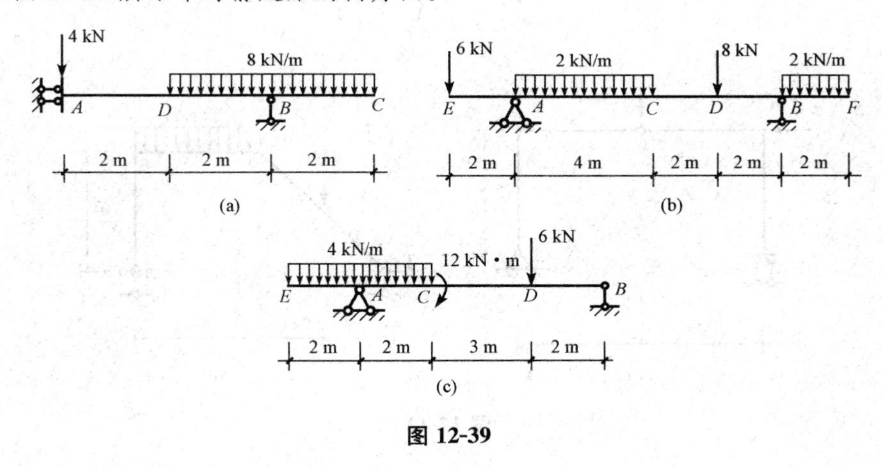

图 12-39

2. 求图 12-40 所示斜梁的内力图。

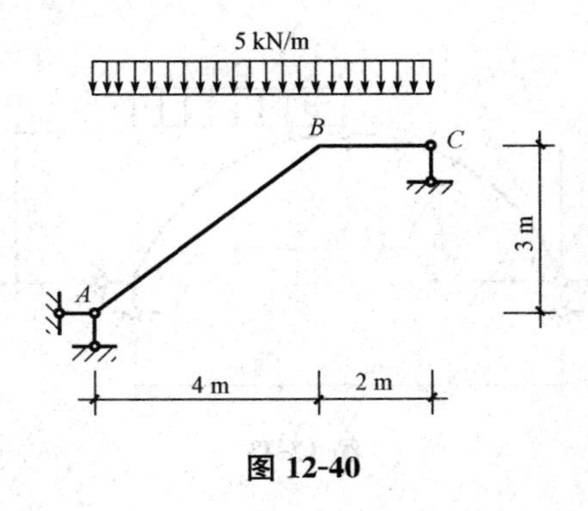

图 12-40

3. 求图 12-41 所示多跨静定梁的内力图。

4. 求图 12-42 所示刚架的内力图。

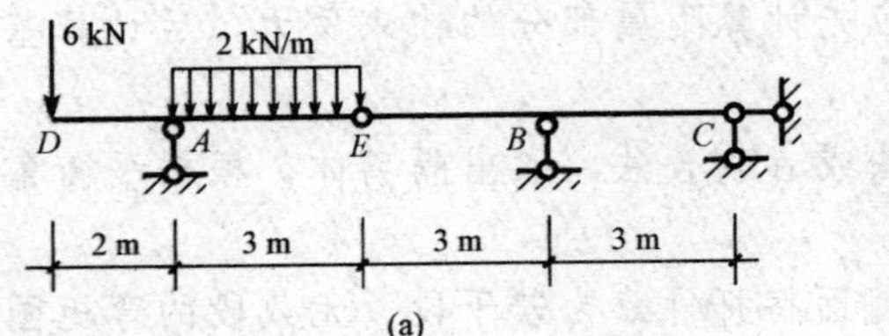

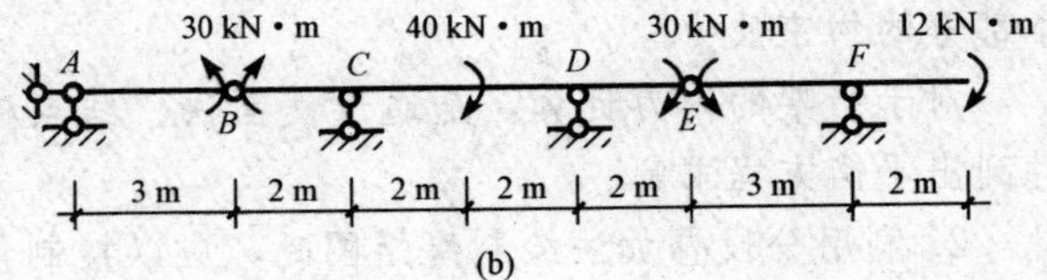

图 12-41

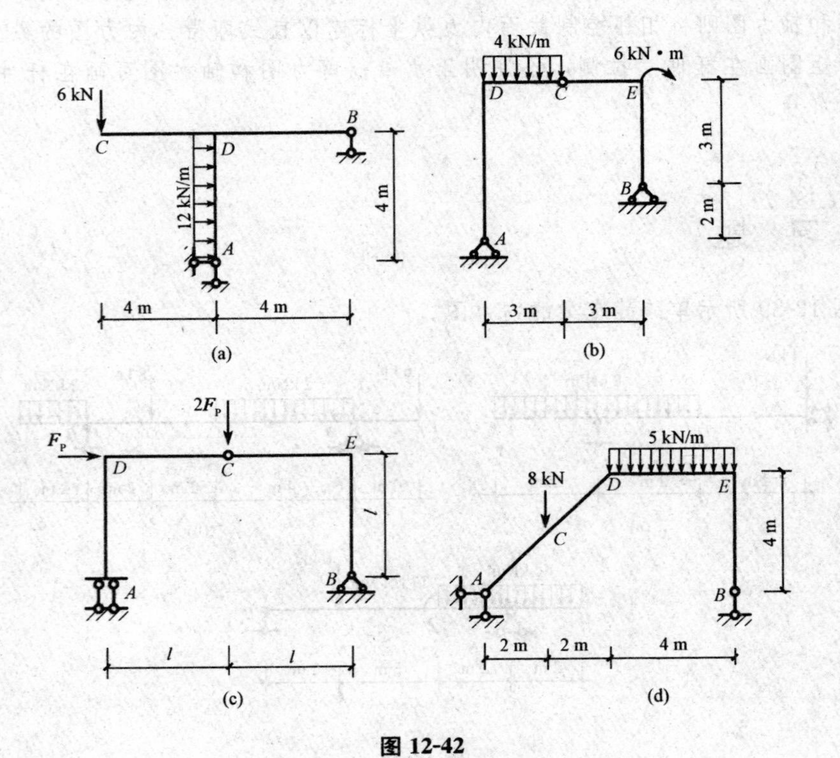

图 12-42

5. 求图 12-43 所示三铰拱支反力和指定截面 K 的内力。已知轴线方程 $y=\frac{4f}{l^2}x(l-x)$。

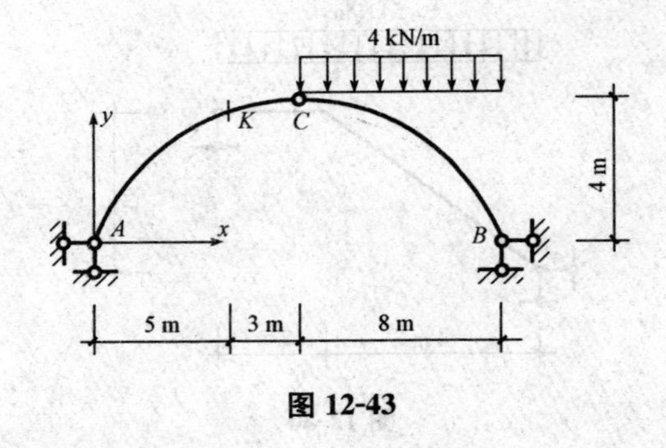

图 12-43

6. 求图 12-44 所示三铰拱支反力和指定截面 K 的内力。已知轴线方程 $y=\frac{4f}{l^2}x(l-x)$。

7. 试用结点法求图 12-45 所示桁架杆件的轴力。

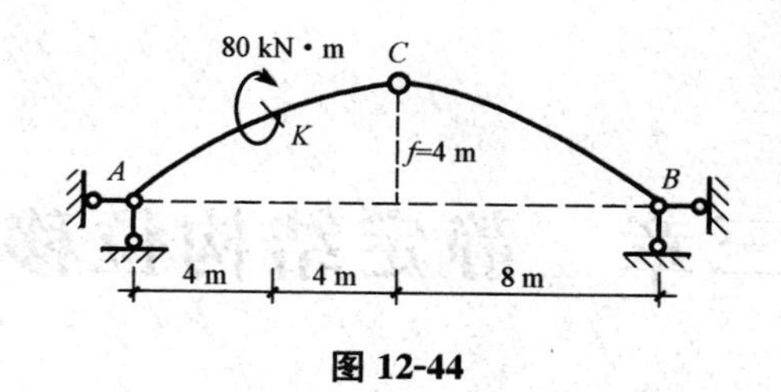

图 12-44

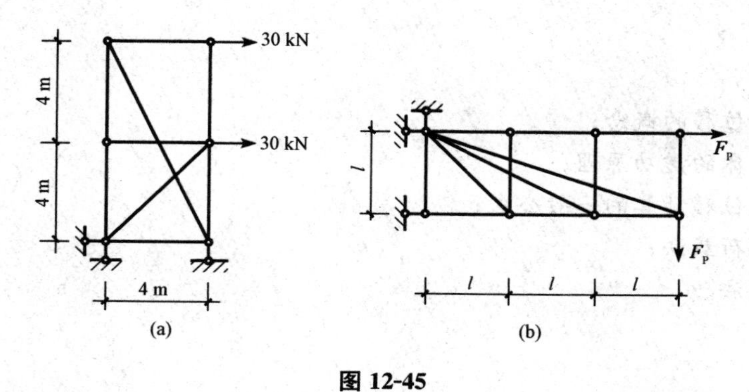

图 12-45

8. 用截面法求图 12-46 所示桁架指定杆件的轴力。

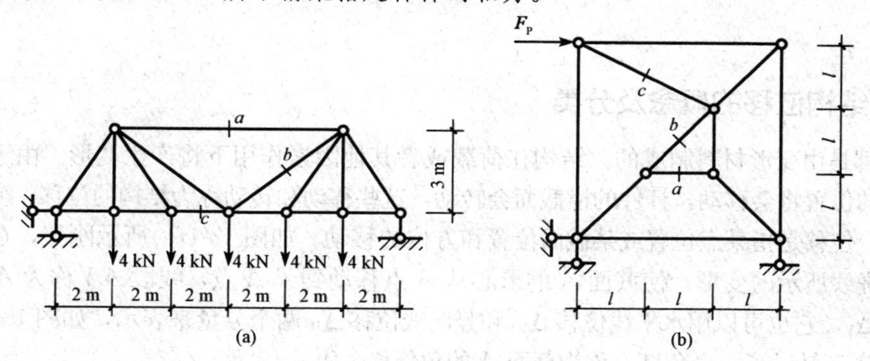

图 12-46

9. 选择适当方法求图 12-47 所示桁架指定杆件的轴力。

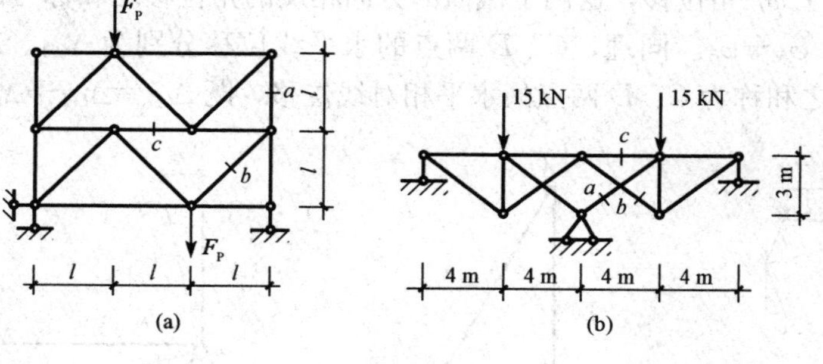

图 12-47

第十三章　静定结构位移计算

教学目标

1. 掌握结构位移的概念；
2. 熟悉变形体的虚功原理；
3. 掌握结构位移计算的一般公式；
4. 掌握单位荷载法；
5. 掌握图乘法。

第一节　概　　述

一、结构位移的概念及分类

结构都是由变形材料制成的，结构在荷载或者其他因素作用下将产生变形。由于变形，结构上各点的位置将会移动，杆件的横截面会转动，这些移动和转动称为结构的位移。变形是指形状的改变，位移是指某点位置或某截面位置和方位的移动。如图 13-1(a)所示刚架，在荷载作用下发生如虚线所示的变形，使截面 A 的形心从 A 点移动到了 A'点，线段 AA'称为 A 点的线位移，记为 Δ_A，它也可以用水平线位移 Δ_{AH} 和竖向线位移 Δ_{AV} 两个分量来表示，如图 13-1(b)所示。同时截面 A 还转动了一个角度，称为截面 A 的角位移，用 φ_A 表示。

上述线位移和角位移称为绝对位移。此外，在计算中还将涉及另外一种位移，即相随位移。如图 13-2 所示刚架，在荷载作用下发生虚线所示变形，截面 A 发生了 φ_A 角位移。同时截面 B 发生了 φ_B 角位移，这两个截面的方向相反的角位移之和称为截面 A、B 的相对角位移，即 $\varphi_{AB}=\varphi_A+\varphi_B$。同理，$C$、$D$ 两点的水平线位移分别为 Δ_{CH}、Δ_{DH}，这两个指向相反的水平位移之和称为 C、D 两点的水平相对线位移，既 $\Delta_{CD}=\Delta_{CH}+\Delta_{DH}$。

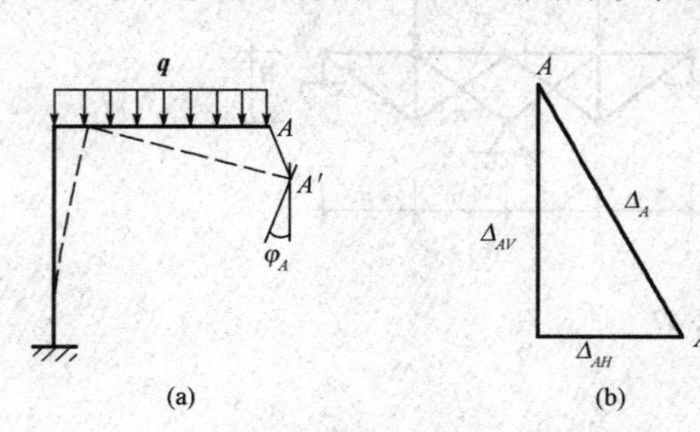

图 13-1　结构位移

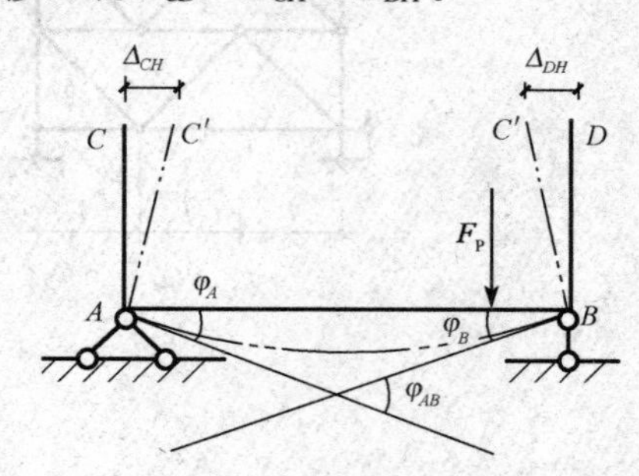

图 13-2　角位移

一般情况下，结构的线位移、角位移或者相对位移，与结构原来的几何尺寸相比都是极其微小的。为方便计，我们将以上线位移、角位移及相对位移统称为广义位移。

除荷载外，温度改变、支座移动、材料收缩、制造误差等因素，也将会引起位移，如图 13-3(a)、(b)所示。

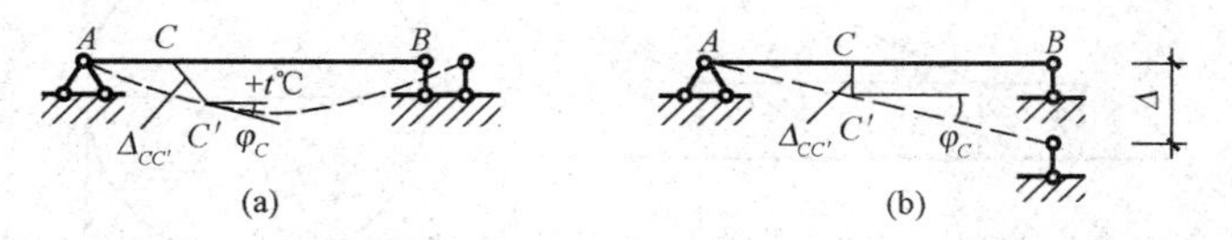

图 13-3　引起位移的其他因素

二、结构位移计算的目的

(1)验算结构的刚度。结构在荷载作用下如果变形太大，即使不破坏也不能正常使用。即结构设计时，要计算结构的位移，控制结构不能发生过大的变形，让结构位移不超过允许的限值，这一计算过程称为刚度验算。

(2)计算超静定。计算超静定结构的反力和内力时，由于静力平衡方程数目不够，需建立位移条件的补充方程，所以必须计算结构的位移。

(3)保证施工。在结构的施工过程中，也常常需要知道结构的位移，以确保施工安全和拼装就位。

(4)研究振动和稳定。在结构的动力计算和稳定计算中，也需要计算结构的位移。

可见，结构的位移计算在工程上是具有重要意义的。

三、位移计算的有关假设

在求结构的位移时，为使计算简化，常采用如下假定：

(1)结构的材料服从胡克定律，即应力与应变成线性关系。

(2)结构的变形很小，不致影响荷载的作用。在建立平衡方程时，仍然用结构原有几何尺寸进行计算；由于变形微小，应力、应变与位移成线性关系。

(3)结构各部分之间为理想连接，不需要考虑摩擦阻力等影响。

对于实际的大多数工程结构，按照上述假定计算的结果具有足够的精确度。满足上述条件的理想化体系，其位移与荷载之间为线性关系，常称为线性变形体系。当荷载全部去掉后，位移即全部消失。对于此种体系，计算其位移可以应用叠加原理。

位移与荷载之间呈非线性关系的体系称为非线性变形体系。线性变形体系和非线性变形体系统称为变形体系。本章只讨论线性变形体系的位移计算。

第二节　变形体的虚功原理

一、功、实功和虚功

1. 功

在力学中功的定义是：一个不变的集中力所做的功，等于该力的大小与其作用点沿力的作用线方向所发生的相应位移的乘积。当物体沿直线有位移 Δ 时[如图 13-4(a)]，作用于物体的常力 F 在位移 Δ 上所做的功为 $W=F\Delta_{\cos\alpha}$。

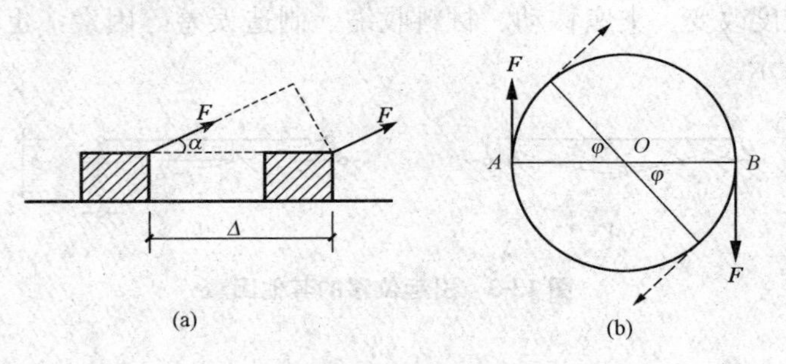

图 13-4　做功示意图

如果一对大小相等方向相反的力 F 作用在圆盘的 A、B 两点上，如图 13-4(b)所示。设圆盘转动时，力 F 的大小不变而方向始终垂直于直径 AB。当圆盘转过一角度 φ 时，两力所做的功为

$$W=2Fr\varphi=M\varphi$$

式中，$M=2Fr$。

即力偶所做的功，等于力偶矩与角位移的乘积。

由上述可知，功包含了两个因素，即力和位移。若用 F 表示广义力，用 Δ 表示广义位移，则功的一般表达式为

$$W=F\Delta$$

从以上示例看出，一个广义力可以是一个力或一个力偶，其对应的广义位移是一个线位移或一个角位移。故广义力可有不同的量纲，相应的广义位移也可有不同的量纲。但在做功时广义力与广义位移的乘积却恒具有相同的量纲，即功的量纲。其常用单位为牛顿米(N·m)或千牛顿米(kN·m)。

2. 实功和虚功

既然功是力与位移的乘积，根据力与位移的关系可将功分为两种情况：

(1)位移是由做功的力引起的。例如图 13-5(a)所示简支梁，在静力荷载 F_1 的作用下，当 F_1 由零缓慢逐渐地加到其最终值时，其作用点沿 F_1 方向产生了位移 Δ_{11}，简支梁达到平衡状态，其变形如图 13-15(a)中虚线所示，力 F_1 在位移 Δ_{11} 上做了功。由于位移 Δ_{11} 是由做功的力 F_1 引起的，我们把力在自身引起的位移上所做的功称为实功。在这里，位移的表达符号出现了两个脚标，第一个脚标表示位移发生的位置，第二个脚标表示引起位移的原因。

图 13-5　实功和虚功

(a)力状态；(b)位移状态

(2)位移不是由做功的力引起的，而是由其他因素引起的。若在如图 13-5(a)所示简支梁的基础上，又在梁上施加另外一个静力荷载 F_2，梁就会达到新的平衡状态，F_1 的作用点

沿 F_1 方向又产生了位移 Δ_{12}，如图 13-5(b)所示。力 F_1（此时的 F_1 不再是静力荷载，而是一个恒力）在位移 Δ_{12} 上做了功。由于位移 Δ_{12} 不是 F_1 引起的，而是由力 F_2 所引起的，我们把力在由其他因素引起的位移上所做的功称为虚功。

“虚”字在这里并不是虚无的意思，而是强调做功的力与位移无关这一特点。在虚功中，既然做功的力和相应的位移是彼此无因果关系的两个因素，那么，可将二者看成是同一结构的两种独立无关的状态。其中，力系所属的状态称为力状态或者第一状态[图 13-5(a)]，位移所属的状态称为位移状态或者第二状态[图 13-5(b)]。

如果在力状态中有集中力、集中力偶、均布力和支座反力等外力，统称为广义力，用 F_i 表示。Δ_i 表示与广义力 F_i 相应的广义位移，若用 W_e 表示外力虚功，则图 13-6(a)所示的力状态在图 13-6(b)所示的位移状态上所做的外力总虚功为 $W_e = \sum F_i\Delta_i$ 。

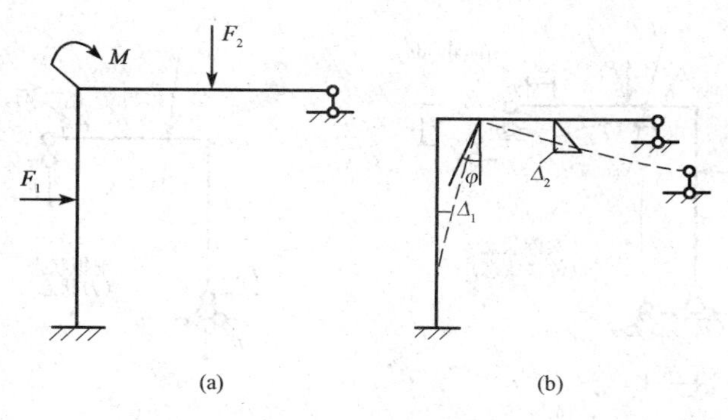

图 13-6　广义力的虚功

(a)力状态；(b)位移状态

当力与位移的方向一致时，虚功为正值，当力与位移的方向相反时，虚功为负值。这里所说的虚功并非不存在，而是强调做功过程中力与位移之间彼此无因果关系。使力做虚功的位移，可以是荷载引起的位移、温度变化或支座移动等其他因素引起的位移，也可以是虚设的位移。但是上述的所有虚位移必须是约束条件所允许的微小位移。既然位移状态可以虚设，同样，力状态也可以虚设。

二、变形体虚功原理简介

变形体虚功原理是力学分析中广泛应用的一个十分重要的原理，现将其表述如下：对于变形体系，如果力状态中的力系满足平衡条件，位移状态中的变形满足约束条件，则力状态中的外力在位移状态中相应的位移上所做的外力总虚功等于力状态中的内力在位移状态中相应的变形上所做的内力总虚功，即 $W_e = W_i$。

上式称为变形体的虚功方程。式中 W_e 表示外力虚功，即力状态中的所有外力在位移状态相应的位移上所做的虚功总和；W_i 表示内力虚功，即力状态中的所有内力在位移状态相应的变形上所做的虚功总和。

变形体系的虚功原理的证明从略。

需要指出的是，在推导变形体的虚功方程时，并未涉及材料的物理性质，只要在小变形范围内，对于弹性、塑性、线性、非线性的变形体系，上述虚功方程都成立。当把结构作为刚体看待时，由于没有变形，则内力总虚功为零，即 $W_i = 0$，于是变形体虚功原理变成了刚体的虚功原理。变形体虚功方程变为刚体的虚功方程，即 $W_e=0$。所以说刚体的虚功原理是变形体虚功原理的一个特例。

在工程实际中组成结构的构件都是变形体，结构在荷载作用下不仅要发生变形，同时还产生相应的内力。因此，利用虚功原理求解变形体结构问题时，不仅要考虑外力虚功，而且还要考虑与内力有关的虚功。

三、位移计算一般公式

1. 单位荷载法

现在，我们结合图 13-7(a)所示刚架，讨论如何利用变形体虚功原理来建立计算平面杆件结构位移的一般公式。

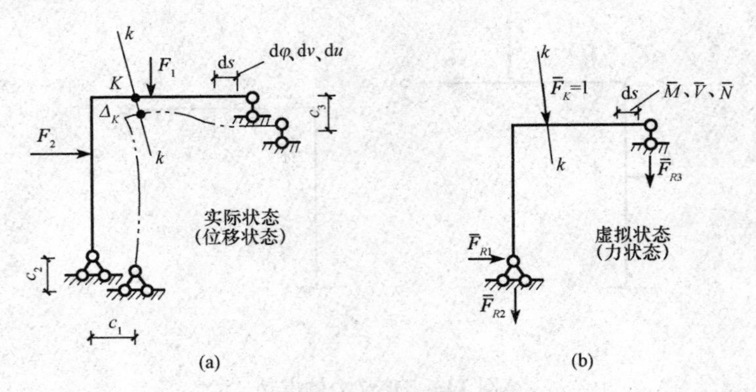

图 13-7　某刚架位移计算示意

图 13-7(a)中虚线表示刚架在荷载、温度变化及支座移动等因素的作用下所发生的变形（C_1、C_2、C_3 表示支座的位移），这是结构的实际位移状态，简称实际状态。现在要求任一指定点 K 点沿任一指定方向 $k—k$ 上的位移 Δ_K。

利用虚功原理求解这个问题，首先要确定两个彼此独立的状态，即力状态和位移状态。由于是求实际状态下结构的位移，所以应把结构的实际状态图[图 13-7(a)]作为结构的位移状态。而力状态则可以根据所求位移来虚设。为了便于求出位移和简化计算，我们选取一个与所求位移相对应的虚单位荷载，即在 K 点沿 $k—k$ 方向施加一个单位力 $\overline{F}_K=1$，其箭头指向可以沿 $k—k$ 任意假设，如图 13-7(b)所示。这个力状态并不是实际原有的，而是一个虚设的状态，简称虚拟状态。

在虚单位荷载 $\overline{F}_K=1$ 作用下，结构将产生虚反力 $\overline{F}_{R1}$、$\overline{F}_{R2}$、$\overline{F}_{R3}$ 和虚内力 $\overline{M}$(弯矩)、$\overline{V}$(剪力)、$\overline{N}$(轴力)，它们构成了一个虚设力系。

根据变形体系的虚功原理，计算以上两种状态中虚拟状态的外力和内力在相应的实际状态上所做的虚功。则有

$$\overline{F}_K\cdot\Delta_K+\overline{F}_{R1}\cdot c_1+\overline{F}_{R2}\cdot c_2+\overline{F}_{R3}\cdot c_3=\sum\int_l\overline{N}\varepsilon\,\mathrm{d}s+\sum\int_l\overline{V}\gamma\,\mathrm{d}s+\sum\int_l\overline{M}k\,\mathrm{d}s$$

因 $\overline{F}_K=1$，故上式简化为

$$\Delta_K=\sum\int_l\overline{N}\varepsilon\,\mathrm{d}s+\sum\int_l\overline{V}\gamma\,\mathrm{d}s+\sum\int_l\overline{M}k\,\mathrm{d}s-\sum\overline{R}c \tag{13-1}$$

式中，ε、γ、k 分别为实际状态中的轴向应变、剪切应变和弯曲应变。

式(13-1)即为平面杆系结构位移计算的一般公式。

由以上位移计算公式的建立过程，可归纳出用虚功原理求结构位移的基本方法：

(1)把结构在实际各种外因作用下的平衡状态作为位移状态，即实际变形状态。

(2)在拟求位移的某点处沿所求位移的方向上，施加与所求位移相应的单位荷载，以此作为结构的力状态，即虚设力状态。

(3)分别写出虚设力状态上的外力和内力在实际变形状态相应的位移和变形上所做的虚功，并由虚功原理得到结构位移计算的一般公式。

我们把这种在沿所求位移方向施加一个单位力 $\overline{F}=1$ 的位移计算方法称为单位荷载法。

需要说明的是，上述平面杆系结构位移计算的一般公式，不仅适用于静定结构，也适用于超静定结构；不仅适用于弹性材料，也适用于非弹性材料；不仅适用于荷载作用下的位移计算，也适用于由温度变化、制造误差以及支座移动等因素影响下的位移计算。

2. 虚单位荷载的设置

单位荷载法是计算结构位移的一般方法，其不仅可用于计算结构的线位移，也可以用来计算结构任何性质的位移，只要虚拟状态中所设虚单位荷载与所求的位移相对应，即保证广义力与广义位移的对应关系即可。现举出几种典型的虚拟状态如下：

(1)若计算的位移是结构上某一点沿某一方向的线位移，则应在该点沿该方向施加一个单位集中力，如图 13-8(a)所示。

(2)若计算的位移是杆件某一截面的角位移，则应在该截面上施加一个单位集中力偶，如图 13-8(b)所示。

(3)若计算的是桁架中某一杆件的角位移，则应在该杆件的两端施加一对与杆轴垂直的反向平行集中力，使其构成一个单位力偶，每个集中力的大小等于杆长的倒数，如图 13-8(c)所示。

(4)若计算的位移是结构上某两点沿指定方向的相对线位移，则应在该两点沿指定方向施加一对反向共线的单位集中力，如图 13-8(d)所示。

(5)若计算的位移是结构上某两个截面的相对角位移，则应在这两个截面上施加一对反向单位集中力偶，如图 13-8(e)所示。

(6)若计算的是桁架中某两杆的相对角位移，则应在该两杆上施加两个方向相反的单位力偶，如图 13-8(f)所示。

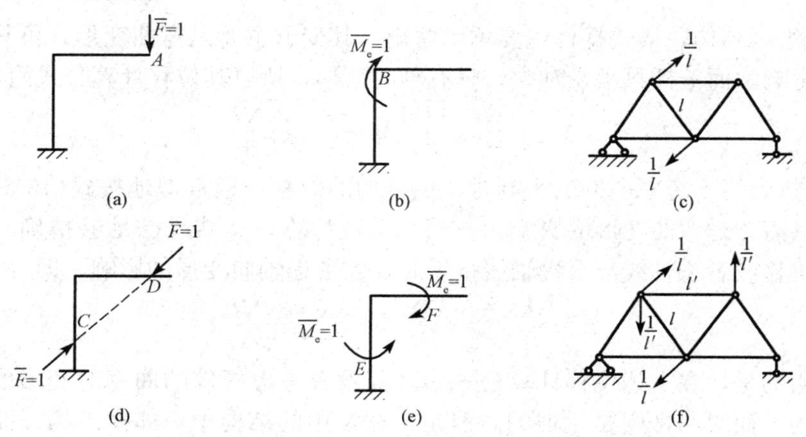

图 13-8　虚单位荷载的设置

需要明确的是，虚拟状态中单位荷载的指向是可以任意假设的，若按式(13-1)计算出来的结果是正值，则表示实际位移的方向与虚拟荷载的方向相同，否则相反。

3. 荷载作用下的位移计算公式

若静定结构的位移仅仅是由荷载作用引起的，没有支座位移的影响(即 $c=0$)，则式(13-1)可简化为

$$\Delta_K = \sum\int_l \overline{N}\varepsilon \mathrm{d}s + \sum\int_l \overline{V}\gamma \mathrm{d}s + \sum\int_l \overline{M}k \mathrm{d}s \tag{13-2}$$

式中，微段的变形 $\varepsilon \mathrm{d}s$、$\gamma \mathrm{d}s$、$k\mathrm{d}s$ 是由荷载引起的。

若用 N、V、M 表示实际位移状态中微段上由实际荷载产生的轴力、剪力和弯矩，在线弹性范围内，变形与内力有如下关系：

$$\varepsilon=\frac{N}{EA},\ \gamma=K\frac{V}{GA},\ k=\frac{M}{EI} \tag{13-3}$$

式中，EA、GA、EI 分别为杆件的拉压刚度、剪切刚度、弯曲刚度；

K 为剪力分布不均匀系数，其与截面形状有关。

将式(13-3)代入式(13-2)得

$$\Delta = \sum\int_l \frac{\overline{N}N}{EA}\mathrm{d}s + \sum\int_l K\frac{\overline{V}V}{GA}\mathrm{d}s + \sum\int_l \frac{\overline{M}M}{EI}\mathrm{d}s \tag{13-4}$$

式(13-4)为静定结构在荷载作用下位移计算的一般公式。式中 $\overline{N}$(轴力)、$\overline{V}$(剪力)、$\overline{M}$(弯矩)表示在虚拟状态中由广义单位荷载引起的虚内力，这些虚内力和原结构由实际荷载引起的内力，都可以通过静力平衡条件求得。

式(13-4)综合考虑了轴向变形、剪切变形和弯曲变形对结构位移的影响。在实际应用中，则根据不同形式的结构特性，对不同形式的结构分别采用不同的简化计算公式。

(1)对梁和刚架而言，弯曲变形是主要变形，而轴向变形和剪切变形对结构位移的影响很小，可以忽略不计。所以式(13-4)简化为

$$\Delta = \sum\int_l \frac{\overline{M}M}{EI}\mathrm{d}s \tag{13-5}$$

(2)对于桁架，由于各杆件均只有轴向变形，且每一杆件的轴力和截面面积沿杆长不变，所以式(13-4)简化为

$$\Delta = \sum \frac{\overline{N}Nl}{EA}$$

(3)对于组合结构，梁式杆件主要承受弯矩，其变形主要是弯曲变形，可只考虑弯曲变形对位移的影响。而链杆只承受轴力，只有轴向变形，所以其位移计算公式简化为

$$\Delta = \sum\int_l \frac{\overline{M}M}{EI}\mathrm{d}s + \sum \frac{\overline{N}Nl}{EA}$$

(4)对于拱，当不考虑曲率的影响时，拱结构的位移可以近似地按式(13-5)来计算。通常情况下，只需考虑弯曲变形的影响，按式(13-5)计算，其结果已足够精确。仅在计算扁平拱的水平位移或者拱轴线与合理轴线接近时，才考虑轴向变形的影响，即

$$\Delta = \sum\int_l \frac{\overline{M}M}{EI}\mathrm{d}s + \sum \frac{\overline{N}Nl}{EA}$$

需要说明的是，在上述位移计算公式中，都没有考虑杆件的曲率对变形的影响，这对直杆是正确的，而对曲杆则是近似的。但是，在常用的结构中，如拱结构、曲梁和有曲杆的刚架等，这些结构中构件的曲率对变形的影响都很小，可以略去不计。

【例 13-1】 求图 13-9(a)所示简支梁的中点 C 的竖向位移和截面 B 的转角。已知梁的弯曲刚度 EI 为常量。

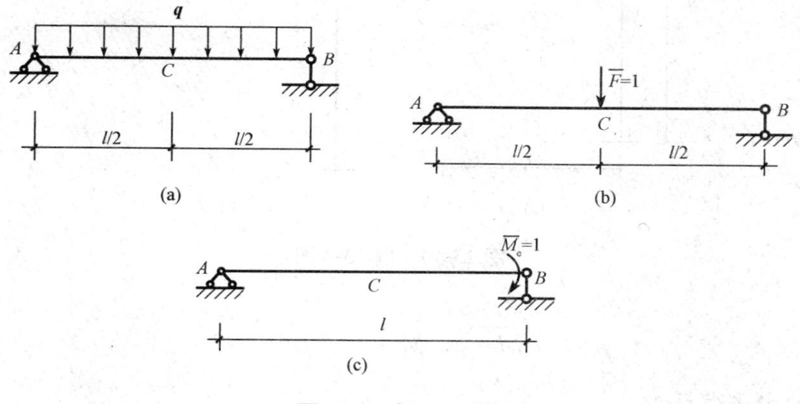

图 13-9　例 13-1 图

解：(1)求点 C 的竖向位移 Δ_{CV}。

在点 C 沿竖向施加单位力 $\overline{F}=1$，作为虚拟力状态，如图 13-9(b)所示。

分别建立虚设荷载和实际荷载作用下梁的弯矩方程。取点 A 为坐标原点，当 $0\leqslant x\leqslant l/2$ 时，有

$$\overline{M}=\frac{1}{2}x$$

$$M=\frac{q}{2}(lx-x^2)$$

由于该梁 C 点左右对称，所以 Δ_{CV} 只需计算一半，把结果乘 2，即得

$$\Delta_{CV}=2\int_0^{\frac{l}{2}}\frac{1}{EI}\times\frac{x}{2}\times\frac{q}{2}\times(lx-x^2)\mathrm{d}x=\frac{5ql^4}{384EI}$$

(2)求截面 B 的转角 φ_B。

在 B 端施加一单位力偶 $\overline{M}_e=1$，作为虚拟力状态，如图 13-9(c)所示。

分别建立虚设荷载和实际荷载作用下梁的弯矩方程。取 A 点为坐标原点，当 $0\leqslant x\leqslant l$ 时，则 $\overline{M}$ 和 M 的方程是

$$\overline{M}=-\frac{x}{l}$$

$$M=\frac{q}{2}(lx-x^2)$$

则根据公式可得
$$\varphi_B=-\frac{ql^3}{24EI}$$

计算结果为负值，说明实际的转角 φ_B 与所设单位力偶的方向相反，即是逆时针方向。

【例 13-2】 求图 13-10(a)所示刚架上点 C 的水平位移 Δ_{CH}，已知各杆的 EI 为常数。

解：在 C 点沿水平方向施加单位力 $\overline{F}=1$，作为虚拟力状态，如图 13-10(b)所示。分别建立虚设荷载和实际荷载作用下刚架各杆的弯矩方程。

AB 杆
$$\overline{M}=x,\ M=-\frac{1}{2}ql^2$$

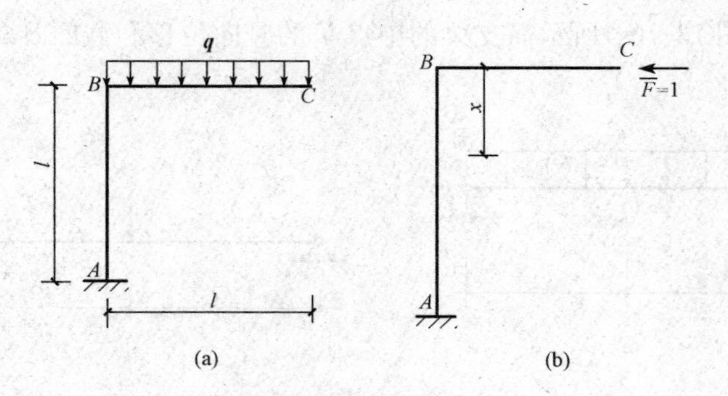

图 13-10　例 13-2 图

BC 杆　　　　　　　　$\overline{M}=0$，$M=-\dfrac{1}{2}qx^2$

则点 C 的水平位移为

$$\Delta_{CH}=\sum\int_l \frac{\overline{M}M}{EI}\mathrm{d}x=\frac{1}{EI}\int_0^l x\left(-\frac{1}{2}ql^2\right)\mathrm{d}x=-\frac{ql^4}{4EI}$$

计算结果为负值，表明实际位移方向与所设单位荷载的方向相反。

【例 13-3】　求图 13-11(a)所示桁架结点 C 的竖向位移。已知各杆的弹性模量均为 $E=2.1\times10^5$ MPa，截面面积 $A=12$ cm^2。

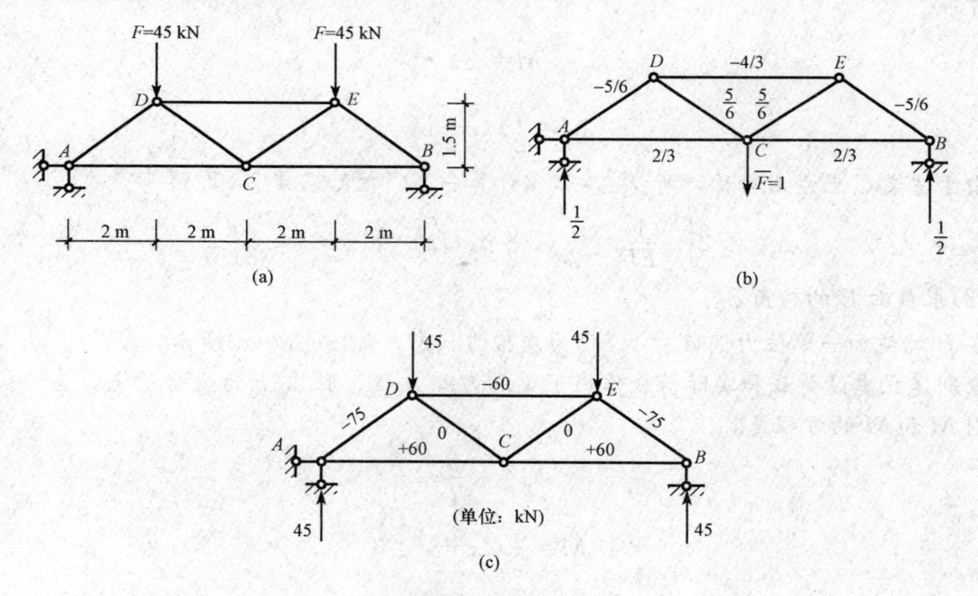

图 13-11　例 13-3 图

解：在点 C 沿竖向施加单位力 $\overline{F}=1$，作为虚拟力状态，如图 13-11(b)所示。

计算虚拟力状态的杆件内力如图 13-11(b)所示。

计算实际状态的杆件内力如图 13-11(c)所示。

具体计算过程列表进行，见表 13-1。由于桁架及荷载的对称性，计算总和时，在表中只计算了半个桁架。杆 DE 的长度只取一半。最后求位移时乘以 2。

表 13-1　桁架结点竖向位移计算

杆件	N	$\overline{N}$ /kN	杆长 l /mm	截面积 A /mm²	E /(kN·mm⁻²)	$\overline{N}Nl/EA$ /mm
AC	2/3	60	4 000	1 200	2.1×102	0.63
AD	−5/6	−75	2 500	1 200	2.1×102	0.62
DE	−4/3	−60	0.5×4 000	1 200	2.1×102	0.63
DC	5/6	0	2 500	1 200	2.1×102	0
合计						1.88

$$\Delta_{CV}=2\times 1.88=3.76(\text{mm})\quad(\downarrow)$$

【例 13-4】 组合结构如图 13-12(a)所示。其中 CD、BD 为二力杆，其拉压刚度为 EA；AC 为受弯杆件，其弯曲刚度为 EI。在 D 点有集中荷载 F 作用。求 D 点的竖向位移 Δ_{DV}。

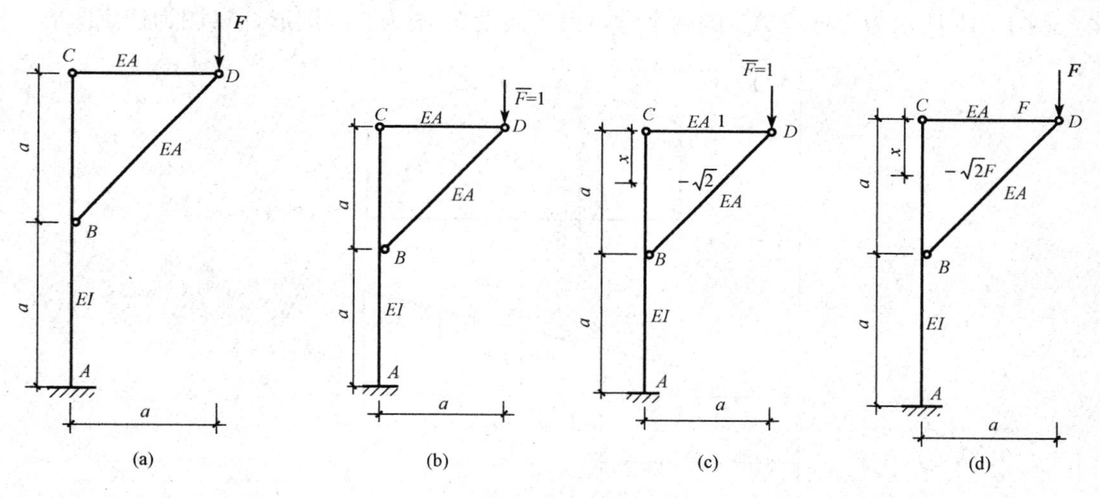

图 13-12　例 13-4 图

解：在 D 点沿竖向施加单位力 $\overline{F}=1$，作为虚拟力状态如图 13-12(b)所示。

分别计算虚设荷载和实际荷载作用下链杆的轴力，如图 13-12(c)、(d)所示，并建立受弯杆的弯矩方程。

BC 杆　　　　$\overline{M}=x$，$M=Fx$

AB 杆　　　　$\overline{M}=a$，$M=Fa$

求得 D 点的竖向位移为

$$\Delta_{DV}=\sum\frac{\overline{N}N}{EA}l+\sum\int_l\frac{\overline{M}M}{EI}\mathrm{d}x$$

$$=\frac{1}{EA}(1\times F\times a+\sqrt{2}\times\sqrt{2}F\times\sqrt{2}a)+\int_0^a\frac{Fx^2}{EI}\mathrm{d}x+\int_a^{2a}\frac{Fa^2}{EI}\mathrm{d}x$$

$$=\frac{(1+2\sqrt{2})Fa}{EA}+\frac{4Fa^3}{3EI}\quad(\downarrow)$$

第三节　图乘法

由上节可知，在计算由荷载作用引起的梁和刚架的位移时，需要建立弯矩方程和进行行烦琐的积分运算，利用图乘法求位移，可以避免这些烦琐的计算。

一、图乘法的使用条件及图乘公式

在计算由荷载作用引起的梁和刚架的位移时，需要计算积分

$$\Delta = \sum \int_l \frac{\overline{M}M}{EI} \mathrm{d}s$$

式中，$\overline{M}M$ 是两个弯矩方程的乘积。若在满足一定条件的情况下，能画出两种状态下的弯矩图，则上式可以转换为用弯矩图互乘的方法，即用图乘法代替积分运算，这样可使计算得到简化。现在对上面的积分式进行分析。

图 13-13 所示为直杆段 AB 的两个弯矩图，假设 $\overline{M}$ 图为直线图形，M 图为任意图形。

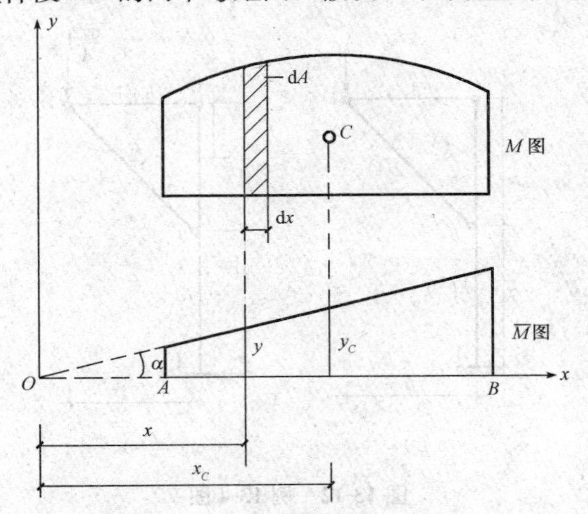

图 13-13　直杆段 AB 的两个弯矩图

如果该杆截面的弯曲刚度 EI 为常数，则

$$\Delta = \frac{1}{EI}\int_l \overline{M}M \mathrm{d}s$$

由于 $\overline{M}$ 图为直线图形，所以 $\overline{M}$ 图中某一点的纵坐标为 $\overline{M}=y=x\tan\alpha$，这里 $\tan\alpha$ 为常数，则有

$$\Delta = \frac{1}{EI}\int_l \overline{M}M \mathrm{d}s = \frac{1}{EI}\int_l x\tan\alpha M \mathrm{d}x = \frac{1}{EI}\tan\alpha \int_l x \mathrm{d}A$$

式中，$\mathrm{d}A$ 表示 M 图的微面积(图中阴影线部分的面积)；积分 $\int_l x \mathrm{d}A$ 表示 M 图的面积对于 y 轴的静矩，它等于 M 图的面积 A 乘以其形心 C 到 y 轴的距离 x_C，即 $\int_l x \mathrm{d}A = A \cdot x_C$。

所以

$$\Delta = \frac{1}{EI} A \cdot x_C \tan\alpha$$

设 M 图的形心 C 所对应的 $\overline{M}$ 图中的竖标为 y_C，由图 13-13 可知 $x_C\tan\alpha = y_C$。所以

$$\Delta = \int_l \frac{\overline{M}M}{EI}\mathrm{d}s = \frac{1}{EI}Ay_C$$

式中，A 为 M 图的面积；y_C 为 M 图的形心 C 所对应的 $\overline{M}$ 图中的竖标。

对于由多个弯曲刚度 EI 为常数的杆段组成的结构，用图乘法计算位移的公式为

$$\Delta = \sum\int_l \frac{\overline{M}M}{EI}\mathrm{d}s = \sum \frac{1}{EI}Ay_C$$

显然，图乘法是将积分运算问题简化为求图形的面积、形心和竖标的问题。

需要说明的是，用图乘法计算位移时，梁和刚架的杆件必须满足以下条件：

(1)杆段的弯曲刚度 EI 为常数。

(2)杆段的轴线为直线。

(3)各杆段的 M 图和 $\overline{M}$ 图中至少有一个为直线图形。

对于等截面直杆，前两个条件自然满足。至于第三个条件，虽然在均布荷载的作用下 M 图的形状是曲线形状，但 $\overline{M}$ 图却总是由直线段组成，只要分段考虑也可满足。于是，对于由等截面直杆段所构成的梁和刚架，在计算位移时均可应用图乘法。

应用图乘法时应注意：

(1)在图乘前要先对图形进行分段处理，保证两个图形中至少有一个是直线图形。

(2)A 与 y_C 是分别取自两个弯矩图，竖标 y_C 必须取自直线图形。

(3)当 A 与 y_C 在杆的同侧时，乘积 Ay_C 取正号；A 与 y_C 在杆的异侧时，乘积 Ay_C 取负号。

下面给出了图乘运算中几种常见图形的面积及其形心位置，如图 13-14 所示。在应用图示抛物线图形的公式时，必须注意曲线在顶点处的切线应与基线平行，即在顶点处剪力为零。

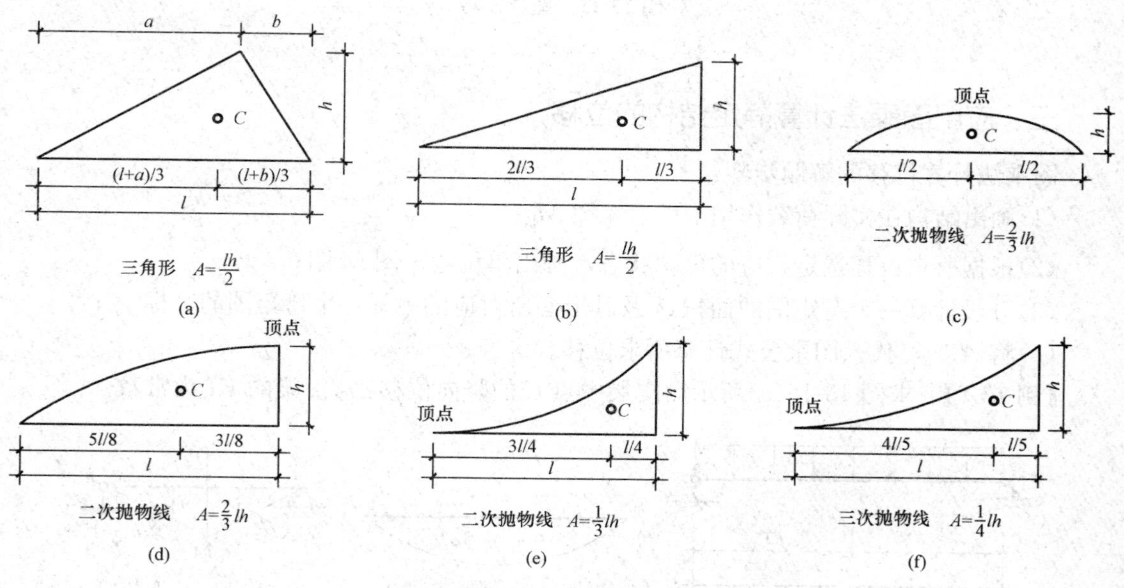

图 13-14　各种图形的形心位置

二、图乘技巧

在图乘运算中，经常会遇到一些不规则的复杂图形，这些图形的面积和形心位置不易确定，在这种情况下，可采用图形分块或分段的方法，将复杂图形分解为几个简单图形，以方便计算。

(1)若两个图形都是直线，但都含有正、负两部分，如图13-15(a)所示可将其中一个图形分解为ABD和ABC两个三角形，分别与另一个图形图乘并求和。

(2)如果M图为梯形，如图13-15(b)所示，可以把它分解为两个三角形，然后把它们分别与$\overline{M}$图相乘，最后再求和，即$\Delta=\frac{1}{EI}(A_1 y_{C1}+A_2 y_{C2})$。式中：

$$A_1=\frac{al}{2},\ y_{C1}=\frac{2}{3}c+\frac{1}{3}d$$

$$A_2=\frac{bl}{2},\ y_{C2}=\frac{1}{3}c+\frac{2}{3}d$$

(3)如果杆件(或杆段)的两种弯矩图都不是直线图形，其中一个图形为折线形，应按折线分段的方法进行处理，如图13-15(c)所示，然后分别进行图乘再求和。另外，即使弯矩图是直线图形，但杆件为阶梯杆，在这种情况下，由于各杆段的弯曲刚度不同，所以也应分段图乘。

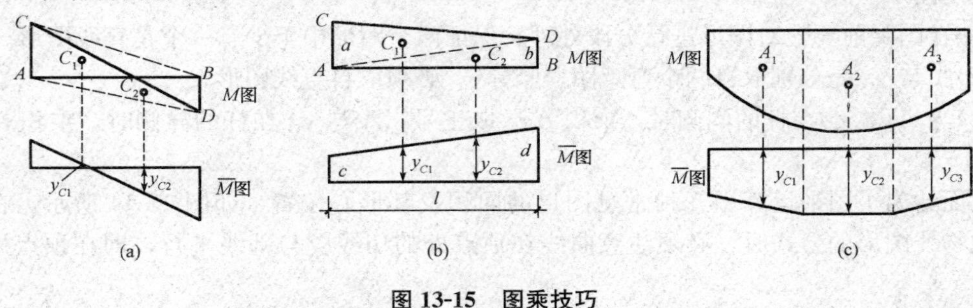

图13-15 图乘技巧

三、应用图乘法计算静定结构的位移

图乘法计算位移的解题步骤：

(1)画出结构在实际荷载作用下的弯矩图M_P；

(2)根据所求位移选定相应的虚拟状态，画出单位弯矩图$\overline{M}$图；

(3)分段计算一个弯矩图的面积A及其形心所对应的另外一个弯矩图的竖标y_C；

(4)将A、y_C代入图乘公式计算所求位移。

【例13-5】 求图13-16(a)所示简支梁中点C的竖向位移Δ_{CV}。梁的EI为常数。

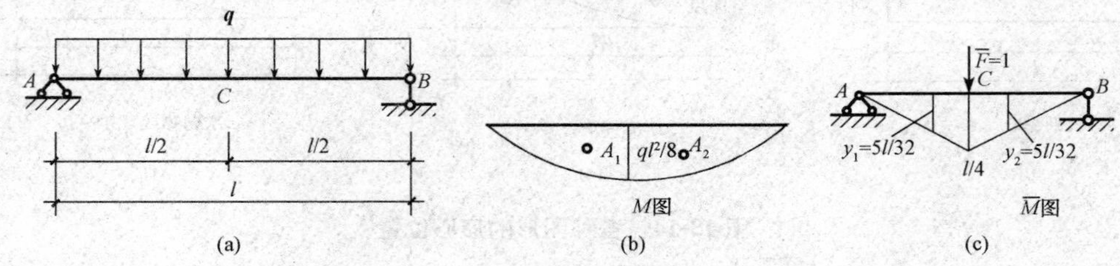

图13-16 例13-5图

解：在简支梁中点 C 加单位竖向力 $\overline{F}=1$，如图 13-16(c)所示。

分别作荷载产生的弯矩图 M 图和单位力产生的弯矩图 $\overline{M}$ 图，如图 13-16(b)、(c)所示。

因 M 图是曲线，应以 M 图作为 A，而 $\overline{M}$ 图是由折线组成，应分两段图乘。但因图形对称，可计算一半再乘以 2。

$$A=A_1=A_2=\frac{2}{3}\times\frac{l}{2}\times\frac{ql^2}{8}=\frac{ql^3}{24}$$

$$y_C=\frac{5}{8}\times\frac{l}{4}=\frac{5l}{32}$$

所以

$$\Delta_{CV}=2\,\frac{1}{EI}A\times y_C=2\times\frac{1}{EI}\times\frac{ql^3}{24}\times\frac{51}{32}=\frac{5ql^4}{384EI}\quad(\downarrow)$$

【例 13-6】 求图 13-17(a)所示外伸梁 C 点的竖向位移 Δ_{CV}。梁的 EI 为常数。

解：在 C 点加竖向单位力，如图 13-17(c)所示。

分别作荷载及单位力所产生的 M 图[图 13-17(b)]和 $\overline{M}$ 图[图 13-17(c)]。

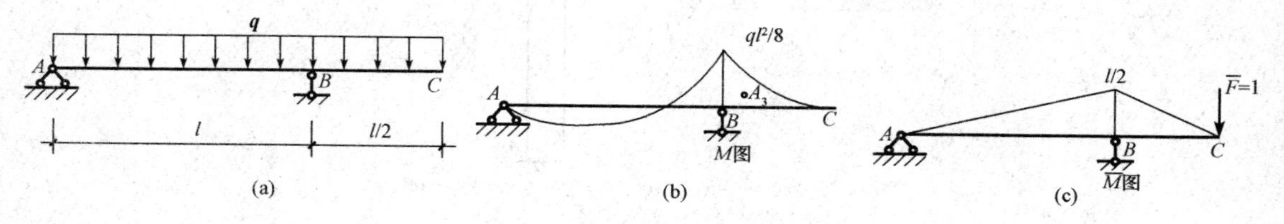

图 13-17　例 13-6 图

$\overline{M}$ 图包括两段直线，所以，整个梁应分为 AB 和 BC 两段进行图乘。AB 段的 M 图可以分解为一个在基线上边受拉的三角形 A_1 和一个在基线下边受拉的标准二次抛物线图形 A_2。BC 段的 M 图则为一个标准二次抛物线图形 A_3，如图 13-18 所示。

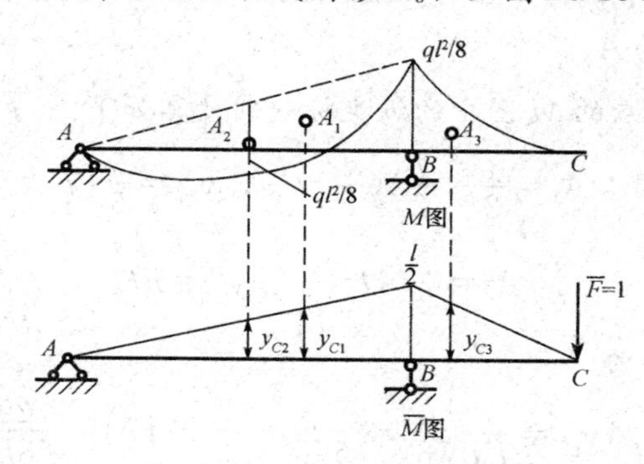

图 13-18　例 13-6 图(二)

M 图中各分面积与相应的图中的纵坐标分别计算如下：

$$A_1=\frac{1}{2}\times l\times\frac{ql^2}{8}=\frac{ql^3}{16},\ y_{C1}=\frac{2}{3}\times\frac{l}{2}=\frac{l}{3}$$

$$A_2=\frac{2}{3}\times l\times\frac{ql^2}{8}=\frac{ql^3}{12},\ y_{C2}=\frac{1}{2}\times\frac{l}{2}=\frac{l}{4}$$

$$A_3=\frac{1}{3}\times\frac{l}{2}\times\frac{ql^2}{8}=\frac{ql^3}{48},\ y_{C3}=\frac{3}{4}\times\frac{l}{2}=\frac{3l}{8}$$

于是 C 点的竖向位移为

$$\Delta_{CV}=\frac{1}{EI}\left[\frac{ql^3}{16}\times\frac{l}{3}+\frac{ql^3}{12}\times\left(-\frac{l}{4}\right)+\frac{ql^3}{48}\times\frac{3l}{8}\right]=\frac{ql^4}{128EI}$$

【例 13-7】 求图 13-19(a)所示悬臂刚架梁中点 D 的竖向位移 Δ_{DV}。各杆的 EI 为常数。

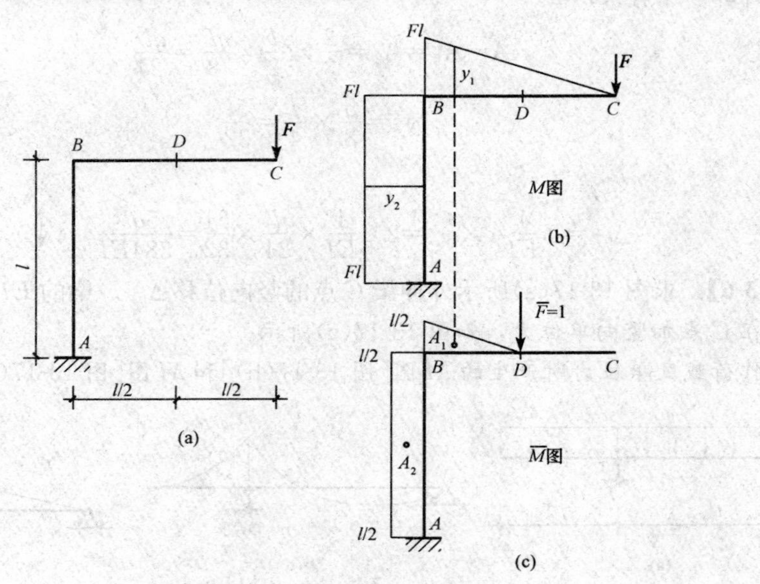

图 13-19 例 13-7 图

解： 在梁中点 D 加竖向单位力，如图 13-19(c)所示。分别作荷载作用下的 M 图[图 13-19(b)]和单位力作用的 $\overline{M}$ 图[图 13-19(c)]。

在应用图乘法时，把单位力产生的 $\overline{M}$ 图作为图形的面积 A，其中梁上的 $\overline{M}$ 图面积作为 A_1，柱上的 $\overline{M}$ 图面积作为 A_2。

$\overline{M}$ 图中各分面积与相应的 M 图中的纵坐标分别计算如下：

$$A_1=\frac{1}{2}\times\frac{l}{2}\times\frac{l}{2}=\frac{l^2}{8}，\ y_{C1}=\frac{5}{6}Fl$$

$$A_2=\frac{l}{2}\times l=\frac{l^2}{2}，\ y_{C2}=Fl$$

于是 D 点的竖向位移为

$$\Delta_{CV}=\sum\frac{l}{EI}Ay_C=\frac{l}{EI}\left(\frac{l^2}{8}\times\frac{5}{6}Fl+\frac{l^2}{2}\times Fl\right)=\frac{29}{48EI}Fl^3\quad(\downarrow)$$

本章小结

1. 实功和虚功。

(1)实功：力在其本身引起的位移上所做之功。

(2)虚功：力在其他原因引起的位移上所做之功。

虚功的概念强调了做功的力与相应的位移之间没有因果关系这一重要性质。

2. 广义力和广义位移。

(1)广义力：单个力、单个力偶、一组力、一组力偶的统称。

(2)广义位移：与广义力做功相应的位移因素，即线位移、角位移、相对线位移、相对角位移以及某一组位移等。

3. 虚功原理。

对于变形体系，如果力状态中的力系满足平衡条件，位移状态中的变形满足约束条件，则力状态中的外力在位移状态中相应的位移上所做的外力总虚功等于力状态中的内力在位移状态中相应的变形上所做的内力总虚功，即

$$W_e = W_i$$

虚功原理的核心是外力虚功等于内力虚功。虚功原理有两种应用：虚设位移计算外力和虚设荷载计算位移。本单元讨论的是后一种应用，即应用虚设荷载计算位移，其基本方法是单位荷载法，即虚设单位荷载计算位移。

应用单位荷载法求结构在荷载作用下位移的一般公式是

$$\Delta = \sum \int_l \frac{\overline{N}N}{EA} ds + \sum \int_l K \frac{\overline{V}V}{GA} ds + \sum \int_l \frac{\overline{M}M}{EI} ds$$

4. 图乘法。

对于满足下列条件的弹性结构：①杆段的弯曲刚度 EI 为常数；②杆段的轴线为直线；③各杆段的 M 图和 $\overline{M}$ 图中至少有一个为直线图形。可以应用图乘法计算梁和刚架在荷载作用下的位移，表达式是

$$\Delta = \sum \int_l \frac{\overline{M}M}{EI} ds = \sum \frac{1}{EI} A y_C$$

应用图乘法时应注意：

(1)在图乘前要先对图形进行分段处理，保证两个图形中至少有一个是直线图形。

(2)A 与 y_C 分别取自两个弯矩图，竖标 y_C 必须取自直线图形。

(3)当 A 与 y_C 在杆的同侧时，乘积 Ay_C 取正号；A 与 y_C 在杆的异侧时，乘积 Ay_C 取负号。

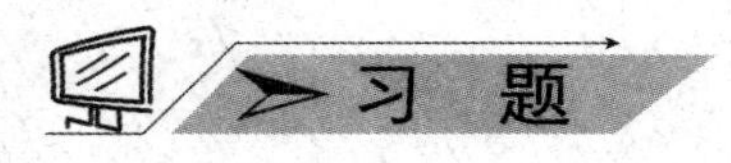

1. 求图 13-20 所示静定梁 D 端的竖向位移 Δ_{DV}。EI=常数，a=2 m。

2. 求图 13-21 所示结构 E 点的竖向位移。EI=常数。

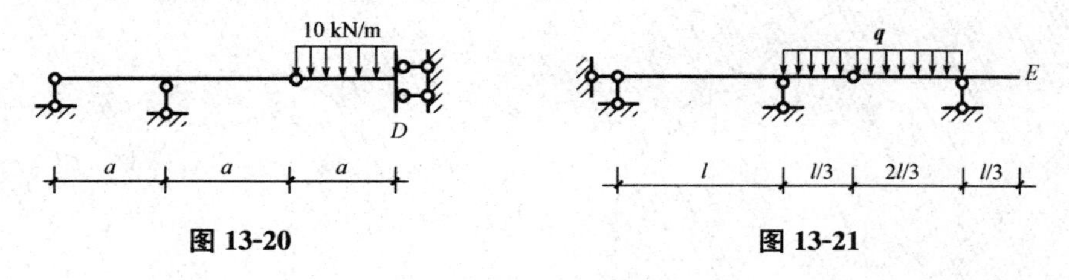

图 13-20　　图 13-21

3. 求图 13-22 所示结构铰 A 两侧截面的相对转角 φ_A，EI=常数。

4. 求图 13-23 所示刚架 B 端的竖向位移。

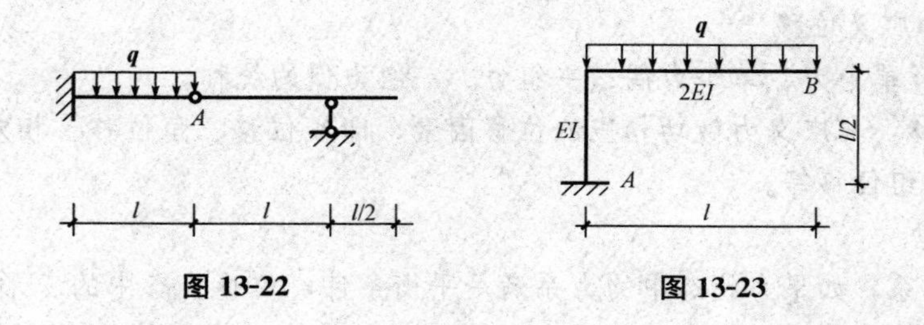

图 13-22　　　　图 13-23

5. 求图 13-24 所示刚架结点 C 的转角和水平位移，EI=常数。

6. 求图 13-25 所示结构 A、B 两点的相对水平位移，EI=常数。

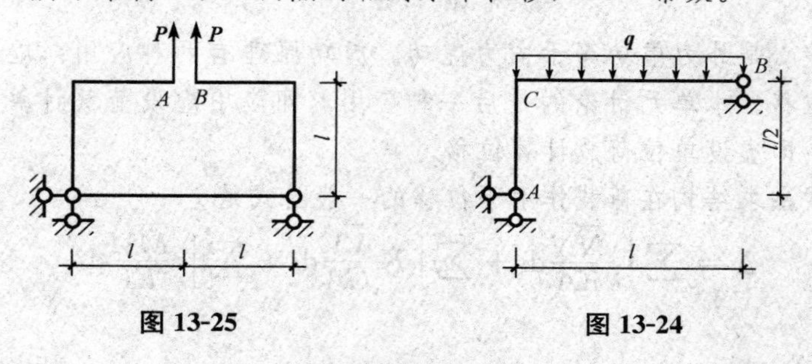

图 13-25　　　　图 13-24

7. 求图 13-26 所示桁架中 D 点的水平位移，各杆 EA 相同。

8. 求图 13-27 所示结构 D 点的竖向位移，杆 ACD 的截面抗弯刚度为 EI，杆 BC 抗拉刚度为 EA。

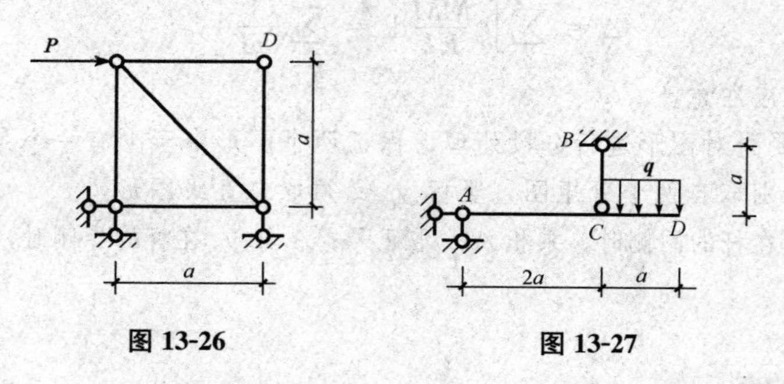

图 13-26　　　　图 13-27

第十四章　力　　法

教学目标

1. 掌握超静定结构的基本概念；
2. 掌握力法的基本原理及典型方程的建立；
3. 熟悉应用力法求解超静定结构的方法。

第一节　概　　述

一、超静定结构的概念

静定结构和超静定结构的概念已在第十一章中作过介绍。所谓的静定结构是指其所有的未知力仅用平衡方程即可完全确定的结构，这种结构称为静定结构。相反，一个结构，如果其所有的未知力不能仅用平衡方程确定，则这种结构称为超静定结构。这里所说的未知力包括支座反力和截面内力。

如图 14-1(a)所示的简支梁，其支座反力和截面内力均可由平衡方程确定，所以简支梁是静定结构。再如图 14-1(b)所示，它是通过在简支梁上又增加了一根链杆(或活动铰支座)而得到的，这种结构称为连续梁。此连续梁有四个支座反力，而平衡方程却只有三个，仅用平衡方程不能求解，因此截面内力也就无法确定，所以它是一个超静定结构。

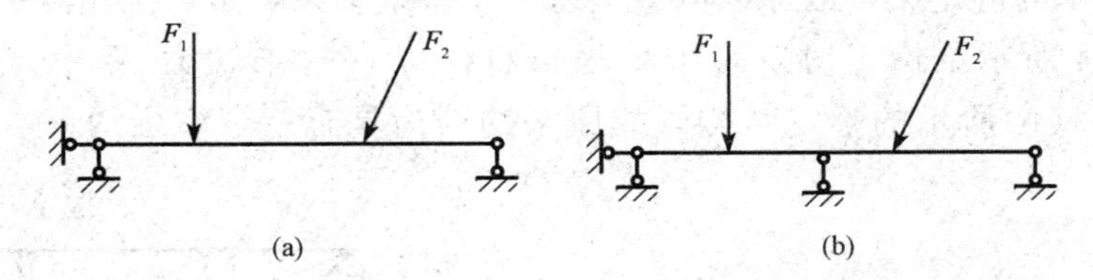

图 14-1　静定结构与超静定结构

从几何组成角度来看，图 14-1(a)所示简支梁是无多余约束的几何不变体系，图 14-1(b)所示连续梁是具有一个多余约束的几何不变体系(三根竖向链杆中的任何一根均可看成多余约束，但那根水平链杆却是必要约束)，也正是由于这个多余约束的存在，使我们只用静力平衡方程不能求出全部四个约束反力和全部内力，所以从几何组成的角度来定义，静定结构是没有多余约束的几何不变体系；超静定结构是具有多余约束的几何不变体系。

常见的超静定结构类型有：超静定梁[如图 14-2(a)]、超静定刚架[图 14-2(b)]、超静定桁架[图 14-2(c)]、超静定拱[图 14-2(d)]、超静定组合结构[图 14-2(e)]和铰接排架[图 14-2(f)]。

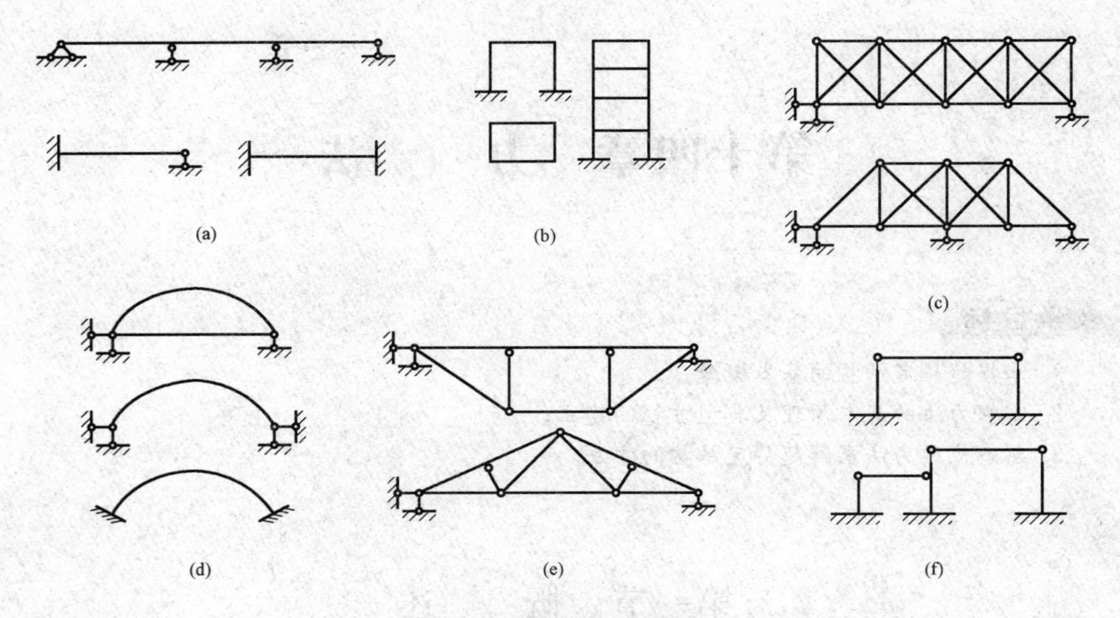

图 14-2 超静定结构的类型

二、超静定次数的确定

超静定结构区别于静定结构的基本特征就是具有多余约束，超静定次数是指超静定结构中多余约束的个数。如果从一个超静定结构中解除 n 个约束，结构变为静定结构，则原来的超静定结构为 n 次超静定。

显然，我们可用去掉多余约束使原来的超静定结构(以后称原结构)变成静定结构的方法来确定结构的超静定次数。去掉多余约束的方式，通常有以下几种：

(1)去掉支座处的一根支杆或切断一根链杆，相当于去掉一个约束。如图 14-3(a)所示超静定梁，去掉中间一个支座支杆(也是链杆)，以未知力 X_1 代替相应的约束，就成为如图 14-3(b)所示的静定梁，故原来的梁具有一个多余约束，是一次超静定梁。

又如图 14-4 所示结构，切断其中一根链杆，以一对未知力 X_1 代替相应的约束，就成为如图 14-4(b)所示的静定结构，故原来的结构具有一个多余约束，是一次超静定结构。

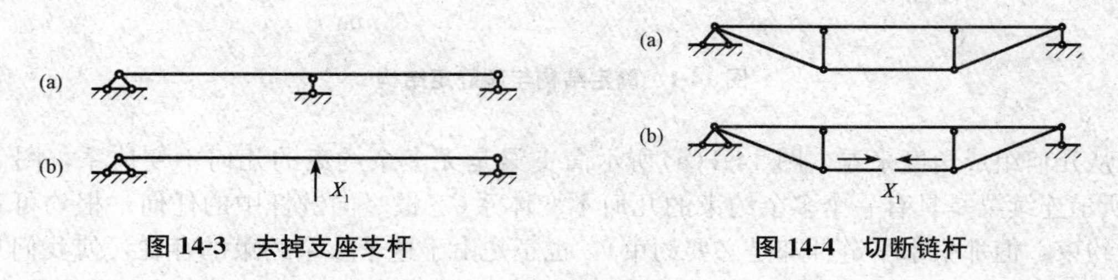

图 14-3 去掉支座支杆 **图 14-4 切断链杆**

(2)去掉一个固定铰支座或者去掉一个单铰，相当于去掉两个约束。如图 14-5 所示超静定刚架，去掉中间的单铰，以两对未知力 X_1、X_2 代替相应的约束，就成为如图 14-5(b)所示的静定刚架，故原刚架是两次超静定结构。

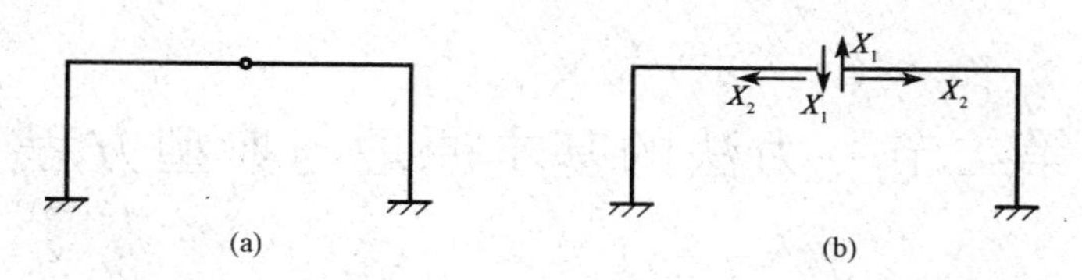

图 14-5　去掉单铰

(3)将一个刚结点改为单铰连接或者把一个固定端约束改为固定铰支座相当于去掉一个约束。如图 14-6(a)所示超静定刚架，将横梁中的任一个刚结点改为单铰连接，并以一个未知力 X_1 代替相应的约束，就成为如图 14-6(b)所示的静定刚架，故原刚架是一次超静定结构。

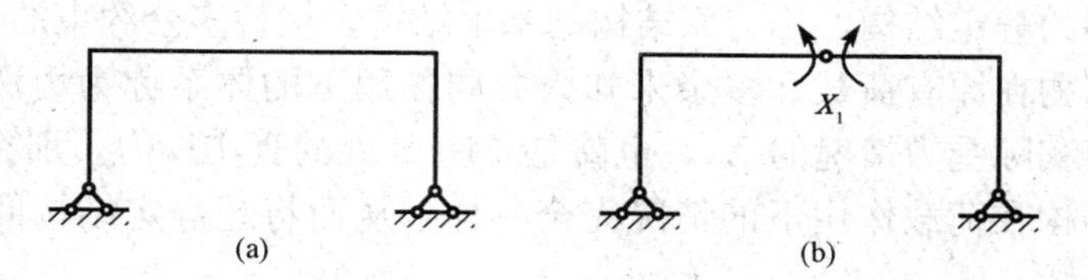

图 14-6　刚结点改为单铰

(4)去掉一个固定端约束(固定支座)或者在刚性连接处切断，相当于去掉三个联系。如图 14-7 所示超静定刚架，若沿着横梁中的某点截开，以三个多余未知力 X_1、X_2 和 X_3 代替相应的约束，就成为如图 14-7(b)所示的静定刚架，故原刚架是三次超静定结构。

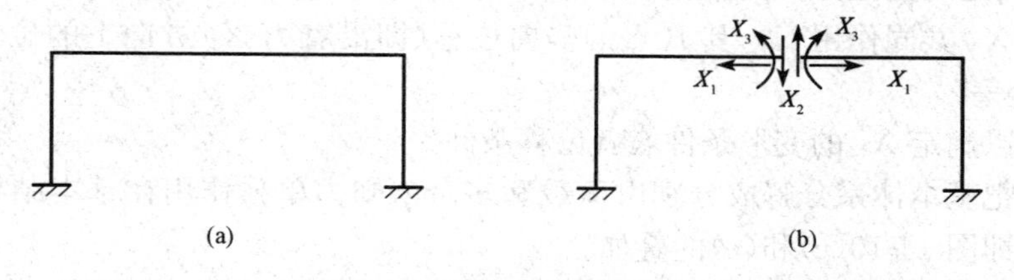

图 14-7　在刚性连接处切断

应用上述去掉多余约束的基本方式，可以确定结构的超静定次数。应该指出，同一个超静定结构，可以采用不同方式去掉多余约束，如图 14-8(a)所示可以有三种不同的去掉约束的方法，分别如图 14-8(b)、(c)、(d)所示。无论采用何种方式，原结构的超静定次数都是相同的。所以说去掉约束的方式不是唯一的。这里面所说的去掉“多余约束”，是以保证结构是几何不变体系为前提的。如图 14-9(a)所示的支座水平链杆就不能去掉，因为它是使这个结构保持几何不变的“必要约束”。如果去掉水平链杆，如图 14-9(b)所示，则原体系就变成几何可变了。

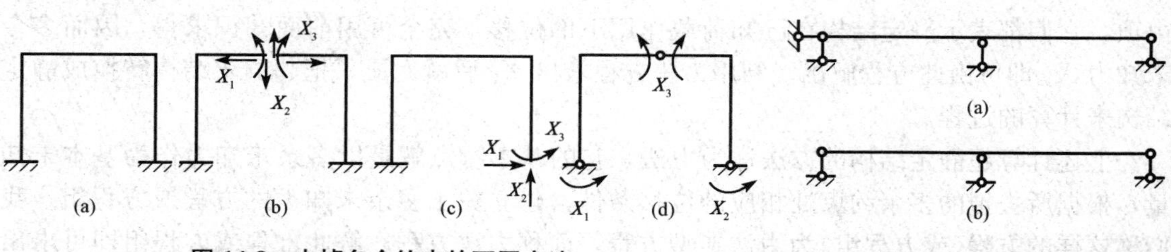

图 14-8　去掉多余约束的不同方法

图 14-9　必要约束

第二节　力法的基本原理与典型方程

一、力法的基本原理

图 14-10(a)所示为单跨超静定梁，它是具有一个多余约束的超静定结构。如果把支座 B 去掉，在去掉多余约束 B 支座处以未知力 X_1 代替，原结构就变成静定结构，说明它是一次超静定结构。此时梁上作用有均布荷载 q 和集中力 X_1，如图 14-10(b)所示。这种在去掉多余约束后所得到的静定结构，称为原结构的基本结构，代替多余约束的未知力 X_1 称为多余未知力。基本结构在原有荷载和多余未知力共同作用下的体系称为力法的基本体系。如果能设法求出符合实际受力情况的 X_1，也就是支座 B 处的真实反力，那么，基本体系的内力和变形就与原结构在荷载作用下的情况完全一样，从而将超静定结构问题转化为静定结构问题。

如何求出 X_1？仅靠平衡条件是无法求出的。因为在基本体系中截取的任何隔离体上除了 X_1 之外还有三个未知内力或者反力，故平衡方程的总数少于未知力的总数，其解答是不定的。确定多余未知力 X_1，必须考虑变形条件以建立补充方程。为此对比原结构与基本体系的变形情况。原结构在支座 B 处由于多余约束的作用而不可能有竖向位移；虽然基本体系上多余的约束已经被去掉，但是如果其受力和变形情况与原结构完全一致，则在荷载 q 和多余未知力 X_1 共同作用下，其 B 点的竖向位移(即沿着力 X_1 方向上的位移)Δ_B 也应该等于零，即 $\Delta_B=0$。

这就是用以确定 X_1 的变形条件或者位移条件。

我们可以把基本体系分解成分别由荷载和多余未知力单独作用在基本结构上的这两种情况的叠加，即图 14-10(c)和(e)的叠加。

用 Δ_{11} 和 Δ_{1P} 表示基本结构在未知力 X_1 和荷载 q 单独作用时 B 点沿 X_1 方向的位移，其符号都以沿着假定的 X_1 方向为正，如图 14-10(c)、(e)所示，两个下标的含义依次为第一个表示位移的地点和方向，第二个表示产生位移的原因。根据叠加原理，可得

$$\Delta_B=\Delta_{11}+\Delta_{1P}=0$$

若用 δ_{11} 表示当 $X_1=1$ 时 B 点沿 X_1 方向的位移，则有 $\Delta_{11}=\delta_{11}X_1$。这里 δ_{11} 的物理意义为：基本结构上，由于 $\overline{X}_1=1$ 的作用，在 X_1 的作用点，沿 X_1 方向产生的位移。于是上述位移条件可写成

$$\delta_{11}X_1+\Delta_{1P}=0 \tag{14-1}$$

上式是含有多余未知力 X_1 的位移方程，称为力法方程。式中 δ_{11} 称作系数；Δ_{1P} 称为自由项，它们都表示静定结构在已知荷载作用下的位移，完全可用前面知识求得，因而多余未知力 X_1 即可由此方程解出。利用力法方程求出 X_1 后就完成了把超静定结构转换成静定结构来计算的过程。

上述计算超静定结构的方法称为力法。它的基本特点就是以多余未知力作为基本未知量，根据所去掉的多余约束处相应的位移条件，建立关于多余未知力的方程或方程组，我们称这样的方程(或方程组)为力法典型方程，简称力法方程。解此方程或方程组即可求出多余未知力。

下面计算系数 δ_{11} 和自由项 Δ_{1P}，为了计算 δ_{11} 和 Δ_{1P}，可分别绘出基本结构在 $\overline{X}_1=1$ 和 q 作用下的弯矩图 $\overline{M}_1$ 图和 M_P 图，如图 14-10(d)、(f)所示，然后利用图乘法计算这些位移。

求 δ_{11} 时应为 $\overline{M}_1$ 图和 $\overline{M}_1$ 图相乘，即 $\overline{M}_1$ 图自乘：

$$\delta_{11}=\frac{1}{EI}\times\frac{1}{2}\times1\times1\times\frac{2}{3}\times1=\frac{l^3}{3EI}$$

求 Δ_{1P} 时应为 $\overline{M}_1$ 图和 M_P 图相乘：

$$\Delta_{1P}=\frac{1}{EI}\times\frac{1}{3}\times\frac{ql^2}{2}\times1\times\frac{3}{4}\times1=-\frac{ql^4}{8EI}$$

把 δ_{11} 和 Δ_{1P} 代入式(14-1)得

$$X_1=-\frac{\Delta_{1P}}{\delta_{11}}=\frac{3}{8}ql \quad (\uparrow)$$

计算结果 X_1 为正值，表示开始时假设的 X_1 方向是正确的(向上)。

多余未知力 X_1 求出后，其内力可按静定结构的方法进行分析，也可利用叠加法计算。即将 $X_1=1$ 单独作用下的弯矩图 M_1 乘以 X_1 后与荷载单独作用下的弯矩图 M_P 叠加。用公式可表示为

$$M=\overline{M}_1X_1+M_P$$

通过这个例子，可以看出力法的基本思路是：去掉多余约束，以多余未知力代替，再根据原结构的位移条件建立力法方程，并解出多余未知力。这样就把超静定问题转化为静定问题了。

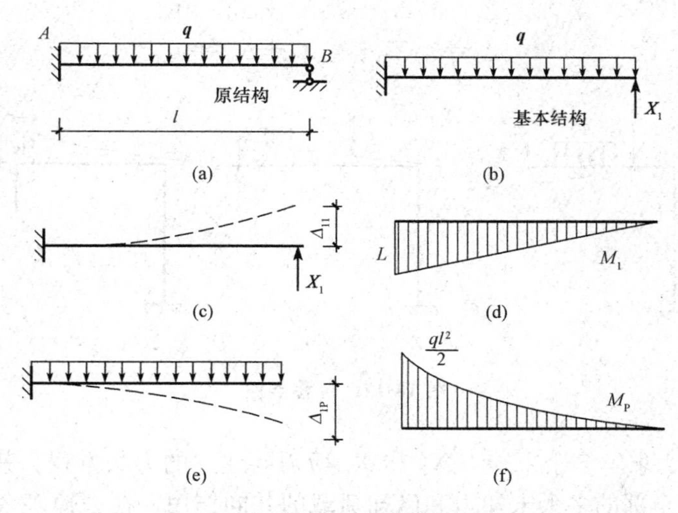

图 14-10　力法的基本原理

二、力法典型方程

以上我们以一次超静定梁为例，说明了力法原理。下面我们讨论多次超静定的情况。如图 14-11(a)所示的刚架为二次超静定结构。下面以 B 点支座的水平和竖直方向反力 X_1、X_2 为多余未知力，确定基本结构，如图 14-11(b)所示。按上述力法原理，基本结构在给定荷载和多余未知力 X_1、X_2 共同作用下，其内力和变形应等同于原结构的内力和变形。原

结构在铰支座 B 点处沿多余力 X_1 和 X_2 方向的位移(或称为基本结构上与 X_1 和 X_2 相应的位移)都应为零，即

$$\begin{aligned}\Delta_1=0\\ \Delta_2=0\end{aligned} \tag{14-2}$$

上式就是求解多余未知力 X_1 和 X_2 的位移条件。

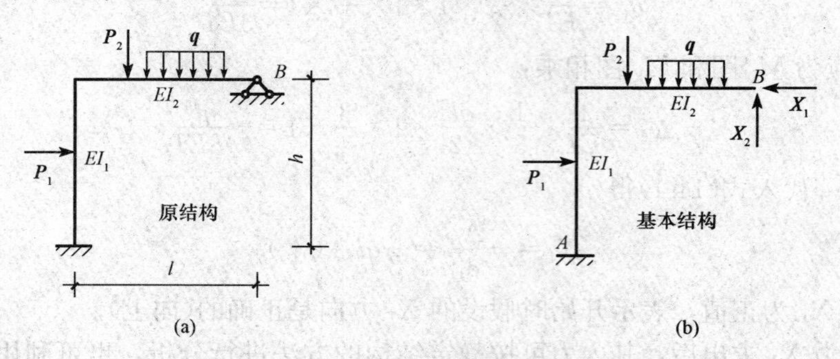

图 14-11　基本结构的确定

以 Δ_{1P}表示基本结构上多余未知力 X_1 的作用点沿其作用方向，由于荷载单独作用时所产生的位移；Δ_{2P}表示基本结构上多余未知力 X_2 的作用点沿其作用方向，由于荷载单独作用时所产生的位移；δ_{ij} 表示基本结构上 X_i 的作用点沿其作用方向，由于$\overline{X_j}=1$ 单独作用时所产生的位移，如图 14-12 所示。根据叠加原理，式(14-2)可写成以下形式：

$$\begin{cases}\Delta_1=\delta_{11}X_1+\delta_{12}X_2+\Delta_{1P}=0\\ \Delta_1=\delta_{11}X_1+\delta_{22}X_2+\Delta_{1P}=0\end{cases} \tag{14-3}$$

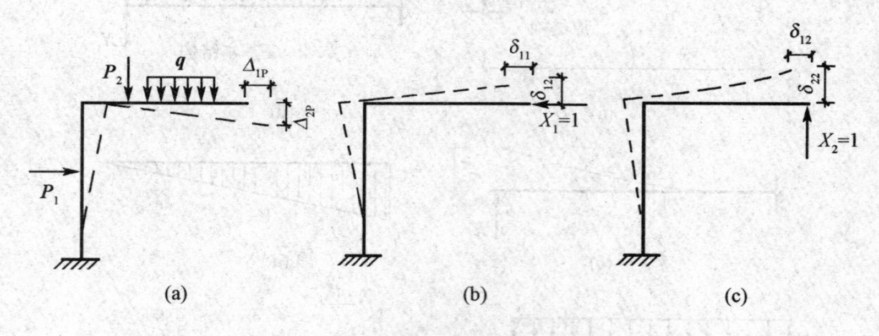

图 14-12　位移条件

式(14-3)就是为求解多余未知力 X_1 和 X_2 所需要建立的力法方程。其物理意义是：在基本结构上，由于全部的多余未知力和已知荷载的共同作用，在去掉多余约束处的位移应与原结构中相应的位移相等。在本例中等于零。

在计算时，我们首先要求得式(14-3)中的系数和自由项，然后代入式(14-3)，即可求出 X_1 和 X_2，剩下的问题就是静定结构的计算问题了。

对于高次超静定问题，其力法方程也可类似推出。若为 n 次超静定结构，用力法方程计算时，可去掉 n 个多余约束，得到静定的基本结构，在去掉的多余约束处代以 n 个多余未知力，可根据 n 个已知的位移条件建立 n 个关于多余未知力的方程。当原结构在去掉多余约束处的已知位移为零时，其力法方程为

$$\begin{cases}\delta_{11}X_1+\delta_{12}X_2+\delta_{13}X_3+\cdots+\delta_{1n}X_n+\Delta_{1P}=0\\ \delta_{21}X_1+\delta_{22}X_2+\delta_{23}X_3+\cdots+\delta_{2n}X_n+\Delta_{2P}=0\\ \vdots \qquad\qquad \vdots \qquad\qquad \vdots\\ \delta_{n1}X_1+\delta_{n2}X_2+\delta_{n3}X_3+\cdots+\delta_{nn}X_n+\Delta_{nP}=0\end{cases}$$

方程中的系数称为柔度系数，位于主对角线上的系数 δ_{ii} 称为主系数，在主对角线两侧的系数 δ_{ij} 称为副系数，Δ_{1P}称为自由项。可以证明 $\delta_{ij}=\delta_{ji}$。

由于基本体系是静定的，所以力法方程中各系数和自由项都可以按照上一单元位移计算的方法求出。

在基本未知量 X_1，X_2，X_3，…，X_n 求得后，可以由叠加原理求得超静定结构任一截面的内力

$$M=\overline{M}_1X_1+\overline{M}_2X_2+\cdots\overline{M}_nX_n+M_P$$

$$V=\overline{V}_1X_1+\overline{V}_2X_2+\cdots\overline{V}_nX_n+V_P$$

$$N=\overline{N}_1X_1+\overline{N}_2X_2+\cdots\overline{N}_nX_n+N_P$$

第三节　应用力法求解超静定结构示例

根据以上所述，用力法计算超静定结构的步骤可归纳如下：

(1)去掉结构的多余约束得静定的基本结构，并以多余未知力代替相应的多余约束的作用。在选取基本结构的形式时，以使计算尽可能简单为原则。

(2)根据基本结构在多余力和荷载共同作用下，在去掉多余约束处的位移应与原结构相应的位移相同的条件，建立力法方程。

(3)作出基本结构的单位内力图和荷载内力图(或写出内力表达式)，按照求位移的方法计算方程中的系数和自由项。

(4)将计算所得的系数和自由项代入力法方程，求解各多余未知力。

(5)求出多余未知力后，按分析静定结构的方法，绘出原结构的内力图，即最后内力图。最后内力图也可以利用已作出的基本结构的单位内力图和荷载内力图按叠加原理求得。

一、用力法求解超静定梁

计算超静定梁的位移时，通常忽略轴力和剪力的影响，只考虑弯矩的影响。因而系数及自由项按照下列公式计算：

$$\delta_{ii}=\sum\int\frac{\overline{M}_i\overline{M}_i}{EI}\mathrm{d}x$$

$$\delta_{ij}=\sum\int\frac{\overline{M}_i\overline{M}_j}{EI}\mathrm{d}x$$

$$\Delta_{iP}=\sum\int\frac{\overline{M}_iM_P}{EI}\mathrm{d}x$$

【例 14-1】 试用力法作图 14-13(a)所示单跨超静定梁的弯矩图。设 EI 为常数。

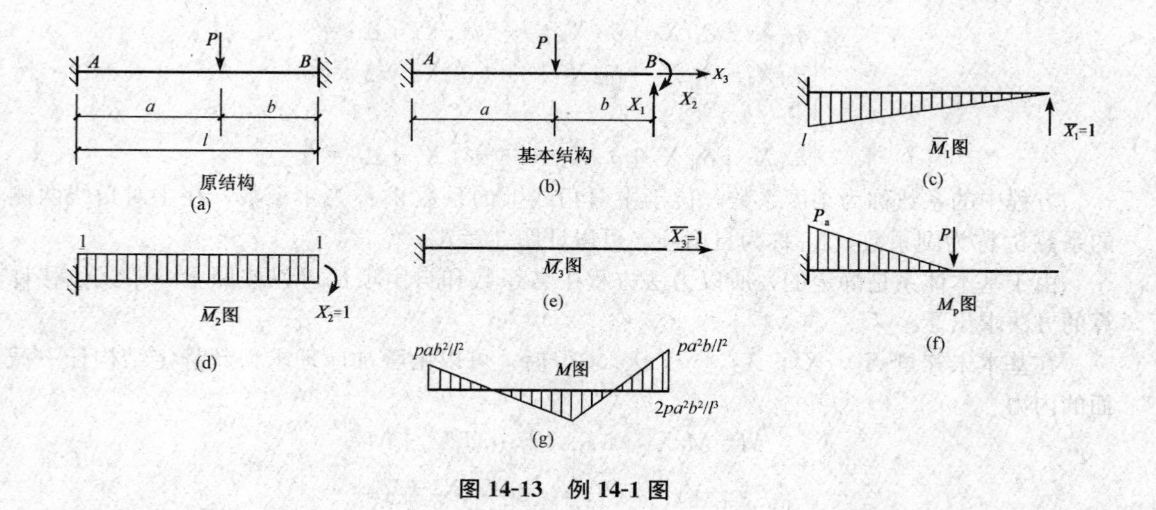

图 14-13　例 14-1 图

解：(1)选取基本体系。此梁具有三个多余约束，为三次超静定。取基本结构及三个多余力，如图 14-13(b)所示。

(2)建立力法典型方程。根据支座 B 处位移为零的条件，可以建立以下力法方程

$$\begin{cases}\delta_{11}X_1+\delta_{12}X_2+\delta_{13}X_3+\Delta_{1P}=0\\ \delta_{21}X_1+\delta_{22}X_2+\delta_{23}X_3+\Delta_{2P}=0\\ \delta_{31}X_1+\delta_{32}X_2+\delta_{33}X_3+\Delta_{3P}=0\end{cases}$$

其中，X_1 和 X_3 分别代表支座 B 处的竖向反力和水平反力，X_2 代表支座 B 处的反力偶。

(3)求系数和自由项。作基本结构的单位弯矩图和荷载弯矩图，如图 14-13(c)、(d)、(e)、(f)所示。利用图乘法求得力法方程的各系数和自由项为

$$\delta_{11}=\frac{1}{EI}\left(\frac{1}{2}\times l\times l\times\frac{2}{3}\times l\right)=\frac{l^3}{3EI}$$

$$\delta_{12}=\delta_{21}=-\frac{1}{EI}\left(\frac{1}{2}\times l\times l\times 1\right)=-\frac{l^2}{2EI}$$

$$\delta_{22}=\frac{1}{EI}(l\times 1\times 1)=\frac{l}{EI}$$

$$\delta_{13}=\delta_{31}=\delta_{23}=\delta_{32}=0$$

$$\Delta_{1P}=-\frac{1}{EI}\left[\frac{Pa}{2}\times a\times\left(l-\frac{a}{3}\right)\right]=-\frac{Pa^2(3l-a)}{6EI}$$

$$\Delta_{2P}=\frac{1}{EI}\left(\frac{1}{2}Pa\times a\times 1\right)=\frac{Pa^2}{2EI}$$

$$\Delta_{3P}=0$$

关于 δ_{33} 的计算分两种情况：不考虑轴力对变形的影响时，$\delta_{33}=0$；考虑轴力对变形的影响时，$\delta_{33}\neq 0$。

(4)求多余未知力。将以上各值代入力法方程，而在前两式中消去 $\frac{1}{6EI}$ 后，得

$$\begin{cases}2l^3X_1-3l^3X_2-Pa^2(3l-a)=0\\ -3l^2X_1+6lX_2+3Pa^2=0\end{cases}$$

解以上方程组求得

$$X_1=\frac{Pa^2(l+2b)}{l^3},\ X_2=\frac{Pa^2b}{l^2}$$

由力法方程的第三式求解 X_3 时，可以看出，按不同的假设有不同的结果。若不考虑轴力对变形的影响($\delta_{33}=0$)，则第三式变为

$$0\times\frac{Pa^2(l+2b)}{l^3}+0\times\frac{Pa^2b}{l^2}+0\times X_3+0=0$$

所以 X_3 为不定值。按此假设，不能利用位移条件求出轴力。如考虑轴力对变形的影响，则 $\delta_{33}\neq0$，而 Δ_{3P}仍为零，所以 X_3 的值为零。

(5)绘制弯矩图。用叠加公式 $M=\overline{M}_1X_1+\overline{M}_2X_2+\cdots+\overline{M}_nX_n+M_P$ 计算出两端的最后弯矩，画出最后弯矩图，如图 14-13(g)所示。

二、用力法求解超静定刚架

【例 14-2】 试作如图 14-14(a)所示刚架的弯矩图。设 EI 为常数。

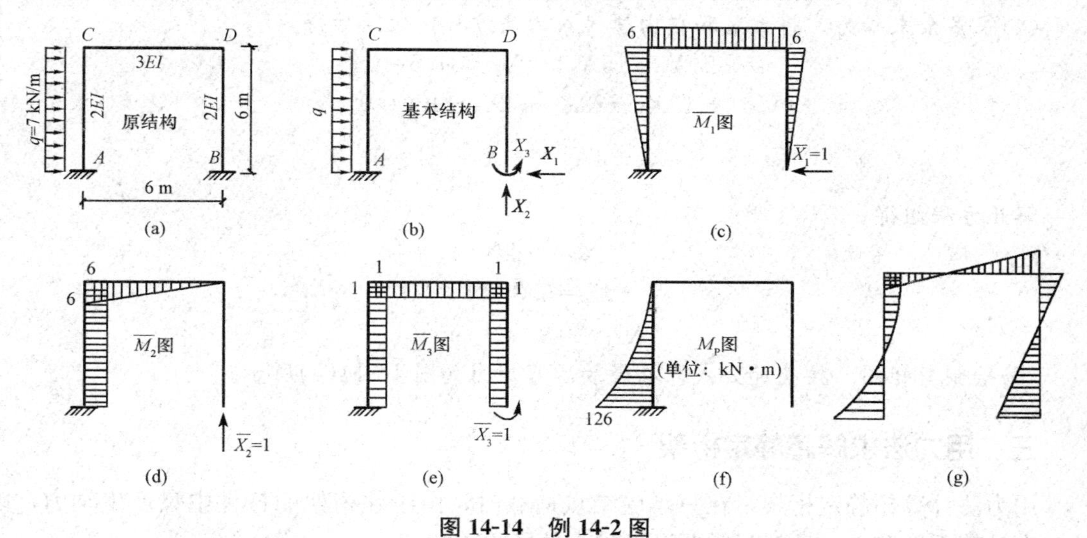

图 14-14 例 14-2 图

解：(1)选取基本体系。此刚架是三次超静定结构，去掉支座 B 处的三个多余约束代以多余力 X_1、X_2 和 X_3，得如图 14-14(b)所示的基本结构。

(2)建立力法典型方程。根据原结构在支座 B 处不可能产生位移的条件，建立力法方程如下。

$$\begin{cases}\delta_{11}X_1+\delta_{12}X_2+\delta_{13}X_3+\Delta_{1P}=0\\\delta_{21}X_1+\delta_{22}X_2+\delta_{23}X_3+\Delta_{2P}=0\\\delta_{31}X_1+\delta_{32}X_2+\delta_{33}X_3+\Delta_{3P}=0\end{cases}$$

(3)求系数和自由项。分别绘出基本结构的单位弯矩图和荷载弯矩图，如图 14-14(c)、(d)、(e)和(f)所示。用图乘法求得各系数和自由项如下：

$$\delta_{11}=\frac{2}{2EI}\left(\frac{1}{2}\times6\times6\times\frac{2}{3}\times6\right)+\frac{1}{3EI}(6\times6\times6)=\frac{144}{EI}$$

$$\delta_{22}=\frac{2}{2EI}(6\times6\times6)+\frac{1}{3EI}\left(\frac{1}{2}\times6\times6\times\frac{2}{3}\times6\right)=\frac{132}{EI}$$

$$\delta_{33}=\frac{2}{2EI}(1\times6\times1)+\frac{1}{3EI}(1\times6\times1)=\frac{8}{EI}$$

$$\delta_{12}=\delta_{21}-\frac{2}{2EI}\left(\frac{1}{2}\times6\times6\times6\right)-\frac{1}{3EI}\left(\frac{1}{2}\times6\times6\times6\right)=-\frac{90}{EI}$$

$$\delta_{13}=\delta_{31}-\frac{2}{2EI}\left(\frac{1}{2}\times6\times6\times6\right)-\frac{1}{3EI}\left(\frac{1}{2}\times6\times6\times1\right)=-\frac{30}{EI}$$

$$\delta_{32}=\delta_{32}\frac{2}{2EI}(6\times6\times1)-\frac{1}{3EI}\left(\frac{1}{2}\times6\times6\times1\right)=\frac{24}{EI}$$

$$\Delta_{1P}=\frac{1}{2EI}\left(\frac{1}{3}\times126\times6\times\frac{1}{4}\times6\right)=\frac{180}{EI}$$

$$\Delta_{2P}=-\frac{1}{2EI}\left(\frac{1}{3}\times126\times6\times6\right)=-\frac{756}{EI}$$

$$\Delta_{3P}=-\frac{1}{2EI}\left(\frac{1}{3}\times126\times6\right)=-\frac{126}{EI}$$

(4)求多余未知力。将系数和自由项代入力法方程，化简后得

$$24X_1-15X_2-5X_3+31.5=0$$
$$-15X_1+22X_2+4X_3-126=0$$
$$-5X_1+4X_2+\frac{4}{3}X_3-21=0$$

解此方程组得

$$X_1=9\ \text{kN}$$
$$X_2=6.3\ \text{kN}$$
$$X_3=30.6\ \text{kN}\cdot\text{m}$$

(5)绘制弯矩图。按叠加公式计算得最后弯矩图如图 14-14(g)所示。

三、用力法求解超静定桁架

用力法计算超静定桁架，在只承受结点荷载时，由于在桁架的杆件中只产生轴力，因此，在计算系数和自由项时只需要考虑轴力的影响，故

$$\delta_{ii}=\sum\frac{\overline{N}_i\overline{N}_i}{EA}l$$

$$\delta_{ij}=\sum\frac{\overline{N}_i\overline{N}_j}{EA}l$$

$$\delta_{iP}=\sum\frac{\overline{N}_iN_P}{EA}l$$

桁架杆件轴力图，同样可以由叠加原理求得

$$N=\overline{N_1}X_1+\overline{N_2}X_2+\cdots+\overline{N_n}X_n+N_P$$

【例 14-3】 求图 14-15(a)所示超静定桁架的内力，设各杆件的 EA 相同。

解：(1)选取基本体系。这是一次超静定结构。切断 BD 杆并代以相应的未知力 X_1，得到如图 14-15(b)所示的基本体系。

(2)建立力法典型方程。根据切口两侧截面沿杆轴向的相对线位移应等于零的位移条件，建立力法典型方程如下：

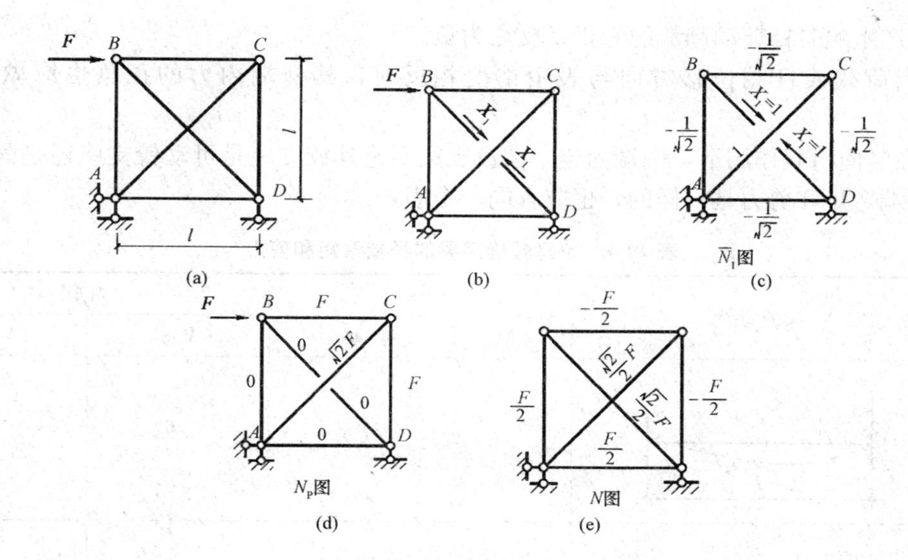

图 14-15　例 14-3 图

$$\delta_{11}X_1+\Delta_{1P}=0$$

(3)求系数及自由项。分别求出单位力 $X_1=1$ 和荷载单独作用于基本结构时所产生的轴力，如图 14-15(c)、(d)所示。计算各系数和自由项如下：

$$\delta_{11}=\sum\frac{\overline{N}_1\overline{N}_1 l}{EA}=\frac{1}{EA}\left[\left(-\frac{1}{\sqrt{2}}\right)^2\cdot l\times4+1^2\cdot\sqrt{2}l\times2\right]=\frac{2\times(1+\sqrt{2})l}{EA}$$

$$\Delta_{1P}=\sum\frac{\overline{N}_1 N_P l}{EA}=\frac{1}{EA}\left[\left(-\frac{1}{\sqrt{2}}\right)\cdot(-F)\cdot l\times2+1^2\cdot\sqrt{2}F\cdot\sqrt{2}l\right]=\frac{(2+\sqrt{2})Fl}{EA}$$

(4)求多余未知力。将系数和自由项代入典型方程求解，得

$$X_1=-\frac{\Delta_{1P}}{\delta_{11}}=\frac{-(2+\sqrt{2})Fl}{EA}\cdot\frac{EA}{2\times(1+\sqrt{2})l}=\frac{\sqrt{2}}{2}F$$

(5)求各杆的最后轴力。由公式 $N=\overline{N}_1X_1+N_P$ 求得各杆的轴力，如图 14-15(e)所示。例如，求 BC 杆的最后轴力：

$$N_{BC}=\left(-\frac{1}{\sqrt{2}}\right)\left(-\frac{\sqrt{2}}{2}F\right)-F=-\frac{F}{2}$$

第四节　等截面直杆的形常数和载常数

用力法可以计算出各种因素作用下单跨超静定梁的内力，表 14-1 中列出了一些计算成果。这些成果不仅可以供设计时直接查用，而且超静定结构的其他计算方法也可以使用。习惯上将杆端单位位移引起的杆端内力称为形常数或者刚度系数，将荷载或者温度变化引起的杆端内力称为载常数或者固端力。表中 $i=EI/l$ 称为杆件的线刚度。

查表注意事项：

(1)杆端弯矩和剪力的正负号规定。杆端弯矩以顺时针转向为正，反之为负；杆端剪力

是使杆件产生顺时针转动趋势的为正，反之为负。

(2)当荷载或杆端位移方向与表中情况相反时，其杆端内力的正负也应做相应的改变。

(3)在竖向荷载作用下，一端固定一端铰支梁不论其铰支座是可动铰支座还是固定铰支座，其杆端弯矩和剪力是一样的，也应查同一个表。

表 14-1　单跨超静定梁的杆端弯矩和剪力

编号	梁的简图	弯矩		弯矩	
		M_{AB}	M_{BA}	V_{AB}	V_{BA}
1	$\varphi=1$, EI, A, B, l	$4i$	$2i$	$-\frac{6l}{i}$	$-\frac{6l}{i}$
2	A, B, l	$-\frac{6i}{l}$	$-\frac{6i}{l}$	$\frac{12i}{l^2}$	$\frac{12i}{l^2}$
3	F, a, b, A, B, l	$-\frac{Fab^2}{l^2}$	$\frac{Fab^2}{l^2}$	$\frac{Fa^2(l+2b)}{l^3}$	$-\frac{Fa^2(l+2b)}{l^3}$
4	q, A, B, l	$-\frac{ql^2}{12}$	$\frac{ql^2}{12}$	$\frac{ql}{2}$	$-\frac{ql}{2}$
5	q, A, B, l	$-\frac{ql^2}{20}$	$\frac{ql^2}{30}$	$\frac{7ql}{20}$	$-\frac{3ql}{20}$
6	a, b, A, M, B, l	$M\frac{b(3b-l)}{l^2}$	$M\frac{a(3b-l)}{l^2}$	$-M\frac{6ab}{l^3}$	$-M\frac{6ab}{l^3}$
7	$\Delta t=t_2-t_1$, t_1, t_2, A, B, l	$-\frac{EI\alpha\Delta t}{h}$	$\frac{EI\alpha\Delta t}{h}$	0	0

编号	梁的简图	弯矩		弯矩	
		M_{AB}	M_{BA}	V_{AB}	V_{BA}
8	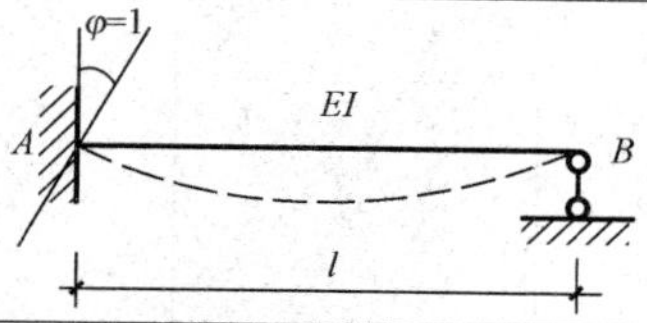 $\varphi=1$, EI, A, B, l	$3i$	0	$-\frac{3i}{l}$	$-\frac{3i}{l}$
9	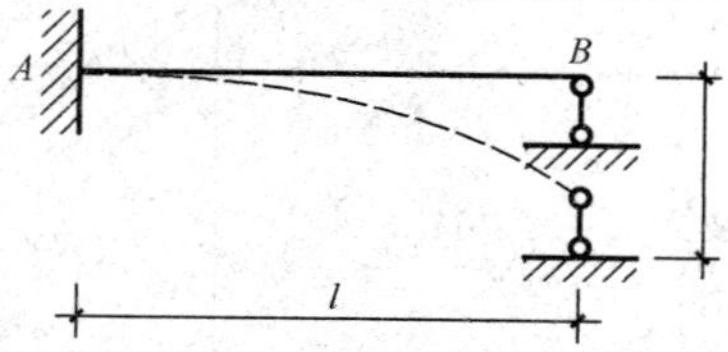 A, B, l	$-\frac{3i}{l}$	0	$\frac{3i}{l^2}$	$\frac{3i}{l^2}$
10	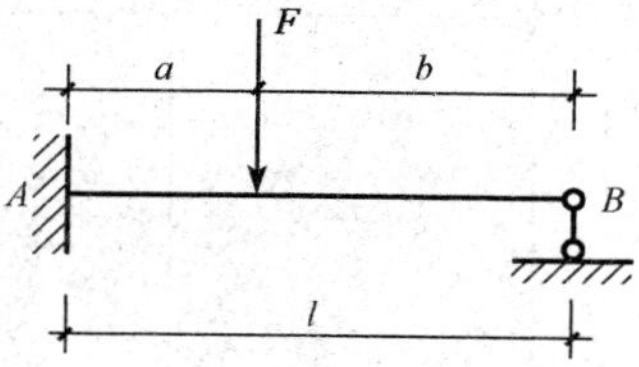 F, a, b, A, B, l	$-\frac{Fab(l+b)}{2l^2}$	0	$\frac{Fb(3l^2-b^2)}{2l^3}$	$-\frac{Fa^2(2l+b)}{2l^3}$
11	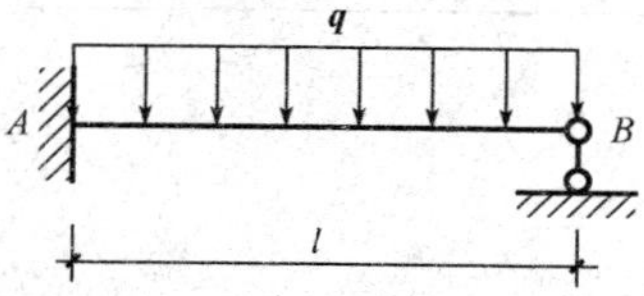 q, A, B, l	$-\frac{ql^2}{8}$	0	$\frac{5ql}{8}$	$-\frac{3ql}{8}$
12	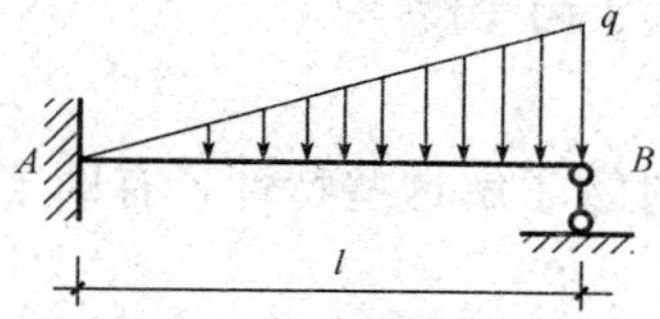 q, A, B, l	$-\frac{7ql^2}{120}$	0	$\frac{9ql}{40}$	$-\frac{11ql}{40}$
13	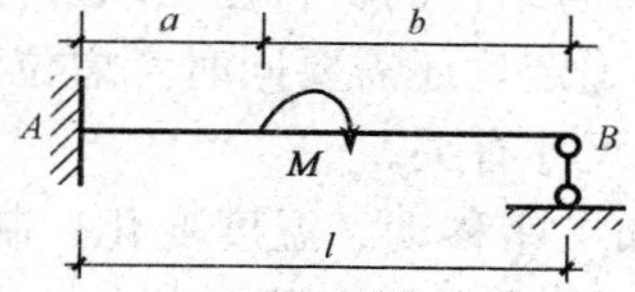 a, b, A, M, B, l	$M\frac{l^2-3b^2}{2l^2}$	0	$-M\frac{3(l^2-b^2)}{2l^3}$	$-M\frac{3(l^2-b^2)}{2l^3}$
14	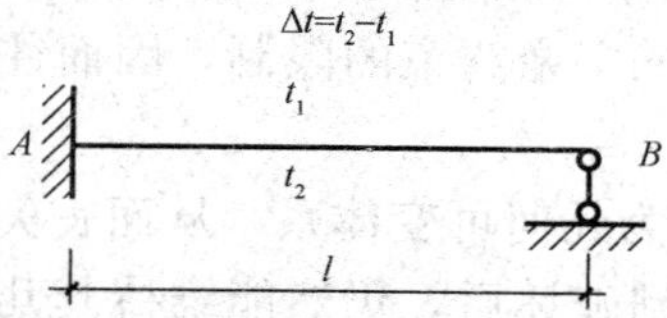 $\Delta t=t_2-t_1$, t_1, t_2, A, B, l	$-\frac{3EI\alpha\Delta t}{2h}$		$\frac{3EI\alpha\Delta t}{2hl}$	$\frac{3EI\alpha\Delta t}{2hl}$
15	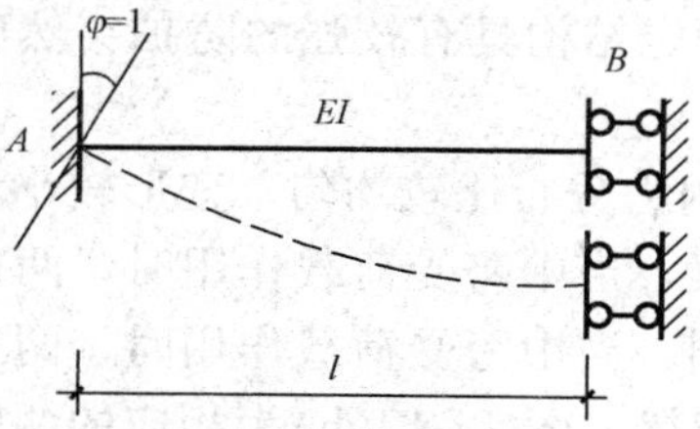 $\varphi=1$, EI, A, B, l	i	$-i$	0	0

续表

编号	梁的简图	弯矩		弯矩	
		M_{AB}	M_{BA}	V_{AB}	V_{BA}
16	F; a; b; A; B; l	$\frac{Fa}{2l}(2l-a)$	$-\frac{Fa^2}{2l}$	F	0
17	q; A; B; l	$-\frac{ql^2}{3}$	$-\frac{ql^2}{6}$	ql	0
18	$\Delta t=t_2-t_1$; t_1; t_2; A; B; l	$-\frac{EI\alpha\Delta t}{h}$	$\frac{EI\alpha\Delta t}{h}$	0	0

第五节　超静定结构的特性

超静定结构与静定结构相比，具有以下一些重要特性。了解这些特性，有助于加深对超静定结构的认识，并更好地应用它们。

(1)静定结构的内力只用静力平衡条件即可确定，其值与结构的材料性质以及杆件截面尺寸无关。超静定结构的内力单由静力平衡条件不能全部确定，还需要同时考虑位移条件。所以，超静定结构的内力与结构的材料性质以及杆件截面尺寸有关。

(2)在静定结构中，除了荷载作用以外的其他因素(如支座移动、温度变化、制造误差等)都不会引起内力。在超静定结构中，任何上述因素作用，通常都会引起内力。这是由于上述因素都将引起结构变形，而此种变形由于受到结构的多余约束的限制，因而往往使结构中产生内力。

(3)静定结构在任何一个约束遭到破坏后，便立即成为几何可变体系，从而丧失了承载能力。而超静定结构由于具有多余约束，在多余约束遭到破坏后，仍然能维持其几何不变性，因而还具有一定的承载能力。因此超静定结构比静定结构具有较强的防护突然破坏能力。在设计防护结构时，应该选择超静定结构。

(4)超静定结构由于具有多余约束，一般地说，其内力分布比较均匀，变形较小，刚度比相应的静定结构要大些。例如图 14-16(a)所示连续梁，当中跨受荷载作用时，两边跨也将产生内力。但如图 14-16(b)所示的多跨静定梁则不同，当中跨受荷载作用时，两边跨只随着转动，但不产生内力。又如图 14-17(a)为两跨连续梁，图 14-17(b)为相应的两跨静定梁，在相同荷载作用下，前者的最大挠度及弯矩峰值都较后者为小。

因此，从结构的内力分布情况看，超静定结构比静定结构要均匀些。

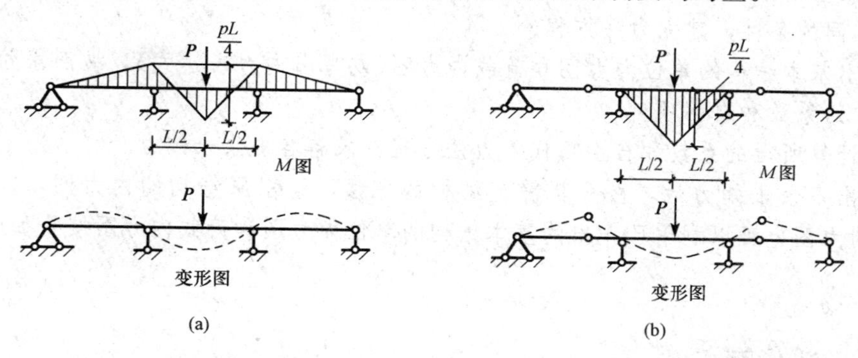

图 14-16　多跨连续梁与静定梁受力比较

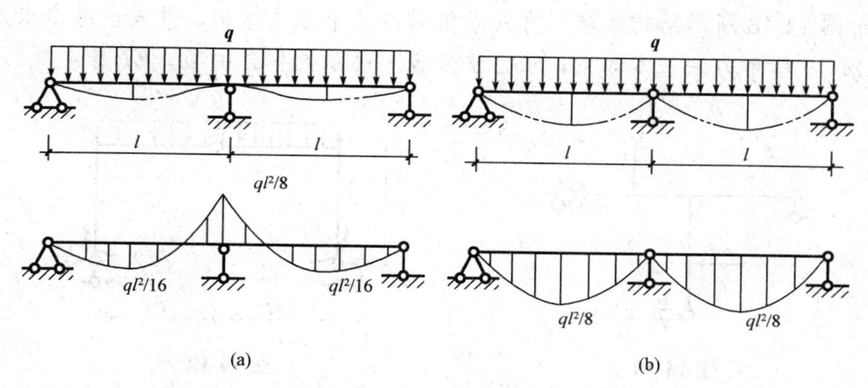

图 14-17　两跨连续梁与静定梁受力比较

本章小结

超静定结构与静定结构相比具有较多的约束，以多出的约束力作为基本未知量来解超静定结构的方法称为力法。它的主要优点是通过基本结构，使超静定结构的计算问题自始至终都在静定的基本结构上进行，可以利用静定结构的计算方法，达到计算超静定结构的目的。利用这种方法，可以计算各种类型的超静定结构，适用性较强。

1. 力法的基本思路。

力法的基本思路就是把超静定结构的计算转化为静定结构的计算，利用已熟悉的静定结构的计算方法，来解决超静定结构的问题。其具体过程包括：把原结构中的多余约束去掉，并用多余力代替，得到其基本结构，用多余力作为力法的基本未知量；根据变形协调条件，建立力法的典型方程；解方程求得多余力后，按静定结构或叠加原理绘制最终的内力图。

2. 用力法计算超静定结构的步骤。

(1)去掉结构的多余约束得静定的基本结构，并以多余未知力代替相应的多余约束的作用。在选取基本结构的形式时，以使计算尽可能简单为原则。

(2)根据基本结构在多余力和荷载共同作用下，在去掉多余约束处的位移应与原结构相应的位移相同的条件，建立力法方程。

(3)作出基本结构的单位内力图和荷载内力图(或写出内力表达式)，按照求位移的方法计算方程中的系数和自由项。

(4)将计算所得的系数和自由项代入力法方程，求解各多余未知力。

(5)求出多余未知力后，按分析静定结构的方法，绘出原结构的内力图，即最后内力图。最后内力图也可以利用已作出的基本结构的单位内力图和荷载内力图按叠加原理求得。

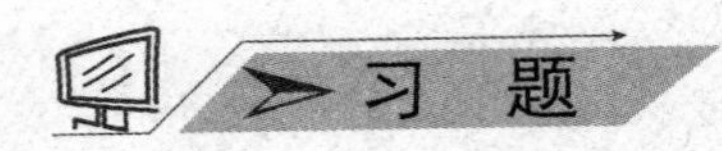

1. 对于图 14-18 所示结构选取用力法求解时的两个基本结构，并画出基本未知量。

2. 图 14-19 所示力法基本体系，求力法方程中的系数和自由项。EI 是常数。

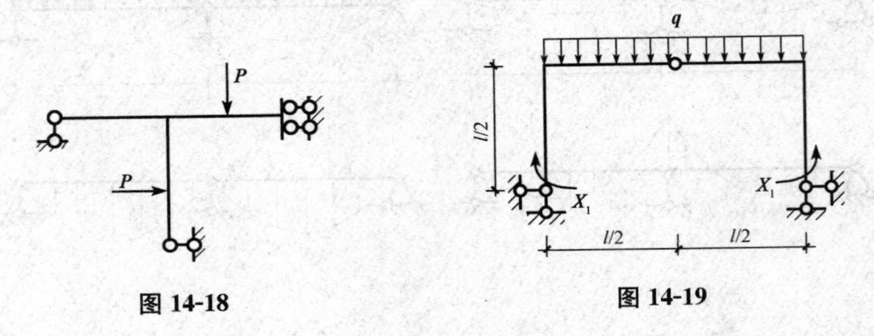

图 14-18

图 14-19

3. 图 14-20 所示为力法基本体系，求力法方程中的系数 δ_{11} 和自由项 Δ_{1P}。EI 是常数。

4. 图 14-21 所示为力法基本体系，求力法方程中的系数 δ_{11} 和自由项 Δ_{1P}。各杆 EI 相同。

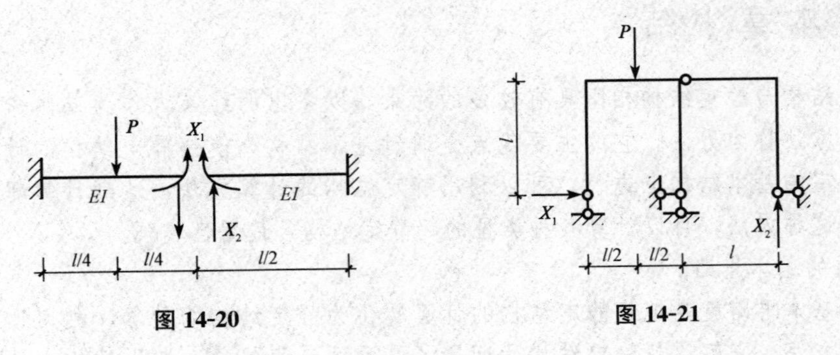

图 14-20

图 14-21

5. 图 14-22 所示为力法基本体系，EI 为常数。已知 $\delta_{11}=\dfrac{4l}{3EI}$，$\Delta_{1P}=-\dfrac{ql^4}{8EI}$。试作原结构 M 图。

6. 已知图 14-23 所示基本体系对应的力法方程系数和自由项如下：$\delta_{11}=\delta_{22}=l^3/(2EI)$，$\delta_{12}=\delta_{21}=0$，$\Delta_{1P}=-5ql^4/(48EI)$，$\Delta_{2P}=ql^4/(48EI)$，作最后 M 图。

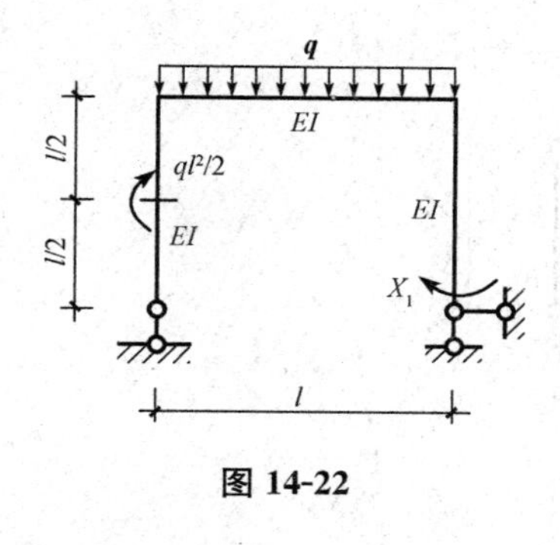

图 14-22

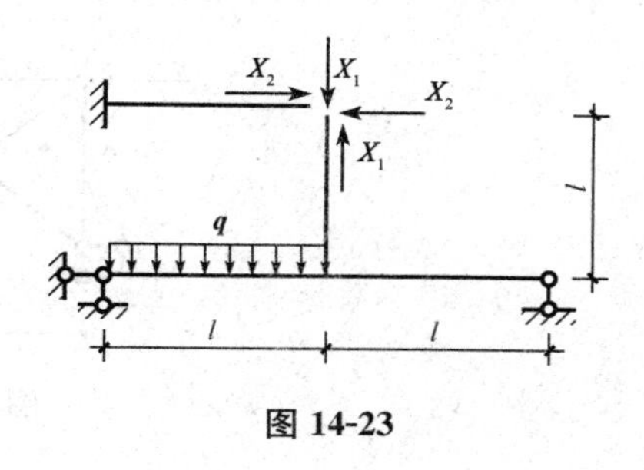

图 14-23

7. 用力法计算并作图 14-24 所示结构 M 图。

8. 用力法计算并作图 14-25 所示结构 M 图。EI 为常数。

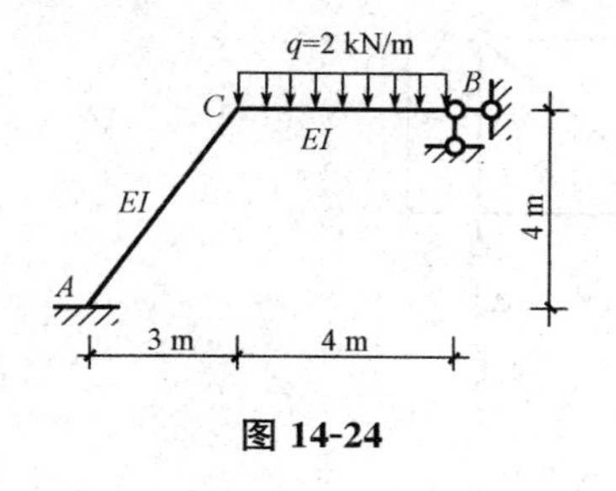

图 14-24

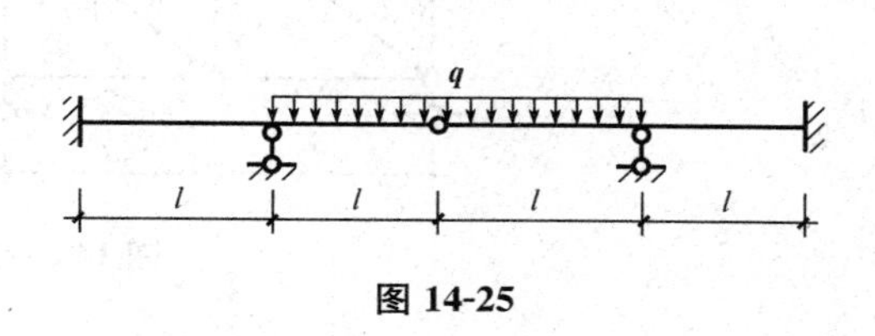

图 14-25

9. 用力法计算并作图 14-26 所示结构 M 图。EI 为常数。

10. 用力法计算并作图 14-27 所示结构 M 图。

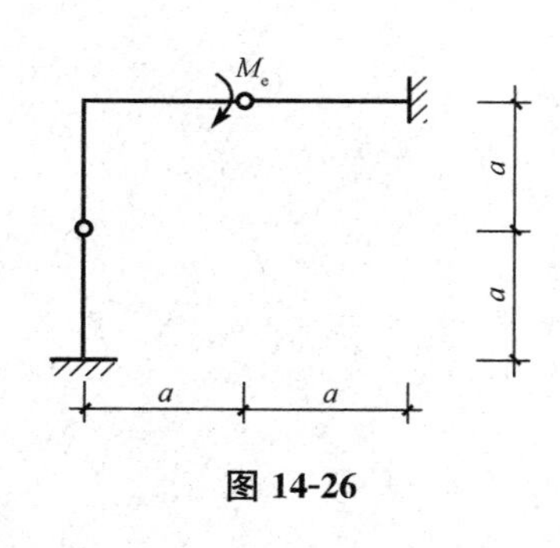

图 14-26

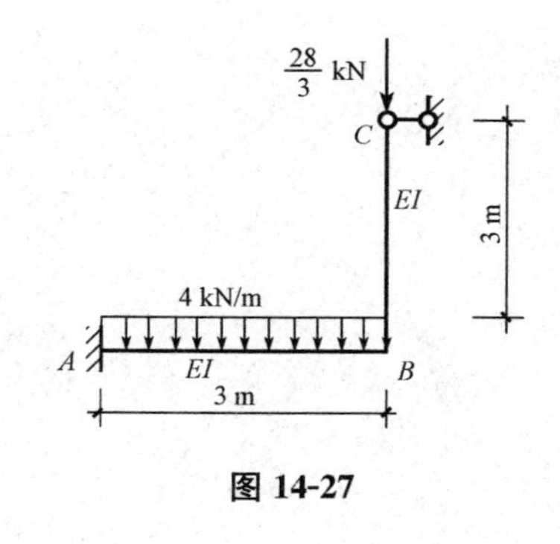

图 14-27

11. 用力法计算并作图 14-28 所示结构 M 图。

12. 用力法求图 14-29 所示桁架杆 AC 的轴力。各杆 EA 相同。

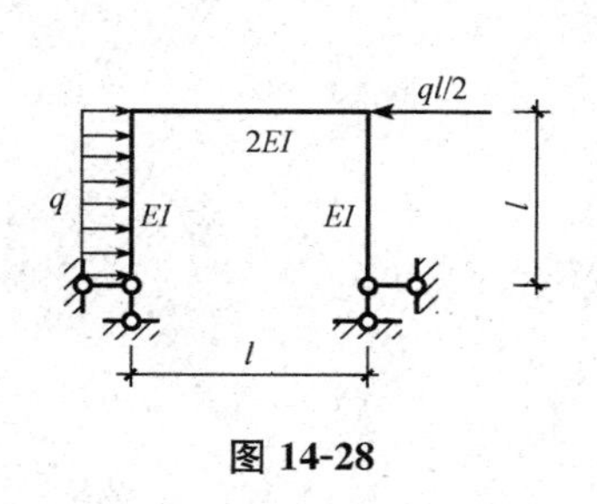

图 14-28

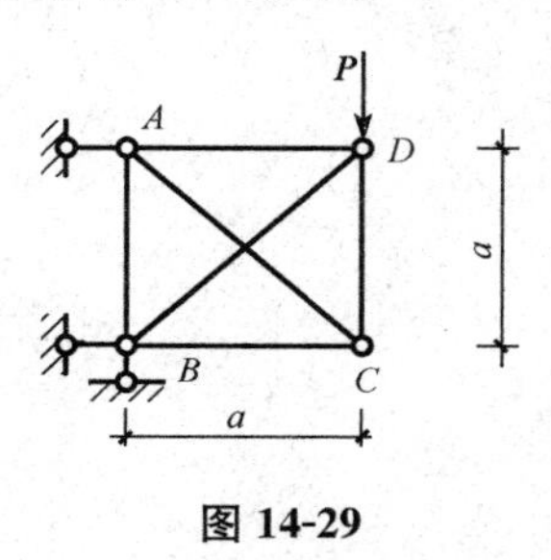

图 14-29

13. 用力法求图 14-30 所示桁架杆 BC 的轴力。各杆 EA 相同。

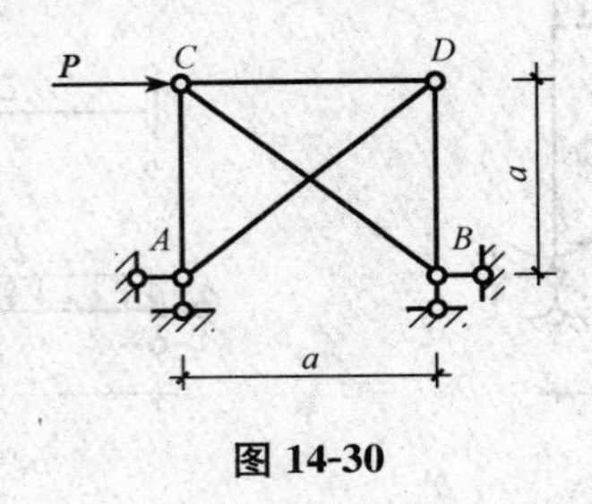

图 14-30

14. 用力法计算图 14-31 所示桁架中杆件 1、2、3、4 的内力。各杆 EA 为常数。

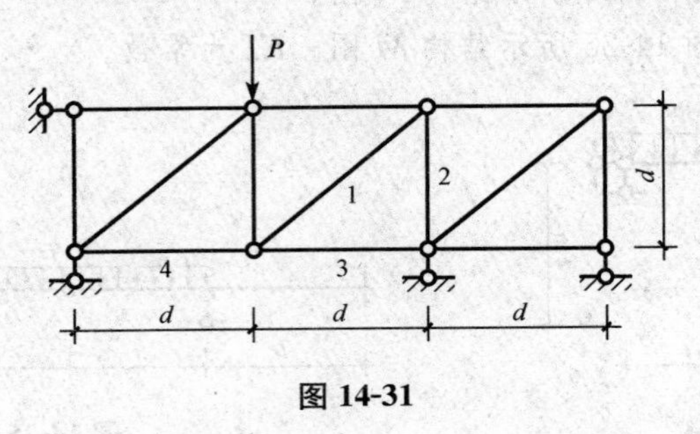

图 14-31

第十五章　位移法

教学目标

1. 掌握位移法的基本思路；
2. 掌握位移法基本未知量的确定；
3. 熟练利用位移法求解超静定结构。

第一节　概　　述

力法和位移法是超静定结构受力分析的两种基本方法。力法是分析超静定结构的最基本且历史悠久的一种方法，早在 19 世纪末就已在各种超静定结构的分析中得到应用，随着钢筋混凝土结构的问世，大量高次超静定刚架的出现，用力法计算时，由于其基本未知量的增多，计算起来十分麻烦。于是，20 世纪初又在力法计算的基础上建立了位移法。

位移法是解超静定结构的基本方法之一，也是力矩分配法、矩阵位移法的基础。

一、位移法的基本思路

应用力法求解超静定结构，是以多余约束力为基本未知量，取与原结构受力等效，位移协调的静定结构为基本结构，由位移协调条件建立基本方程求解基本未知力，再利用静力平衡条件进一步求出结构中的其他内力、支座反力和位移。然而，在一定的外因作用下，结构的内力与位移之间具有恒定的关系，即：确定的内力只与确定的位移相对应。因此，在分析超静定结构时，也可以把结构中的某些位移作为基本未知量，首先将这些位移求解出来，然后，再据此计算结构的内力，这便是位移法。力法是以多余未知力为基本未知量，位移法则是以某些结点的位移(包括结点的角位移和结点的线位移)作为基本未知量，这是力法和位移法的基本区别之一。

利用位移法计算超静定结构的方法有两种：一是直接利用平衡条件建立位移法方程；二是和力法类似，建立位移法的典型方程。其实这两种方法本质上是一样的，而前一种方法思路清晰、过程简单、更容易理解，所以本章主要介绍前一种方法。

为了说明位移法的基本概念，现以图 15-1(a)所示超静定刚架(各杆 EI 为常数)为例来分析其位移。在荷载 F 作用下，刚架将发生图中虚线所示的变形，刚结点 B 处的两端均发生相同的转角位移 φ_B。在结构分析中，对于受弯杆件来说，通常都略去杆件轴向变形和剪切变形的影响，且认为弯曲变形是微小的，因而可假定结构中各杆两端之间的距离在变形前后仍保持不变，因而结点 B 处没有线位移。在图 15-1 所示刚架中，由于固定支座 A 和固定铰支座C处都不能产生移动，而B结点与A、C两结点之间的距离又保持不变，因此，B结点处没有线位移而只有角位移φ_B。

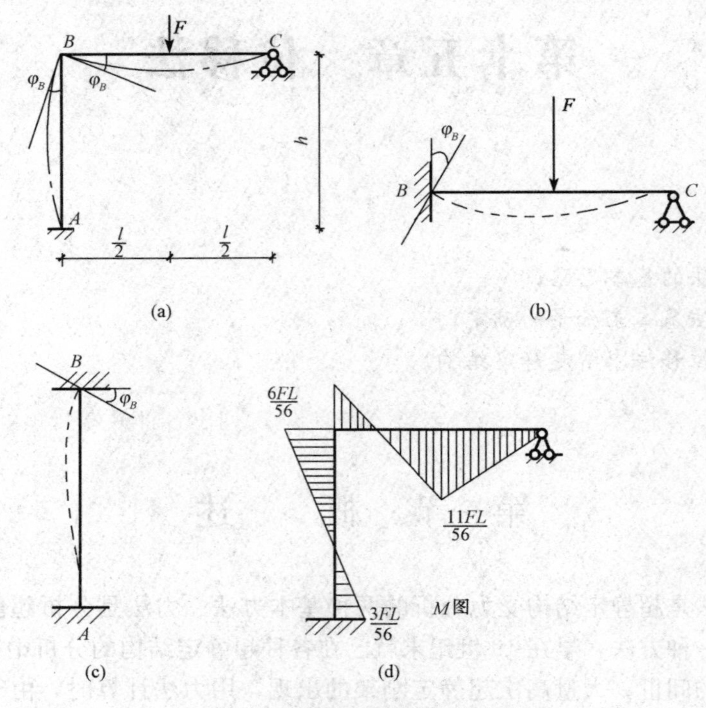

图 15-1　超静定刚架受力分析

如何根据B点的角位移来确定各杆的内力呢？图 15-1 所示刚架，是由两根杆件组成的，现在我们先对每根杆件进行研究。如果将刚结点B看成固定支座，则BC杆可视为一根一端固定一端铰支的单跨超静定梁，其上除了受到荷载$\boldsymbol{F}$的作用外，在固定支座B处还发生了转角位移φ_B，如图 15-1(b)所示；同理，BA杆则可视为两端固定的单跨超静定梁，而在固定端B处发生了转角φ_B，如图 15-1(c)所示。根据表 14-1 可写出各杆的杆端弯矩如下(注意到BC杆既有荷载，又有结点角位移，故应叠加)：

$$M_{AB}=2i\varphi_B$$

$$M_{BA}=4i\varphi_B$$

$$M_{BC}=3i\varphi_B-\frac{F\times\frac{l}{2}\times\frac{l}{2}\times\left(l+\frac{l}{2}\right)}{2l^2}=3i\varphi_B-\frac{3}{16}Fl$$

$$M_{CB}=0$$

以上各式表示等截面直杆杆端力与杆端位移之间的关系，即用结点B处的角位移φ_B表示的杆端弯矩方程，所以又称为转角位移方程。由于φ_B是未知量，因而各杆端的杆端弯矩尚不能确定。为了确定φ_B，可以利用刚性结点B处力矩的代数和等于零的平衡条件，即由$\sum M_B=0$可得

$$M_{BC}+M_{BA}=0$$

将M_{BC}、M_{BA}表达式代入上式，求得

$$i\varphi_B=\frac{3}{112}Fl$$

再将 $i\varphi_B$ 代回各杆端弯矩式得到

$$M_{AB}=\frac{3}{56}Fl$$

$$M_{BA}=\frac{6}{56}Fl$$

$$M_{BC}=-\frac{6}{56}Fl$$

$$M_{BC}=0$$

据此便可以作出该刚架的弯矩图，如图 15-1(d)所示。

综上所述，位移法的基本思路是：

(1)分析结构的结点位移情况，确定基本未知量。

(2)将结构的各杆拆分为单跨超静定梁，查表 14-1 列出各杆杆端弯矩的表达式。

(3)利用平衡条件建立位移法基本方程，求解基本未知量。

(4)将求出的基本未知量代回杆端弯矩的表达式计算各杆的杆端弯矩。

(5)作内力图。

二、位移法的基本未知量

如前所述，位移法是以结点位移作为基本未知量。结点位移有两种，即结点角位移(转角)和结点线位移，因此，必须先确定位移法的基本未知量的数目。

1. 结点角位移数目的确定

位移法计算超静定刚架时，是以单跨超静定梁的转角位移方程作为计算基础的。由于刚架内部每个刚性结点都有可能发生角位移，并且汇交于同一刚性结点处的各杆端的转角就等于该刚结点的转角。因此，结构中角位移基本未知量的数目就等于结构内部刚性结点的数目。即只要确定了刚性结点的个数，也就确定了结点角位移的数目。如图 15-2 所示的刚架，其结构内部只有 B、C 两个刚性结点，因此也就只有两个角位移未知量。

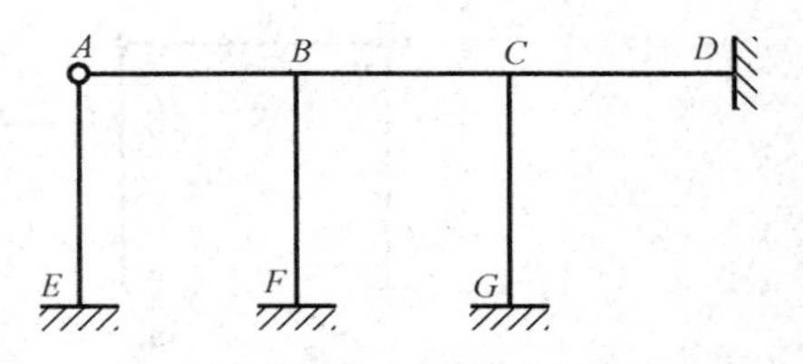

图 15-2　结点角位移数目的确定

分解位移法单元杆时，刚结点作为固定端支座，其杆端转角与结点转角相同(杆端是固定端支座的转角为零)；铰结点作为铰支座，其转角不独立(铰支座转角也可由其他位移表示)。

2. 结点线位移数目的确定

一个点在平面内有两个可移动的自由度，因此，平面刚架中每个结点处若不受约束，则必有两个线位移。为了简化计算，通常都假定结构的变形是微小的，对于受弯构件则可以忽略剪切变形与轴向变形对结构变形的影响，即认为杆件在变形前后的长度保持不变。这样就可以将每根受弯构件当作一根刚性链杆的约束。在此情况下，明确独立的结点线位移个数通常有两种方法。

(1)直观观察法。对于一般的刚架，独立结点线位移的数目可以直接观察确定。如图 15-3

所示的刚架，若不考虑各杆长度变化时，结点 1、2、3 没有竖向位移而只有水平位移 Δ_1、Δ_2 和 Δ_3，且 $\Delta_1=\Delta_2=\Delta_3$，即该刚架只有一个独立的结点线位移 Δ。

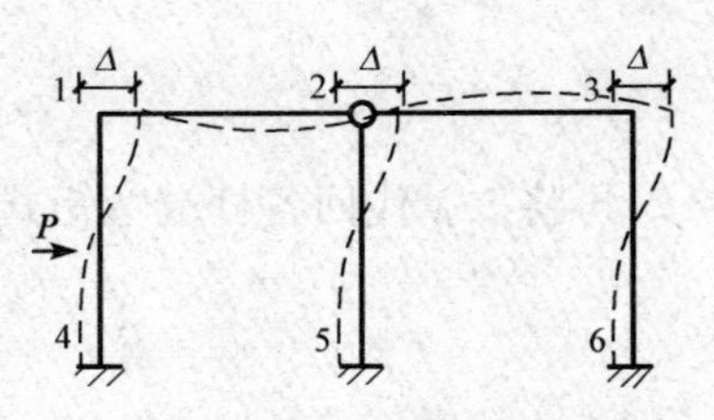

图 15-3　直观观察法确定结点线位移数目

(2)铰化结点判定法。对于比较复杂的结构，常采用“铰化结点，增设链杆”的方法，即把结构中所有的刚性连接(刚结点和固定支座)全部变成铰接，从而使得结构变成完全铰结体系。然后分析完全铰化后的铰接体系的几何组成。若体系为几何不变，则结构没有结点线位移；若结构为几何可变体系，须将凡是可动的结点，用增设附加链杆的方法使其不动，从而使整个体系变成几何不变体系，最后计算出所需增设附加链杆的最少个数，即为结构的独立结点线位移个数。例如，图 15-4(a)所示刚架，变成铰接体系后[图 15-4(b)]，只需增设 2 根附加链杆的约束就能变成几何不变体系，则该刚架只有 2 个独立结点线位移；又如图 15-5(a)所示刚架，变成铰接体系后[图 15-5(b)]，只需增设 2 根附加链杆的约束就能变成几何不变体系，则该刚架只有 2 个独立结点线位移。

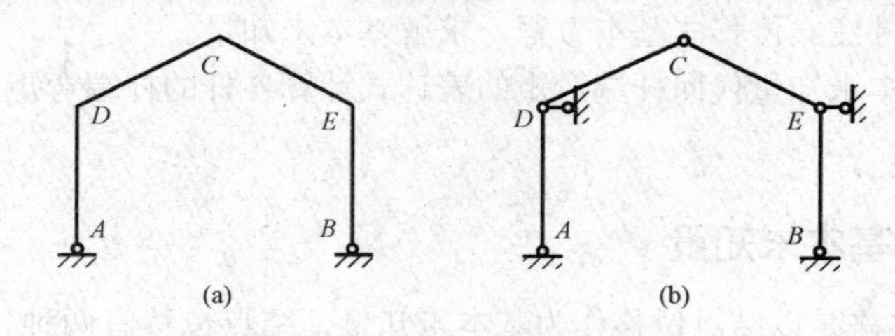

图 15-4　铰化结点判定法(一)

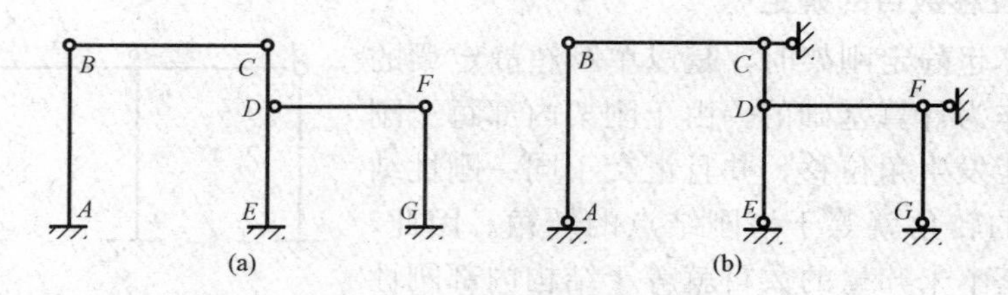

图 15-5　铰化结点判定法(二)

综上所述，位移法基本未知量的数目，等于结构中结点角位移的数目和独立结点线位移的数目之和。

第二节　等截面直杆的转角位移方程

如上所述，用位移法计算超静定刚架时，每根杆件都可以看成是单跨超静定梁。在计算过程中，需要用力法先求解出单跨超静定梁在杆端发生转动或移动，以及荷载等外因作用下的杆端弯矩和剪力。本节先导出其杆端弯矩的计算公式。

一、由杆端位移引起的杆端力

如图 15-6(a)所示两端固定的单跨超静定梁，两端的支座发生了位移。已知 A 端的转角位移为φ_A，B端的转角位移为φ_B，A、B两端在垂直于杆轴方向上的相对线位移(亦简称侧移)为Δ_{AB}(AB杆沿水平方向和竖直方向的平行移动，均不引起杆端内力，故只需考虑A、B两点间的相对线位移的影响)。现求由其引起的杆端内力。关于它们的正负号规定如下：

(1)杆端转角φ_A、φ_B均以顺时针方向为正；杆件两端的相对线位移Δ_{AB}则以使整个杆件顺时针方向转动为正。

(2)杆端弯矩规定以对杆端以顺时针方向旋转为正(对结点或支座则以反时针方向旋转为正)。

(3)杆端剪力的正负号规定同前。

图 15-6 所示的杆端弯矩及位移均以正值标出。

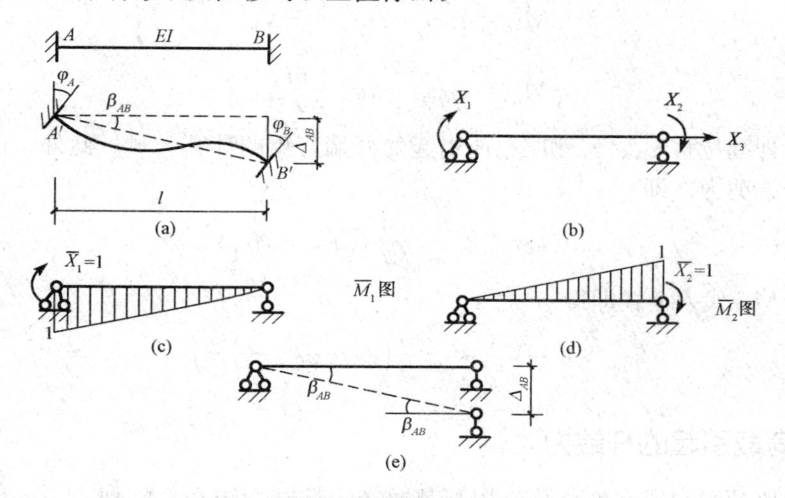

图 15-6 两端固定的单跨超静定受力分析

用力法求解这一问题时，可取如图 15-6(b)所示的简支梁为基本结构，其多余约束反力为杆端弯矩X_1、X_2和轴力X_3。目前，可以认为轴向约束反力X_3对梁的弯矩并没有影响，可不予考虑，只需求解X_1和X_2。

根据沿X_1和X_2方向的位移条件，可建立力法方程如下：

$$\delta_{11}X_1+\delta_{12}X_2+\Delta_{1\Delta}=\varphi_A$$

$$\delta_{12}X_2+\delta_{22}X_2+\Delta_{2\Delta}=\varphi_B$$

式中的系数和自由项均可按前面的方法求得。作出$\overline{M_1}$图[图 15-6(c)]、$\overline{M_2}$图[图 15-6(d)]后，由图乘法可得系数

$$\delta_{11}=\frac{l}{3EI}$$

$$\delta_{22}=\frac{l}{3EI}$$

$$\delta_{12}=\delta_{21}=\frac{l}{6EI}$$

自由项$\Delta_{1\Delta}$和$\Delta_{2\Delta}$是由于支座移动所引起的简支梁两端的转角位移，由图 15-6(e)可见，支座转动并不使基本结构产生任何转角位移；而支座两端相对线位移所引起的两端转角为

$$\Delta_{1\Delta}=\Delta_{2\Delta}=\beta_{AB}=\frac{\Delta_{AB}}{l}$$

式中，β_{AB}称为弦转角，亦以顺时针方向为正。

将以上所求得的系数和自由项代入力法方程解得

$$X_1=\frac{4EI}{l}\varphi_A+\frac{2EI}{l}\varphi_B-\frac{6EI}{l^2}\Delta_{AB}$$

$$X_2=\frac{4EI}{l}\varphi_B+\frac{2EI}{l}\varphi_A-\frac{6EI}{l^2}\Delta_{AB}$$

为了方便，令$i=\frac{EI}{l}$，称为杆件的线刚度。再以弯矩符号M_{AB}代替X_1，用M_{BA}代替X_2，上式便可写成

$$M_{AB}=4i\varphi_A+2i\varphi_B-\frac{6i}{l}\Delta_{AB}$$

$$M_{BA}=4i\varphi_B+2i\varphi_A-\frac{6i}{l}\Delta_{AB}$$

这就是由杆端位移φ_A、φ_B和Δ_{AB}所引起的杆端弯矩的计算公式。此外，由静力平衡条件还可求出杆端剪力。即

$$V_{AB}=V_{BA}=-\frac{1}{l}(M_{AB}+M_{BA})$$

将M_{AB}、M_{BA}代入上式即得

$$V_{AB}=V_{BA}=-\frac{6i}{l}\left(\varphi_A+\varphi_B-\frac{2\Delta_{AB}}{l}\right)$$

二、由荷载引起的杆端力

任意一单跨超静定梁在外荷载作用下都要产生杆端弯矩和杆端剪力。一般将荷载作用下所产生的杆端弯矩称为固端弯矩，记为M_{AB}^F和M_{BA}^F；其杆端剪力称为固端剪力，记为V_{AB}^F和V_{BA}^F。它们的正负号规定与十四章中的规定相同。由力法均可求解出在不同荷载作用下的等截面直杆的固端弯矩和固端剪力，见表14-1。

三、等截面直杆的刚度方程

1. 两端固定梁

若单跨超静定梁除了上述支座位移的作用外，还受到荷载及温度改变等外因的作用，则最后弯矩为上述杆端位移引起的弯矩叠加上荷载及温度变化等外因引起的弯矩，即

$$\left.\begin{aligned}M_{AB}&=4i\varphi_A+2i\varphi_B-\frac{6i}{l}\Delta_{AB}M_{AB}^F\\M_{BA}&=4i\varphi_B+2i\varphi_A-\frac{6i}{l}\Delta_{AB}M_{BA}^F\end{aligned}\right\}\tag{15-1}$$

式(15-1)是两端固定等截面梁的杆端弯矩的一般计算公式，通常称为等截面直杆的刚度方程，也称为等截面直杆的转角位移方程。

杆端剪力的一般计算公式为

$$\left.\begin{aligned}V_{AB}&=-\frac{6i}{l}(\varphi_A+\varphi_B)+\frac{12i\Delta_{AB}}{l^2}+V_{AB}^F\\V_{BA}&=-\frac{6i}{l}(\varphi_A+\varphi_B)+\frac{12i\Delta_{AB}}{l^2}+V_{BA}^F\end{aligned}\right\}\tag{15-2}$$

2. 一端固定一端铰支梁

对于一端固定另一端铰支的等截面超静定梁，其刚度方程可由式(15-1)导出。假设 A 端固定，B 端铰支，则

$$M_{AB}=3i\varphi_A-\frac{3i}{l}\Delta_{AB}+M_{AB}^{F}$$

$$M_{BA}=0$$

其杆端剪力的一般计算公式为

$$V_{AB}=-\frac{3i\varphi_A}{l}+\frac{3i\Delta_{AB}}{l^2}+V_{AB}^{F}$$

$$V_{BA}=-\frac{3i\varphi_A}{l}+\frac{3i\Delta_{AB}}{l^2}+V_{BA}^{F}$$

3. 一端固定一端定向支承梁

对于一端固定一端定向支承的等截面梁，其刚度方程也可由式(15-1)和式(15-2)导出。假设 A 端固定，B 端为定向支承，则

$$M_{AB}=i\varphi_A+M_{AB}^{F}$$

$$M_{BA}=i\varphi_A+M_{BA}^{F}$$

需要强调的是，前面的刚度方程虽然是根据两端固定或一端固定、一端铰支或者一端固定、一端为定向支座的梁推导出来的，但同样可以应用于刚架中承受有一定轴力的杆件。这是因为在小变形的条件下，轴力与弯曲内力、弯曲变形之间的相互影响可以忽略不计。

第三节　用位移法计算超静定结构

一、无侧移结构计算

只有结点角位移而无结点线位移的结构称为无侧移结构。连续梁和无侧移刚架就属于此类结构。因为只有角位移，只需建立刚结点的力矩平衡方程就可以求解出基本未知量，进而计算杆端弯矩绘制内力图。

【例 15-1】 用位移法作连续梁的弯矩图，如图 15-7(a)所示。已知 $F=\frac{3}{2}ql$，各杆刚度 EI 为常数。

解：(1)确定基本未知量。连续梁只有一个刚结点 B，基本未知量为 B 结点的角位移 θ_B。

(2)将连续梁拆成两个单跨超静定梁，如图 15-7(b)所示。

(3)利用等截面直杆的刚度方程，列出各杆件的杆端弯矩方程(两杆的线刚度相等)：

$$M_{AB}=2i\theta_B-\frac{1}{8}Fl=2i\theta_B-\frac{3}{16}ql^2$$

$$M_{BA}=4i\theta_B+\frac{1}{8}Fl=4i\theta_B+\frac{3}{16}ql^2$$

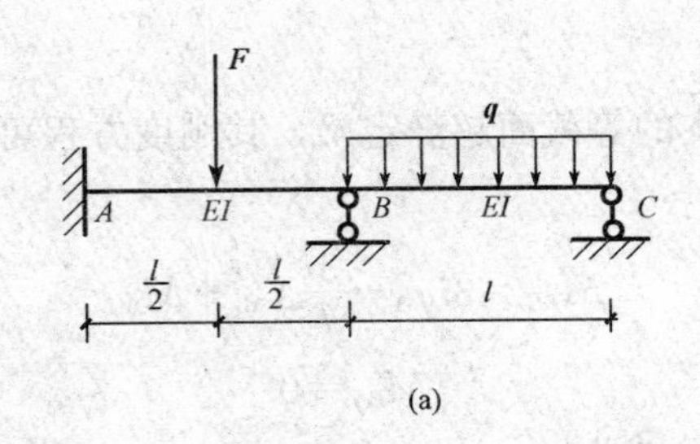

(a)

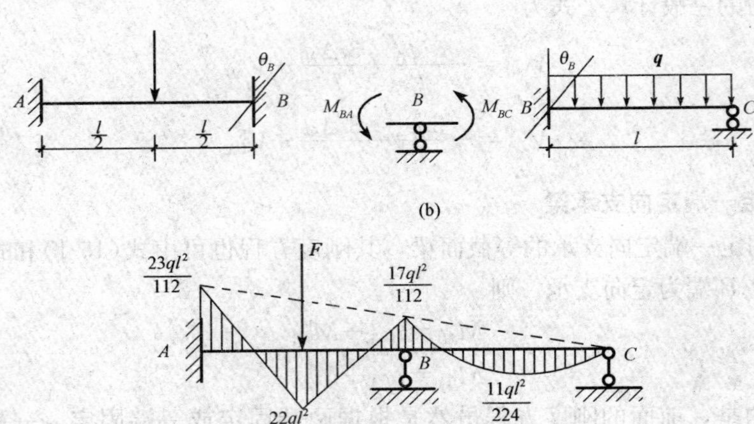

(b)

(c)

图 15-7　例 15-1 图

$$M_{BC}=3i\theta_B-\frac{1}{8}ql^2$$

$$M_{CB}=0$$

(4)建立位移法方程，求解基本未知量。取刚性结点 B 为隔离体，如图 15-7(b)所示，由力矩平衡方程可得

$$\sum M_B=0, M_{BA}+M_{BC}=0$$

即

$$4i\theta_B+3i\theta_B+\frac{1}{16}ql^2=0$$

从而求得

$$i\theta_B=-\frac{1}{112}ql^2(\text{负号说明 } \theta_B \text{ 逆时针转})$$

(5)代回转角位移方程，求出各杆的杆端弯矩：

$$M_{AB}=2i\theta_B-\frac{3}{16}ql^2=\frac{23}{112}ql^2$$

$$M_{BA}=4i\theta_B+\frac{3}{16}ql^2=\frac{17}{112}ql^2$$

$$M_{BC}=3i\theta_B-\frac{1}{8}ql^2=-\frac{17}{112}ql^2$$

$$M_{CB}=0$$

(6)绘制弯矩图，如图 15-7(c)所示。

【例 15-2】 用位移法计算图 15-8(a)所示刚架，并作其弯矩图。设各杆 EI 为常数。

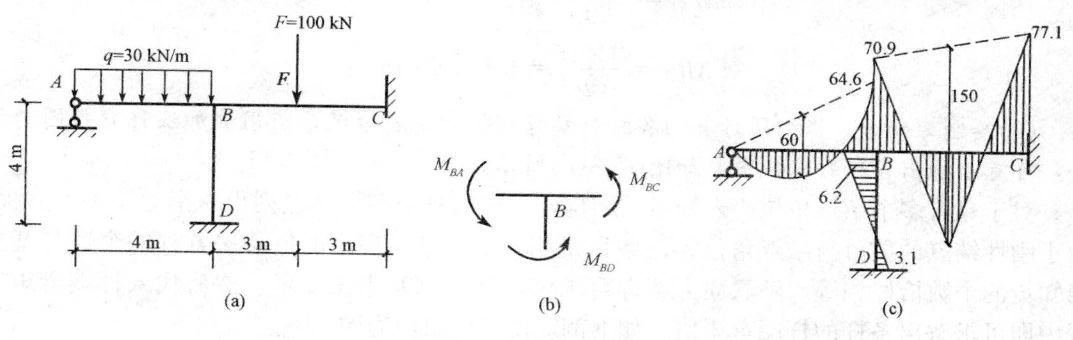

图 15-8　例 15-2 图

解：(1)确定基本未知量。基本未知量为 B 结点的角位移 φ_B。

(2)利用等截面直杆的刚度方程，列出各杆件的杆端弯矩方程。为了计算方便，各杆线刚度取相对值，可设 $i=\dfrac{EI}{12}$ 则

$$i_{AB}=i_{BD}=\frac{EI}{4}=3i;\ i_{BC}=\frac{EI}{6}=2i$$

查表 14-1 并利用叠加原理，可得到各杆件的杆端弯矩方程为

$$M_{AB}=0$$

$$M_{BA}=3i_{AB}\varphi_B+\frac{1}{8}ql_{AB}^2=9i\varphi_B+60$$

$$M_{BC}=4i_{BC}\varphi_B-\frac{1}{8}Fl_{BC}=4i\varphi_B-75$$

$$M_{CB}=2i_{BC}\varphi_B+\frac{1}{8}Fl_{BC}=4i\varphi_B+75$$

$$M_{BD}=4i_{BD}=12i\varphi_B$$

$$M_{DB}=2i_{BD}=6i\varphi_B$$

(3)建立位移法方程，求解基本未知量。取刚性结点 B 为隔离体，如图 15-8(b)所示，由力矩平衡方程可得

$$\sum M_B=0,M_{BA}+M_{BC}+M_{BD}=0$$

即
$$9i\varphi_B+60+8i\varphi_B-75+12i\varphi_B=0$$

解得
$$\varphi_B=\frac{15}{29i}$$

(4)计算各杆件的杆端弯矩。将所得结果代入杆端弯矩方程中可得

$$M_{AB}=0$$

$$M_{BA}=\frac{9i\times15}{29i}+60=64.6(\mathrm{kN\cdot m})$$

$$M_{BC}=\frac{8i\times15}{29i}-75=-70.9(\mathrm{kN\cdot m})$$

$$M_{CB}=\frac{4i\times15}{29i}+75=77.1(\mathrm{kN\cdot m})$$

$$M_{BD}=\frac{12i\times15}{29i}=6.2(\text{kN}\cdot\text{m})$$

$$M_{DB}=\frac{6i\times15}{29i}=3.1(\text{kN}\cdot\text{m})$$

(5)绘制弯矩图。根据所计算的各杆杆端弯矩值和荷载情况，应用叠加法作弯矩图的方法，可直接绘出各杆的弯矩图，如图 15-8(c)所示。

对于具有多个结点角位移未知量的结构，可利用每个刚性结点列出一个力矩平衡方程，由于刚性结点的数目与结点角位移的数目是相同的，则所列出的位移法方程的个数与基本未知量的个数恰好相等，解联立方程即可求解出所有的基本未知量。然后代入杆端弯矩方程中即可求解出各杆的杆端弯矩值，如上例，便可作出内力图。

二、有结点线位移结构

如果结构的结点有线位移，则称为有结点线位移结构。用位移法计算有结点线位移结构时，基本步骤与计算无结点线位移结构相同，其区别在于：

(1)在基本未知量中，含有结点线位移，故在写转角位移方程时要考虑线位移的影响。

(2)在建立位移方程时，与结构位移对应的平衡方程是截取线位移所在的层为研究对象建立剪力平衡方程，因此在写转角位移方程时要写出剪力转角位移方程。

【例 15-3】 试用位移法计算图 15-9(a)所示刚架，作出内力图。

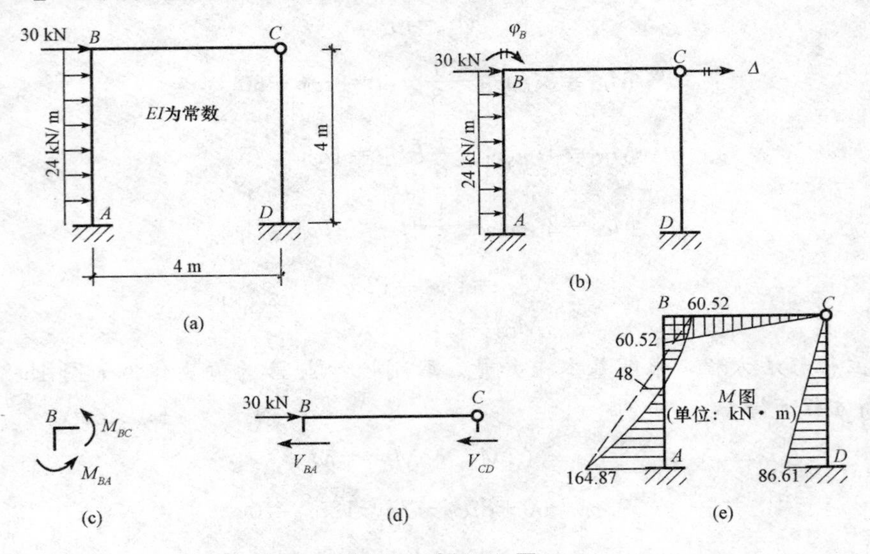

图 15-9 例 15-3 图

解：(1)确定基本未知量。此刚架有一个刚结点 B，其转角位移记作 φ_B；有一个线位移，记作 Δ，如图 15-9(b)所示。

(2)将刚架拆分为三根单跨超静定梁，设各杆的线刚度 $i=EI/4$，查表 14-1 可得出各杆的杆端内力方程：

$$M_{AB}=2i\varphi_B-\frac{6i}{4}\Delta-\frac{1}{12}\times24\times4^2=2i\varphi_B-\frac{3i}{2}\Delta-32$$

$$M_{BA}=4i\varphi_B-\frac{6i}{4}\Delta+\frac{1}{12}\times24\times4^2=4i\varphi_B-\frac{3i}{2}\Delta+32$$

$$M_{BC}=3i\varphi_B$$

$$M_{CB}=M_{CD}=0$$

$$M_{DC}=-\frac{3i}{4}\Delta$$

$$V_{BA}=-\frac{6i}{4}\varphi_B+\frac{12i}{4^2}\Delta-\frac{1}{2}\times24\times4=-\frac{3i}{2}\varphi_B+\frac{3i}{4}\Delta-48$$

$$V_{CD}=\frac{3i}{4^2}\Delta=\frac{3i}{16}\Delta$$

(3)从原结构中截取刚性结点 B 和 BC 杆为隔离体，如图 15-9(c)、(d)所示，由图 15-9(c)所示的结点 B 的平衡条件 $\sum M_B=0$ 可得

$$M_{BA}+M_{BC}=0$$

由图 15-9(d)所示的截面力的平衡条件 $\sum F_x=0$ 可得

$$V_{BA}+V_{CD}-30=0$$

将各有关杆端内力方程代入得

$$(3i+4i)\varphi_B-\frac{3i}{2}\Delta+32=0$$

$$-\frac{3i}{2}\varphi_B+\left(\frac{3i}{4}+\frac{3i}{16}\right)\Delta-78=0$$

联立上述两个方程可以求得

$$\varphi_B=\frac{464}{23i}$$

$$\Delta=\frac{2656}{23i}$$

将所得结果代回到各杆端内力方程中得

$$M_{AB}=-164.87\ \text{kN}\cdot\text{m}$$

$$M_{BA}=-60.52\ \text{kN}\cdot\text{m}$$

$$M_{BC}=60.52\ \text{kN}\cdot\text{m}$$

$$M_{CB}=M_{CD}=0$$

$$M_{DC}=-86.61\ \text{kN}\cdot\text{m}$$

由此可以作出结构的弯矩图如图 15-9(e)所示。

由上述几个例题的分析可以得出位移法计算超静定结构的解题步骤如下：

(1)确定结构的位移法基本未知量。

(2)将结构拆分成单跨超静定梁杆件，根据刚度方程(或表 14-1)，写出结构中各杆的杆端弯矩方程和需要杆件的杆端剪力方程。

(3)利用刚性结点的力矩平衡条件和产生线位移层的截面力平衡条件(一般为产生整体移动杆件沿位移方向上的剪力平衡条件)，建立位移法方程。

(4)解方程求解出基本未知量。

(5)将求解的结果代回到杆端弯矩方程中，求解出各杆的杆端弯矩，作出弯矩图。

三、力法与位移法的比较

(1)利用力法或者位移法计算超静定结构时，都必须考虑静力平衡条件和变形协调条件

才能确定结构的受力与变形状态。

(2)力法以多余未知力作为基本未知量，其数目等于结构的多余约束数目(即超静定次数)。位移法以结构独立的结点位移为基本未知量，其数目与结构的超静定次数无关。

(3)在力法中，求解基本未知量的方程是根据原结构的位移条件建立的，体现了原结构的变形协调。在位移法中，求解基本未知量的方程是根据原结构的平衡条件建立的，体现了原结构的静力平衡。

另外，力法只能求解超静定结构，而位移法还可以求解静定结构。对于超静定结构，当超静定次数多于结点位移数目时选用位移法较简单；而当超静定次数少于结点位移数目时选用力法较简单。

本章小结

位移法是解超静定结构的基本方法之一，也是力矩分配法、矩阵位移法的基础。位移法计算超静定结构的解题步骤如下：

(1)确定结构的位移法基本未知量。

(2)将结构拆分成单跨超静定梁杆件，根据刚度方程(或表 14-1)，写出结构中各杆的杆端弯矩方程和需要杆件的杆端剪力方程。

(3)利用刚性结点的力矩平衡条件和产生线位移层的截面力平衡条件(一般为产生整体移动杆件沿位移方向上的剪力平衡条件)，建立位移法方程。

(4)解方程求解出基本未知量。

(5)将求解的结果代回到杆端弯矩方程中，求解出各杆的杆端弯矩，作出弯矩图。

习　题

1. 试用位移法计算图 15-10 所示连续梁并绘制弯矩图。E 为常数。

2. 试用位移法计算图 15-11 所示刚架并绘制弯矩图。E 为常数。

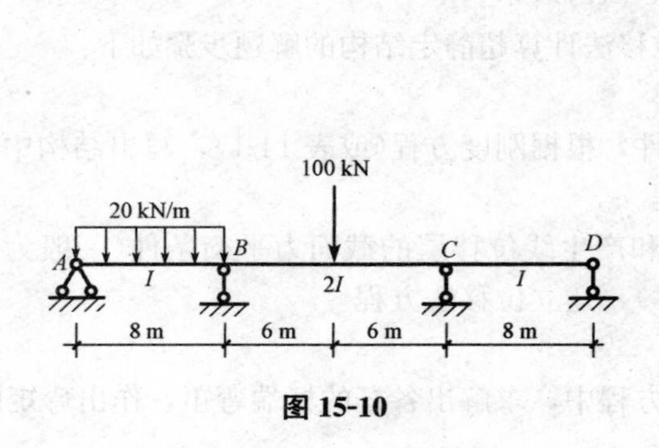

图 15-10

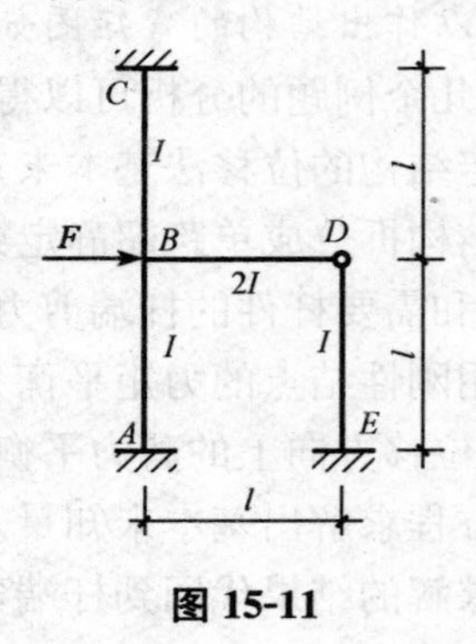

图 15-11

3. 试用位移法计算图 15-12 所示刚架并绘制弯矩图。E 为常数。

4. 试用位移法计算图 15-13 所示结构并绘制弯矩图。E 为常数。

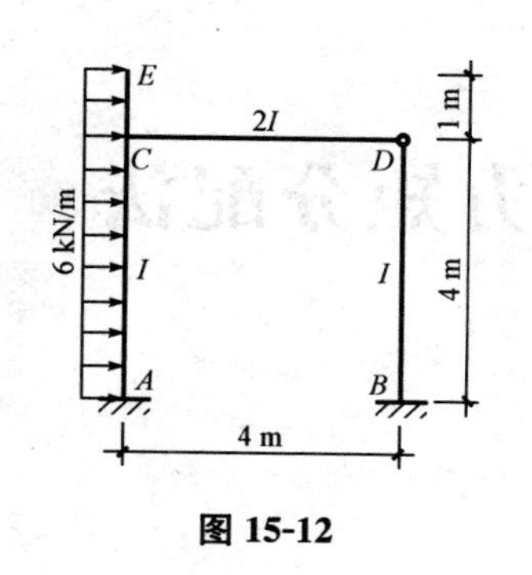

图 15-12

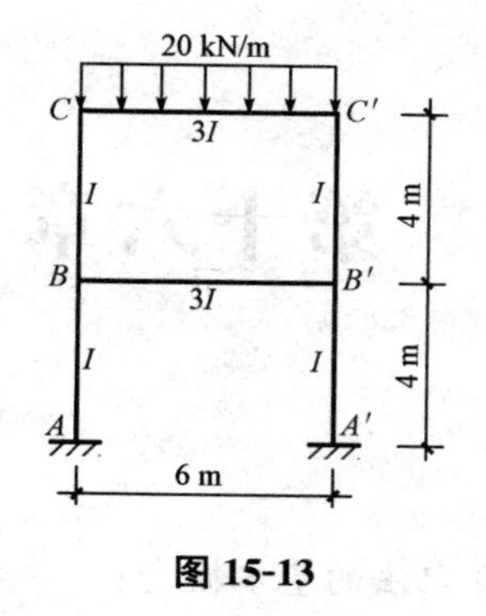

图 15-13

5. 试用位移法计算图 15-14 所示结构并绘制弯矩图。各杆的线刚度均为 i，长度均为 l。

6. 试用位移法计算图 15-15 所示结构并绘制弯矩图。EI 为常数。

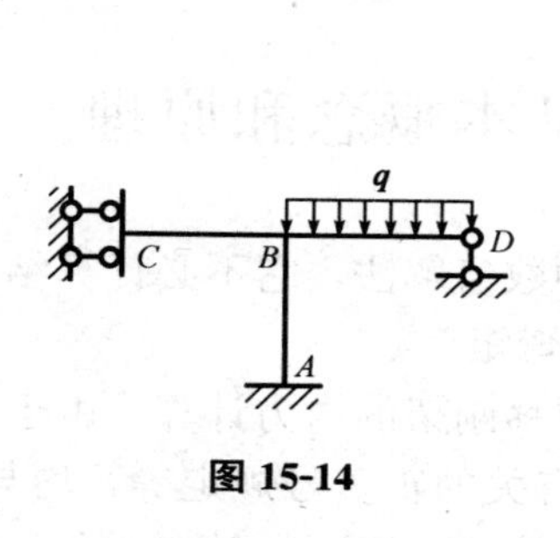

图 15-14

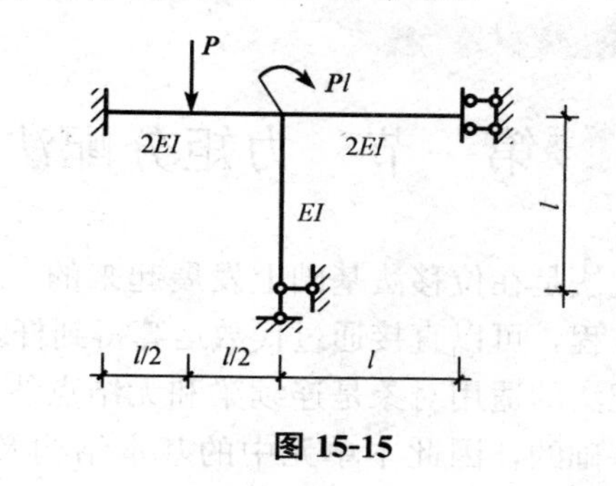

图 15-15

第十六章　力矩分配法

教学目标

1. 掌握力矩分配法的基本概念；
2. 熟悉力矩分配法的适用条件；
3. 能够应用力矩分配法计算连续梁和无侧移刚架。

第一节　力矩分配法基本概念和原理

力矩分配法是在位移法基础上发展起来的一种数值解法，它不必计算结点位移，也无须求解联立方程，可以直接通过代数运算得到杆端弯矩。

力矩分配法的适用对象是连续梁和无结点线位移刚架的内力计算。由于力矩分配法是以位移法为基础的，因此本单元中的基本结构及有关的正负号规定等，均与位移法相同。即杆端弯矩仍规定为：对杆端而言，以顺时针转向为正，逆时针转向为负；对结点或支座而言，则以逆时针转向为正，顺时针转向为负；而结点上的外力矩仍以顺时针转向为正。

一、转动刚度

所谓的转动刚度就是表示杆端对转动的抵抗能力。它在数值上等于使杆件固定端转动单位角位移所需施加的力矩。如图16-1(a)所示等截面直杆AB，当A端(或称近端)顺时针发生单位转角时，则在A端所产生的力矩称为该杆端的转动刚度，并用S_{AB}表示。其值与杆件的线刚度($i=EI/l$)和杆件另一端(或称远端)的支承情况有关。

各种杆件的转动刚度已由力法算出，即

远端固定，$S_{AB}=4i$，如图16-1(a)所示。

远端铰支，$S_{AB}=3i$，如图16-1(b)所示。

远端定向，$S_{AB}=i$，如图16-1(c)所示。

远端自由，$S_{AB}=0$，如图16-1(d)所示。

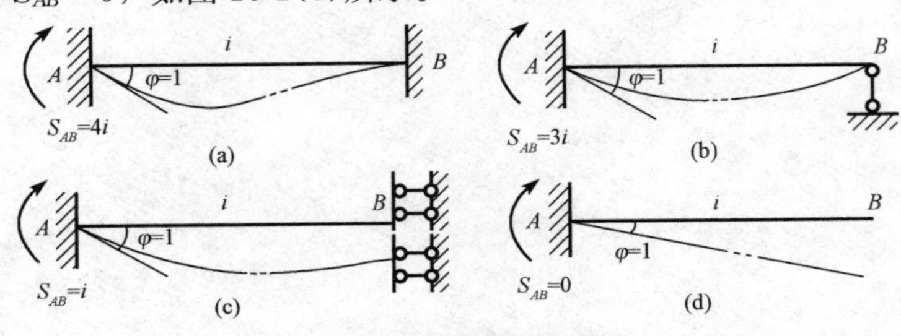

图16-1　直杆的转动刚度

二、传递系数

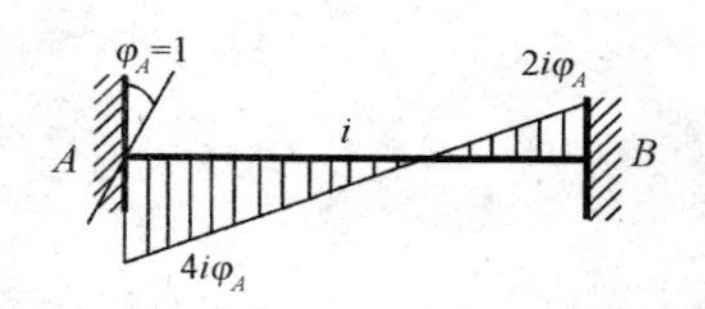

图 16-2 传递系数 C

对于单跨超静定梁而言，当一端发生转角而具有弯矩时(称为近端弯矩)，其另一端即远端一般也将产生弯矩(称为远端弯矩)，如图 16-2 所示。通常，将远端弯矩同近端弯矩的比值，称为杆件由近端向远端的传递系数，并用 c 表示。

显然，对不同的远端支承情况，其传递系数也将不同，图 16-3 所示为三种单跨超静定梁的传递系数。

远端为固定支座[图 16-3(a)]：$C_{AB}=\dfrac{M_{BA}}{M_{AB}}=\dfrac{1}{2}$

远端为铰支座[图 16-3(b)]：$C_{AB}=\dfrac{M_{BA}}{M_{AB}}=0$

远端为双滑动支座[图 16-3(c)]：$C_{AB}=\dfrac{M_{BA}}{M_{AB}}=1$

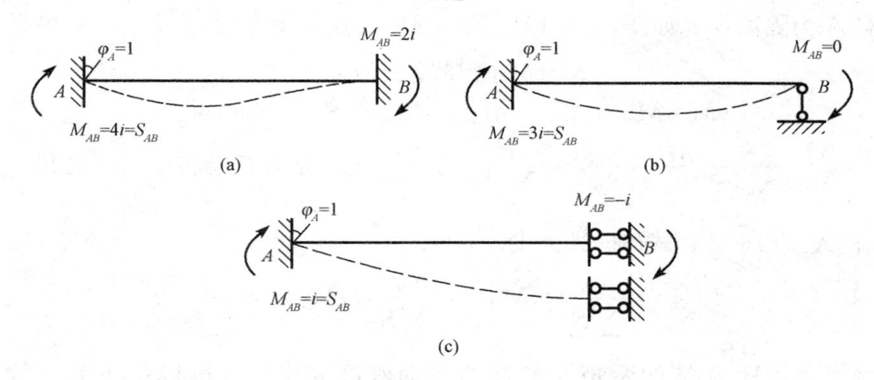

图 16-3 三种单跨超静定梁的传递系数

综上所述，等截面直杆的转动刚度和传递系数见表 16-1。

表 16-1 等截面直杆的转动刚度和传递系数

约束条件	转动刚度 S	传递系数 C
近端固定、远端固定	$4i$	1/2
近端固定、远端铰支	$3i$	0
近端固定、远端双滑动	i	−1
近端固定、远端自由	0	0

三、分配系数

如图 16-4(a)所示刚架，A 为刚结点，B、C、D 端分别为固定、定向及铰支。设在 A 结点作用集中力偶 M，刚架产生图中虚线所示变形，汇交于 A 结点的各杆端产生的转角均为 φ_A。

各杆杆端弯矩由转动刚度定义可知：

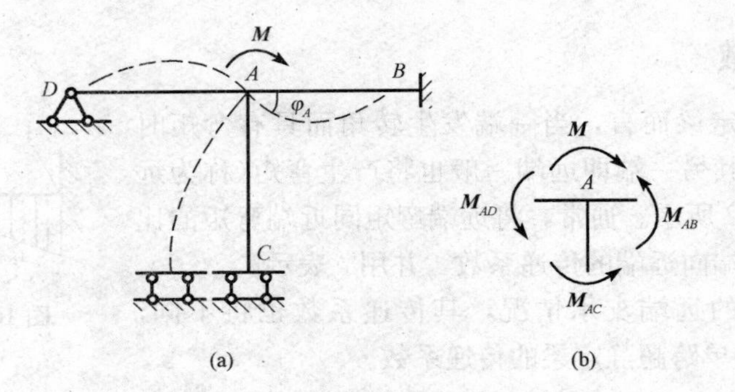

图 16-4 刚架力矩分配系数

$$M_{AB}=S_{AB\varphi_A}=4i_{AB\varphi_A} \tag{16-1}$$

$$M_{AC}=S_{AC\varphi_A}=i_{AC\varphi_A} \tag{16-2}$$

$$M_{AD}=S_{AD\varphi_A}=3i_{AD\varphi_A} \tag{16-3}$$

取结点 A 为隔离体，如图 16-4(b)所示，根据结点平衡方程 $\sum M_A=0$ 可得

$$M-M_{AB}-M_{AC}-M_{AD}=0$$

即 $$M=M_{AB}+M_{AC}+M_{AD}=(S_{AB}+S_{AC}+S_{AD})\cdot\varphi_A$$

推得 $\varphi_A=\dfrac{M}{S_{AB}+S_{AC}+S_{AD}}=\dfrac{M}{\sum\limits_A S}$（式中 $\sum\limits_A S$ 表示各杆端转动刚度之和）

将 φ_A 代入式(16-1)、式(16-2)、式(16-3)，得

$$M_{AB}=\frac{S_{AB}}{\sum\limits_A S}M,M_{AC}=\frac{S_{AC}}{\sum\limits_A S}M,M_{AD}=\frac{S_{AD}}{\sum\limits_A S}M$$

由此得出，各杆 A 端的弯矩与各杆的转动刚度成正比。可以用下列公式表示计算结果：

$$M_{Ai}^{\mu}=\mu_{Ai}M$$

其中 $$\mu_{Ai}=\frac{S_{Ai}}{\sum\limits_A S}$$

式中 μ_{Ai}——分配系数；

M_{Ai}^{μ}——分配弯矩。

其中，i 可以是 B、C 或 D，如 μ_{AB} 称为杆件 AB 在 A 端的分配系数。杆件 AB 在刚结点 A 的分配系数 μ_{AB} 等于杆件 AB 的转动刚度与交于 A 点的各杆转动刚度之和的比值。

同一刚结点各杆分配系数之间存在下列关系：

$$\sum\mu_{Ai}=\mu_{AB}+\mu_{AC}+\mu_{AD}=1$$

以上的计算可简单表述为：把作用在刚结点 A 上的力偶矩按各杆的分配系数直接分配于各杆的 A 端。

各杆的远端杆端弯矩 $M_{BA}=\dfrac{M_{AB}}{2}$、$M_{CA}=-M_{AC}$、$M_{DA}=0$，是由分配弯矩乘传递系数而得，即为传递弯矩。

四、力矩分配法基本原理

现以图 16-5(a)所示只有一个刚结点的两跨连续梁为例，来说明力矩分配法的基本原理。

为了计算该结构，在结构没有承受荷载前，先在刚结点 B 处加上控制转动的附加刚臂(抗转支座)将刚结点 B 锁住，此时刚结点 B 处无任何位移，相当于固定端约束。原结构被附加刚臂分隔为两个单跨超静定梁 AB 和 BC。此时，在荷载作用下其变形曲线如图 16-5(b)所示。各单跨超静定梁在荷载作用下的两端弯矩 M_{AB}^{F}、M_{BA}^{F}、M_{BC}^{F}、M_{CB}^{F}称为固端弯矩，固端弯矩可由表查得。同时在附加刚臂上产生了约束力矩 M_{B}^{F}，此约束力矩 M_{B}^{F} 可以用刚结点 B 的力矩平衡条件 $\sum M=0$ 求得

$$M_{B}^{F}=M_{BA}^{F}+M_{BC}^{F}$$

即附加刚臂上的约束力矩 M_{B}^{F} 等于刚结点 B 处各杆近端固端弯矩之和。以顺时针转向为正，反之为负。

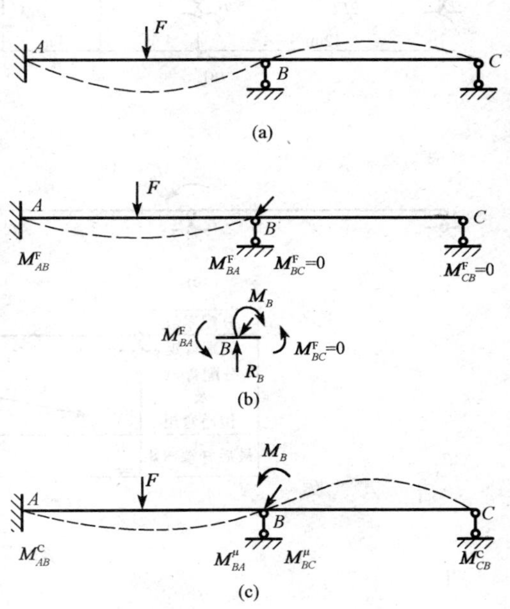

图 16-5 力矩分配法基本原理

为了使图 16-5(b)所示附加刚臂的结构能和原结构的变形和受力等同，必须放松附加刚臂，使刚结点 B 产生转角 φ_{B}，或抵消附加刚臂上的约束力矩 M_{B}^{F}。为此，在刚结点 B 处加上一个与约束力矩 M_{B}^{F} 大小相等，转向相反的力矩($-M_{B}^{F}$)，即约束力矩的负值，如图 16-5(c)所示。$-M_{B}^{F}$ 将使刚结点 B 产生原结构的转角 φ_{B}。

由以上分析可见，图 16-5(a)所示连续梁受力和变形情况，应等于图 16-5(b)和图 16-5(c)所示两种情况的叠加。也就是说，要计算原结构各杆件的杆端弯矩，应分别计算图 16-5(b)所示情况的杆端弯矩即固端弯矩 M^{F} 和图 16-5(c)所示情况的杆端弯矩(即分配弯矩 M^{μ}、传递弯矩 M^{C})，然后将它们叠加起来就是最终弯矩。对于图 16-5(c)所示情况的杆端弯矩计算，由以上分析可知，只要把作用在刚结点 B 的力偶矩($-M_{B}^{F}$)按各杆的分配系数分配于各杆的 B 端(近端)得到分配弯矩，再由各杆 B 端的分配弯矩分别乘以传递系数传向远端得到传递弯矩即可。最终杆端弯矩 $M_{BA}=M_{BA}^{F}+M_{BA}^{\mu}$，$M_{AB}=M_{AB}^{F}+M_{AB}^{C}$。

以上就是力矩分配法的基本思路，概括来说：先在 B 结点加上附加刚臂阻止 B 结点转动，把连续梁看成两个单跨梁，求出各杆的固端弯矩 M^{F}，此时刚臂承受不平衡力矩 M_{B}^{F}(各杆固端弯矩的代数和)，然后去掉附加刚臂，即相当于在 B 结点作用一个反向的不平衡力矩($-M_{B}^{F}$)，求出各杆端的分配弯矩 M^{μ} 及传递弯矩 M^{C}，叠加各杆端弯矩即得原连续梁各杆端的最后弯矩。用力矩分配法做题时，不必绘制图 16-5(b)、(c)，而是按一定的格式进行计算，即可十分清晰地说明整个计算过程。

【例 16-1】 用力矩分配法计算图 16-6(a)所示连续梁的弯矩。EI 为常数。

解：(1)计算分配系数。两杆在 B 结点刚性连接，A 端为链杆支座，C 端为固定，两杆转动刚度分别为

$$S_{AB}=3i_{BA}=3\times\frac{2EI}{12}=\frac{1}{2}EI$$

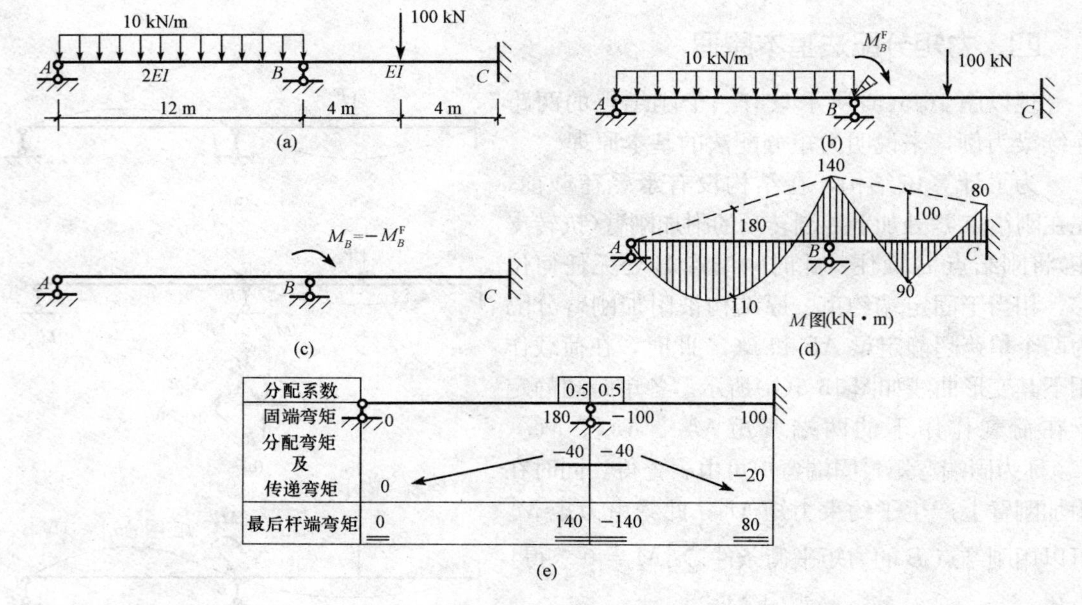

图 16-6 例 16-1 图

$$S_{BC}=4i_{BC}=4\times\frac{EI}{8}=\frac{1}{2}EI$$

因此
$$\mu_{BA}=\frac{S_{BA}}{S_{BA}+S_{BC}}=\frac{\frac{1}{2}EI}{\frac{1}{2}EI+\frac{1}{2}EI}=\frac{1}{2}$$

$$\mu_{BC}=\frac{S_{BC}}{S_{BA}+S_{BC}}=\frac{\frac{1}{2}EI}{\frac{1}{2}EI+\frac{1}{2}EI}=\frac{1}{2}$$

$\sum\mu=1$，说明计算无误。

(2)计算固端弯矩和约束力矩。先在结点 B 加一附加刚臂[图 16-6(b)]使结点 B 不能转动，此步骤常称为“固定结点”。此时各杆端产生的固端弯矩，由表查得各固端弯矩为

$$M_{AB}^{F}=0$$

$$M_{BA}^{F}=\frac{ql^2}{8}=\frac{1}{8}\times10\times12^2=180(\text{kN}\cdot\text{m})$$

$$M_{BC}^{F}=-\frac{Pl}{8}=-\frac{1}{8}\times100\times8=-100(\text{kN}\cdot\text{m})$$

$$M_{CB}^{F}=\frac{Pl}{8}=\frac{1}{8}\times100\times8=100(\text{kN}\cdot\text{m})$$

连接于结点 B 的各固端弯矩之和等于约束力矩 M_B^F：

$$M_B^F=M_{BA}^F+M_{BC}^F=180-100=80(\text{kN}\cdot\text{m})$$

(3)计算分配弯矩、传递弯矩。为了消除约束力矩 M_B^F，应在结点 B 处加入一个与它大小相等方向相反的力矩 $M_B=-M_B^F$[图 16-6(c)]，在约束力矩被消除的过程中，结点 B 即逐渐转动到无附加约束时的自然位置，故此步骤常简称为“放松结点”。

将分配系数乘以约束力矩的负值即得分配弯矩：

$$M_{BA}^{\mu}=\mu_{BA}(-M_B^F)=\frac{1}{2}\times(-80)=-40(\text{kN}\cdot\text{m})$$

$$M_{BC}^{\mu}=\mu_{BC}(-M_B^F)=\frac{1}{2}\times(-80)=-40(\text{kN}\cdot\text{m})$$

将传递系数乘以分配弯矩即得传递弯矩：

$$M_{AB}^{C}=C_{BA}M_{BA}^{\mu}=0$$

$$M_{CB}^{C}=C_{BC}M_{BC}^{\mu}=0.5\times(-40)=-20(\text{kN}\cdot\text{m})$$

(4)计算各杆端的最终弯矩：

$$M_{AB}=M_{AB}^{F}+M_{AB}^{C}=0$$

$$M_{BA}=M_{BA}^{F}+M_{BA}^{\mu}=180-40=140(\text{kN}\cdot\text{m})$$

$$M_{BC}=M_{BC}^{F}+M_{BC}^{\mu}=-100-40=-140(\text{kN}\cdot\text{m})$$

$$M_{CB}=M_{CB}^{F}+M_{CB}^{C}=100-20=80(\text{kN}\cdot\text{m})$$

(5)画弯矩图：根据各杆端的最终弯矩和已知荷载，用叠加法画弯矩图如图 16-6(d)所示。

实际计算时，可以直接在结构上进行(也可以列表计算)，如图 16-6(e)所示。分配弯矩下面画一横线，表示该结点已经平衡(即附加刚臂上的约束力矩已被抵消)，用箭头表示分配弯矩的传递方向。杆端弯矩的最终结果下面画双横线。

第二节　用力矩分配法计算连续梁和无侧移刚架

上节用只有一个刚结点的结构介绍了力矩分配法的基本概念。对于具有两个以上刚结点的结构也可用力矩分配法进行计算。具体做法是先在各刚结点上附加刚臂，使刚结点固定不动，各杆端产生固端弯矩，同时在各附加刚臂上产生了约束力矩，然后再逐次放松各结点，或轮流抵消附加刚臂上的约束力矩，即在放松的刚结点上进行弯矩的分配、传递。这样，轮流放松各刚结点，每放松一个刚结点，就使该刚结点的弯矩达到平衡，但在其他刚臂上会产生新的约束力矩。如此循环几次以后，各附加刚臂上的约束力矩越来越小，直到可以略去为止。最后根据叠加原理求得结构各杆端的最终弯矩。

多结点力矩分配法的计算步骤如下：

(1)求出汇交于各结点每一杆端的力矩分配系数 μ_{ij}，并确定其传递系数 C_{ij}。

(2)计算各杆杆端的固端弯矩 M_{ij}^{F}。

(3)进行第一轮次的分配与传递，从不平衡力矩较大的结点开始，依次放松各结点，对相应的不平衡力矩进行分配与传递。

(4)循环步骤(3)，直到最后一个结点的传递弯矩小到可以略去为止。

(5)求最后杆端弯矩，将各杆杆端的固端弯矩与历次的分配弯矩和历次的传递弯矩代数即为最后弯矩。

(6)作弯矩图(叠加法)，必要时根据弯矩图再作剪力图。

【例 16-2】　用力矩分配法作图 16-7(a)所示连续梁的弯矩图。

解：(1)计算分配系数。

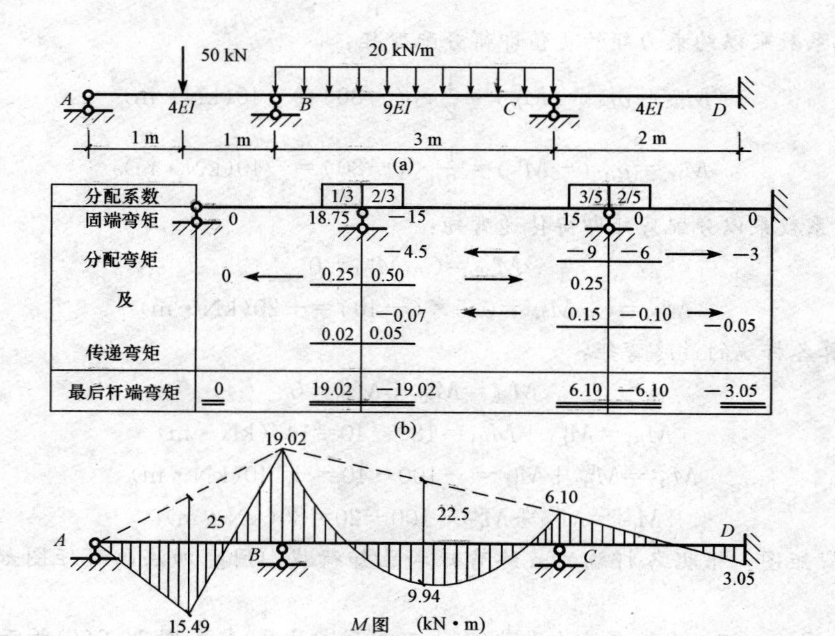

图 16-7 例 16-2 图

结点 B：

$$S_{BA}=4i_{BA}=4\times\frac{9EI}{3}=12EI$$

$$S_{BC}=4i_{BC}=4\times\frac{9EI}{3}=12EI$$

$$\mu_{BA}=\frac{S_{BA}}{S_{BA}+S_{BC}}=\frac{1}{3}$$

$$\mu_{BC}=\frac{S_{BC}}{S_{BA}+S_{BC}}=\frac{2}{3}$$

校核：

$$\frac{1}{3}+\frac{2}{3}=1$$

结点 C：

$$S_{CB}=S_{BC}=12EI$$

$$S_{CD}=4i_{CD}=4\times\frac{4EI}{2}=8EI$$

$$\mu_{CB}=\frac{S_{CB}}{S_{CB}+S_{CD}}=\frac{3}{5}$$

$$\mu_{CD}=\frac{S_{CD}}{S_{CB}+S_{CD}}=\frac{2}{5}$$

校核：

$$\frac{3}{5}+\frac{2}{5}=1$$

(2)计算固端弯矩。固定刚结点 B 和 C，各杆的固端弯矩为

$$M_{BA}^{F}=\frac{3Fl}{16}=18.75(\text{kN}\cdot\text{m})$$

$$M_{BC}^{F}=\frac{-ql^{2}}{12}=-15(\text{kN}\cdot\text{m})$$

$$M_{CB}^{F}=\frac{ql^{2}}{12}=15(\text{kN}\cdot\text{m})$$

其余各固端弯矩均为零。

结点B和结点C的约束力矩分别为

$$M_{B}^{F}=M_{BA}^{F}+M_{BC}^{F}=18.75-15=3.75(\text{kN}\cdot\text{m})$$

$$M_{C}^{F}=M_{CB}^{F}+M_{CD}^{F}=15(\text{kN}\cdot\text{m})$$

(3)放松结点C(结点B仍固定)。对于具有多个刚结点的结构，可按任意选定的次序轮流放松结点，但为了使计算收敛得快些，通常先放松约束力矩较大的结点。在结点C进行力矩分配求各相应杆端的分配弯矩：

$$M_{CB}^{\mu}=\frac{3}{5}\times(-15)=-9(\text{kN}\cdot\text{m})$$

$$M_{CD}^{\mu}=\frac{2}{5}\times(-15)=-6(\text{kN}\cdot\text{m})$$

同时可以求得各杆远端的传递弯矩：

$$M_{BC}^{C}=C_{CB}\times M_{CB}^{\mu}=\frac{1}{2}\times(-9)=-4.5(\text{kN}\cdot\text{m})$$

$$M_{DC}^{C}=C_{CD}\times M_{CD}^{\mu}=\frac{1}{2}\times(-6)=-3(\text{kN}\cdot\text{m})$$

(4)重新固定结点C，并放松结点B，进行力矩分配。刚结点B的约束力矩除固端弯矩外，还包括传递过来的传递弯矩，即

$$M_{B}^{F}=M_{BA}^{F}+M_{BC}^{F}+M_{BC}^{C}=18.75-15-4.5=-0.75(\text{kN}\cdot\text{m})$$

所以

$$M_{BA}^{\mu}=\frac{1}{3}\times0.75=0.25(\text{kN}\cdot\text{m})$$

$$M_{BC}^{\mu}=\frac{2}{3}\times0.75=0.5(\text{kN}\cdot\text{m})$$

传递弯矩为

$$M_{AB}^{C}=0$$

$$M_{CB}^{C}=C_{BC}\times M_{BC}^{\mu}=\frac{1}{2}\times0.5=0.25(\text{kN}\cdot\text{m})$$

(5)进行第二轮计算。按照上述步骤，在结点C和B轮流进行第二次力矩分配与传递，计算结果填入图16-7(b)中相应位置。由上看出，经过两轮计算后，结点的约束力矩已经很小，若认为已经满足计算精度要求时，计算工作停止。

(6)最后将各杆端的固端弯矩和每次的分配弯矩、传递弯矩相加，即得最后的杆端弯矩。如图16-7(b)所示，最后杆端弯矩下画双横线。

(7)应用拟简支梁区段叠加法可画出弯矩图M，如图16-7(c)所示。

【例16-3】 用力矩分配法作图16-8(a)所示刚架的弯矩图。

解：(1)计算分配系数。

$$S_{AB}=4i,\ S_{AC}=2i,\ S_{AD}=3i$$

$$\mu_{AB}=\frac{4i}{4i+2i+3i}=\frac{4}{9}$$

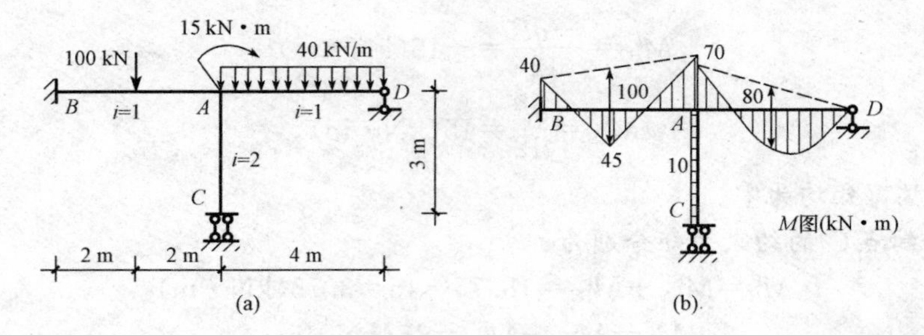

图 16-8　例 16-3 图

$$\mu_{AD}=\frac{3}{9},\ \mu_{AC}=\frac{2}{9}$$

(2)计算固端弯矩和结点不平衡力矩。

$$M_{AB}^{F}=\frac{100\times4}{8}=50(\text{kN}\cdot\text{m})$$
$$M_{AD}^{F}=-80(\text{kN}\cdot\text{m})$$
$$M_{AC}^{F}=M_{CA}^{F}=0$$
$$M_{BA}^{F}=-50(\text{kN}\cdot\text{m})$$
$$M_{DA}^{F}=0$$

结点 A 处的约束力矩为

$$M_{A}^{F}=M_{AB}^{F}+M_{AD}^{F}+M_{AC}^{F}-15=-45(\text{kN}\cdot\text{m})$$

(3)分配和传递，见表 16-2。

(4)计算最终杆端弯矩，见表 16-2。

(5)绘制弯矩图，如图 16-8(b)所示。

表 16-2　刚架各杆端弯矩计算过程

结点	B	A			C	D
杆端	BA	AB	AD	AC	CA	DA
分配系数		4/9	3/9	2/9		
固端弯矩	−50	50	−80			
分配与传递	10	20	15	10	−10	
最后弯矩	−40	70	−65	10	−10	0

本章小结

力矩分配法的理论基础是叠加法，它是不需要解方程而直接求得杆端弯矩的一种逐渐逼近的方法。它的优点是物理概念清楚且计算时总是重复一个基本的运算过程，很容易掌握，因此，工程技术人员多采用力矩分配法来计算超静定结构。

固端弯矩、转动刚度、分配系数和传递系数，是力矩分配法的基本物理量，应理解其物理意义、计算方法和用途。

用力矩分配法解题时要抓住下面三个主要环节：

(1)根据荷载求固端弯矩，由固端弯矩求出约束力矩。

(2)根据各杆的转动刚度计算分配系数。将分配系数乘以反号的约束力矩得分配弯矩。

(3)将传递系数乘以分配弯矩得各杆远端的传递弯矩。

力矩分配法只适用于连续梁和结点无侧移刚架的计算。对于有侧移附架，需要有其他方法配合才可使用，可参考有关书籍。

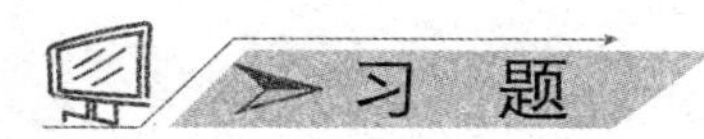

习 题

1. 试用力矩分配法计算图 16-9 所示超静定梁并绘制弯矩图。

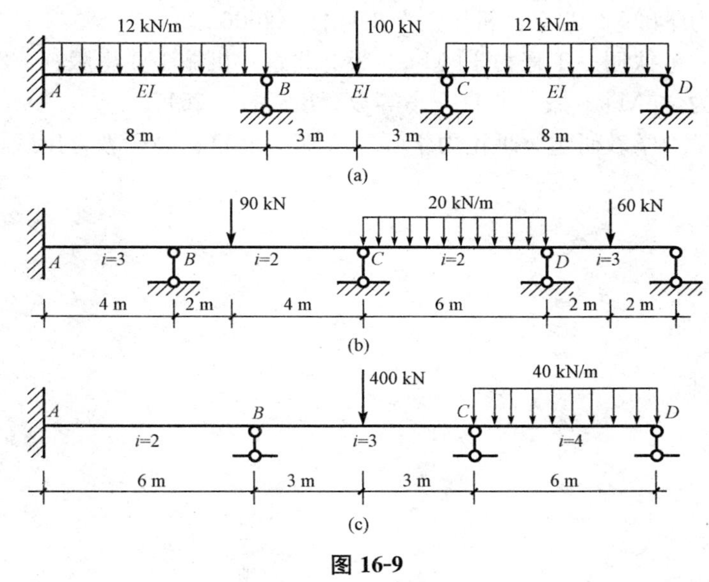

图 16-9

2. 试用力矩分配法计算图 16-10 所示超静定钢架并绘制弯矩图。

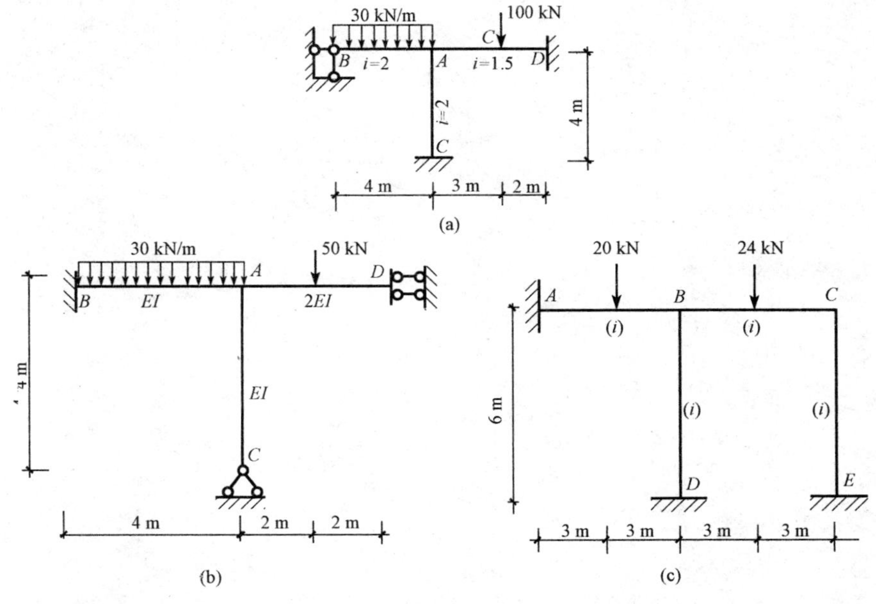

图 16-10

参 考 文 献

[1]陈永龙．建筑力学[M]. 3 版．北京：高等教育出版社，2011.

[2]沈伦序．建筑力学[M]. 北京：高等教育出版社，2013.

[3]沈养中，孟胜国．结构力学[M]. 2 版．北京：科学出版社，2009.

[4]刘成云．建筑力学[M]. 北京：机械工业出版社，2006.

[5]刘荣梅，蔡新，范钦珊．工程力学[M]. 3 版．北京：机械工业出版社，2018.

[6]刘鸿文．材料力学[M]. 6 版．北京：高等教育出版社，2017.

[7]哈尔滨工业大学力学教研组．理论力学[M]. 5 版．北京：高等教育出版社，1997.